计算机基础与实训教材系列

U0113439

AutoCAD 2017中文版

基础教程

肖静 编著

清华大学出版社

北　京

内 容 简 介

AutoCAD 作为专业的辅助设计软件，是装修、建筑、机械、三维模型绘图的设计工作者首选的工具软件。本书详细地介绍了 AutoCAD 中文版在装修、建筑、机械、三维模型应用方面的主要功能和应用技巧。

全书共分 15 章。第 1~14 章为 AutoCAD 的软件知识，在软件知识的讲解中配以大量实用的操作练习和实例，让读者在轻松的学习中快速掌握软件的使用技巧，同时能够将软件知识学以致用。第 15 章主要讲解了 AutoCAD 在室内设计和机械设计专业领域的综合案例。本书虽然只对最新版本 AutoCAD 2017 进行讲解，但是其中的知识点和操作方法同样适用于 AutoCAD 2012、AutoCAD 2013、AutoCAD 2014、AutoCAD 2015 和 AutoCAD 2016 等多个早期版本的软件。

本书内容翔实，结构清晰，讲解简洁流畅，实例丰富精美，适合 AutoCAD 初、中级读者学习使用，也适合作为相关院校室内设计、建筑、机械等专业的教材。

本书对应的电子教案、实例源文件和习题答案可以到 http://www.tupwk.com.cn/edu 网站下载。

本书封面贴有清华大学出版社防伪标签，无标签者不得销售。

版权所有，侵权必究。侵权举报电话：010-62782989　13701121933

图书在版编目(CIP)数据

AutoCAD 2017 中文版基础教程 / 肖静　编著. —北京：清华大学出版社，2016
(计算机基础与实训教材系列)
ISBN 978-7-302-45231-7

Ⅰ. ①A…　Ⅱ. ①肖…　Ⅲ. ①AutoCAD 软件—教材　Ⅳ. ①TP391.72

中国版本图书馆 CIP 数据核字(2016)第 264027 号

责任编辑：胡辰浩　马玉萍
装帧设计：牛艳敏
责任校对：成凤进
责任印制：宋　林

出版发行：清华大学出版社
　　网　　　址：http://www.tup.com.cn，http://www.wqbook.com
　　地　　　址：北京清华大学学研大厦 A 座　　　　邮　　编：100084
　　社 总 机：010-62770175　　　　　　　　　　邮　　购：010-62786544
　　投稿与读者服务：010-62776969，c-service@tup.tsinghua.edu.cn
　　质 量 反 馈：010-62772015，zhiliang@tup.tsinghua.edu.cn
　　课 件 下 载：http://www.tup.com.cn，010-62794504
印 装 者：清华大学印刷厂
经　　销：全国新华书店
开　　本：190mm×260mm　　　印　　张：20.75　　　字　　数：544 千字
版　　次：2016 年 12 月第 1 版　　　　　　　　印　　次：2016 年 12 月第 1 次印刷
印　　数：1~3500
定　　价：42.00 元

产品编号：069424-01

编审委员会

丛 书 序

计算机已经广泛应用于现代社会的各个领域，熟练使用计算机已经成为人们必备的技能之一。因此，如何快速地掌握计算机知识和使用技术，并应用于现实生活和实际工作中，已成为新世纪人才迫切需要解决的问题。

为适应这种需求，各类高等院校、高职高专、中职中专、培训学校都开设了计算机专业的课程，同时也将非计算机专业学生的计算机知识和技能教育纳入教学计划，并陆续出台了相应的教学大纲。基于以上因素，清华大学出版社组织一线教学精英编写了这套"计算机基础与实训教材系列"丛书，以满足大中专院校、职业院校及各类社会培训学校的教学需要。

一、丛书书目

本套教材涵盖了计算机各个应用领域，包括计算机硬件知识、操作系统、数据库、编程语言、文字录入和排版、办公软件、计算机网络、图形图像、三维动画、网页制作以及多媒体制作等。众多的图书品种可以满足各类院校相关课程设置的需要。

⊙ 已出版的图书书目

《计算机基础实用教程（第三版）》	《Excel 财务会计实战应用（第三版）》
《计算机基础实用教程（Windows 7+Office 2010 版）》	《Excel 财务会计实战应用（第四版）》
《新编计算机基础教程（Windows 7+Office 2010）》	《Word+Excel+PowerPoint 2010 实用教程》
《电脑入门实用教程（第三版）》	《中文版 Word 2010 文档处理实用教程》
《电脑办公自动化实用教程（第三版）》	《中文版 Excel 2010 电子表格实用教程》
《计算机组装与维护实用教程（第三版）》	《中文版 PowerPoint 2010 幻灯片制作实用教程》
《中文版 Office 2007 实用教程》	《Access 2010 数据库应用基础教程》
《中文版 Word 2007 文档处理实用教程》	《中文版 Access 2010 数据库应用实用教程》
《中文版 Excel 2007 电子表格实用教程》	《中文版 Project 2010 实用教程》
《中文版 PowerPoint 2007 幻灯片制作实用教程》	《中文版 Office 2010 实用教程》
《中文版 Access 2007 数据库应用实例教程》	《Office 2013 办公软件实用教程》
《中文版 Project 2007 实用教程》	《中文版 Word 2013 文档处理实用教程》
《网页设计与制作（Dreamweaver+Flash+Photoshop）》	《中文版 Excel 2013 电子表格实用教程》
《ASP.NET 4.0 动态网站开发实用教程》	《中文版 PowerPoint 2013 幻灯片制作实用教程》
《ASP.NET 4.5 动态网站开发实用教程》	《Access 2013 数据库应用基础教程》
《多媒体技术及应用》	《中文版 Access 2013 数据库应用实用教程》

《中文版 Office 2013 实用教程》	《中文版 Photoshop CC 图像处理实用教程》
《AutoCAD 2014 中文版基础教程》	《中文版 Flash CC 动画制作实用教程》
《中文版 AutoCAD 2014 实用教程》	《中文版 Dreamweaver CC 网页制作实用教程》
《AutoCAD 2015 中文版基础教程》	《中文版 InDesign CC 实用教程》
《中文版 AutoCAD 2015 实用教程》	《中文版 Illustrator CC 平面设计实用教程》
《AutoCAD 2016 中文版基础教程》	《中文版 CorelDRAW X7 平面设计实用教程》
《中文版 AutoCAD 2016 实用教程》	《中文版 Photoshop CC 2015 图像处理实用教程》
《中文版 Photoshop CS6 图像处理实用教程》	《中文版 Flash CC 2015 动画制作实用教程》
《中文版 Dreamweaver CS6 网页制作实用教程》	《中文版 Dreamweaver CC 2015 网页制作实用教程》
《中文版 Flash CS6 动画制作实用教程》	《Photoshop CC 2015 基础教程》
《中文版 Illustrator CS6 平面设计实用教程》	《中文版 3ds Max 2012 三维动画创作实用教程》
《中文版 InDesign CS6 实用教程》	《Mastercam X6 实用教程》
《中文版 CorelDRAW X6 平面设计实用教程》	《Windows 8 实用教程》
《中文版 Premiere Pro CS6 多媒体制作实用教程》	《计算机网络技术实用教程》
《中文版 Premiere Pro CC 视频编辑实例教程》	《Oracle Database 11g 实用教程》
《中文版 Illustrator CC 2015 平面设计实用教程》	《中文版 AutoCAD 2017 实用教程》
《AutoCAD 2017 中文版基础教程	

二、丛书特色

1. 选题新颖，策划周全——为计算机教学量身打造

本套丛书注重理论知识与实践操作的紧密结合，同时突出上机操作环节。丛书作者均为各大院校的教学专家和业界精英，他们熟悉教学内容的编排，深谙学生的需求和接受能力，并将这种教学理念充分融入本套教材的编写中。

本套丛书全面贯彻"理论→实例→上机→习题"4 阶段教学模式，在内容选择、结构安排上更加符合读者的认知习惯，从而达到老师易教、学生易学的目的。

2. 教学结构科学合理、循序渐进——完全掌握"教学"与"自学"两种模式

本套丛书完全以大中专院校、职业院校及各类社会培训学校的教学需要为出发点，紧密结合学科的教学特点，由浅入深地安排章节内容，循序渐进地完成各种复杂知识的讲解，使学生能够一学就会、即学即用。

对教师而言，本套丛书根据实际教学情况安排好课时，提前组织好课前备课内容，使课堂教学过程更加条理化，同时方便学生学习，让学生在学完后有例可学、有题可练；对自学者而言，可以按照本书的章节安排逐步学习。

3. 内容丰富，学习目标明确——全面提升"知识"与"能力"

本套丛书内容丰富，信息量大，章节结构完全按照教学大纲的要求来安排，并细化了每一章内容，符合教学需要和计算机用户的学习习惯。在每章的开始，列出了学习目标和本章重点，便于教师和学生提纲挈领地掌握本章知识点，每章的最后还附带有上机练习和习题两部分内容，教师可以参照上机练习，实时指导学生进行上机操作，使学生及时巩固所学的知识。自学者也可以按照上机练习内容进行自我训练，快速掌握相关知识。

4. 实例精彩实用，讲解细致透彻——全方位解决实际遇到的问题

本套丛书精心安排了大量实例讲解，每个实例解决一个问题或是介绍一项技巧，以便读者在最短的时间内掌握计算机应用的操作方法，从而能够顺利解决实践工作中的问题。

范例讲解语言通俗易懂，通过添加大量的"提示"和"知识点"的方式突出重要知识点，以便加深读者对关键技术和理论知识的印象，使读者轻松领悟每一个范例的精髓所在，提高读者的思考能力和分析能力，同时也加强了读者的综合应用能力。

5. 版式简洁大方，排版紧凑，标注清晰明确——打造一个轻松阅读的环境

本套丛书的版式简洁、大方，合理安排图与文字的占用空间，对于标题、正文、提示和知识点等都设计了醒目的字体符号，读者阅读起来会感到轻松愉快。

三、读者定位

本丛书为所有从事计算机教学的老师和自学人员而编写，是一套适合于大中专院校、职业院校及各类社会培训学校的优秀教材，也可作为计算机初、中级用户和计算机爱好者学习计算机知识的自学参考书。

四、周到体贴的售后服务

为了方便教学，本套丛书提供精心制作的 PowerPoint 教学课件(即电子教案)、素材、源文件、习题答案等相关内容，可在网站上免费下载，也可发送电子邮件至 wkservice@vip.163.com 索取。

此外，如果读者在使用本系列图书的过程中遇到疑惑或困难，可以在丛书支持网站(http://www.tupwk.com.cn/edu)的互动论坛上留言，本丛书的作者或技术编辑会及时提供相应的技术支持。咨询电话：010-62796045。

AutoCAD是目前最流行的辅助设计软件之一，其功能非常强大，使用方便。AutoCAD凭借其智能化、直观生动的交互界面以及强大的图形处理能力，在建筑设计领域中应用极为广泛。

本书定位于 AutoCAD 的初、中级读者，从初、中级读者的角度出发，合理安排知识点，运用简练流畅的语言，结合丰富实用的练习和实例，由浅入深地讲解 AutoCAD 在室内装修、机械和三维模型设计领域中的应用，让读者可以在最短的时间内学习到最有用的知识，轻松掌握 AutoCAD 在各个专业领域中的应用方法和技巧。

本书可分为 8 个部分，共计 15 章，具体内容如下。

- ◉ 第1部分(第1~3章)：主要讲解 AutoCAD 的基础知识、环境设置和图层等。
- ◉ 第2部分(第4~5章)：主要讲解运用 AutoCAD 绘制各类图形。
- ◉ 第3部分(第6~7章)：主要讲解修改图形对象的相关知识，包括选择、删除、移动、复制、镜像、偏移、阵列、旋转、缩放、拉伸、拉长、修剪、倒角、使用夹点编辑和参数化编辑图形等。
- ◉ 第4部分(第8~9章)：主要讲解如何运用图块绘图和图案填充等。
- ◉ 第5部分(第10~11章)：主要讲解为图形添加文字注释和进行尺寸标注等。
- ◉ 第6部分(第12~13章)：主要讲解三维绘图和编辑的方法。
- ◉ 第7部分(第14章)：主要讲解图形打印和输出的方法。
- ◉ 第8部分(第15章)：详细讲解如何灵活运用所学知识完成机械和室内设计方面的综合实例。

本书内容丰富、结构清晰、图文并茂、通俗易懂，适合以下读者学习使用：

- ◉ 从事初、中级 AutoCAD 制图的工作人员；
- ◉ 从事室内外装修、建筑、机械和三维模型设计的工作人员；
- ◉ 在电脑培训班学习 AutoCAD 制图的学员；
- ◉ 高等院校相关专业的学生。

本书是集体智慧的结晶，除封面署名的作者外，参与本书编写工作的还有林庆华、王爱群、张甜、张志刚、高嘉阳、付伟、张仁凤、张世全、张德伟、卓超、高惠强、张华曦、董熠君、雷红霞、李从延、瞿代碧、张军、白娟、刘明星、刘广周、许春喜等。我们真切希望读者在阅读本书之后，不仅能开阔视野，而且可以增长实践操作技能，并且从中学习和总结操作的经验和规律，从而达到灵活运用的水平。由于编者水平有限，书中纰漏和考虑不周之处在所难免，欢迎广大读者予以批评、指正。我们的邮箱是 huchenhao@263. net，电话是 010-62796045。

本书对应的电子课件、实例源文件和习题答案可以到 http://www.tupwk.com.cn/edu 网站下载。

编　者

2016 年 8 月

章 名	重点掌握内容	教学课时
第 1 章　AutoCAD 基础入门	1. AutoCAD 2017 的工作界面 2. AutoCAD 命令操作 3. AutoCAD 的文件操作 4. AutoCAD 坐标 5. 视图控制	3 学时
第 2 章　AutoCAD 环境设置	1. 设置绘图环境 2. 设置光标样式 3. 设置绘图辅助功能	2 学时
第 3 章　图形特性与图层管理	1. 设置图形特性 2. 管理图形	2 学时
第 4 章　绘制基本图形	1. 绘制点对象 2. 绘制常用线型对象 3. 绘制圆 4. 绘制矩形	3 学时
第 5 章　绘制特定图形	1. 绘制多线 2. 绘制多段线 3. 绘制圆弧 4. 绘制多边形 5. 绘制椭圆	3 学时
第 6 章　编辑图形常用命令	1. 选择对象 2. 移动和旋转图形 3. 复制和偏移对象 4. 修剪和延伸图形 5. 圆角和倒角图形 6. 拉伸和缩放图形 7. 分解和删除图形	4 学时
第 7 章　编辑图形高级命令	1. 镜像图形 2. 阵列图形 3. 拉长图形 4. 打断与合并图形 5. 编辑特定图形 6. 使用夹点编辑图形 7. 参数化编辑图形	3 学时

章 名	重点掌握内容	教学课时
第 8 章　应用图块快速绘图	1. 创建块 2. 插入块 3. 应用设计中心 4. 修改块 5. 应用属性块 6. 应用动态块	3 学时
第 9 章　图案与渐变色填充	1. 应用面域 2. 填充图案与渐变色 3. 编辑填充对象	3 学时
第 10 章　文字注释与表格	1. 设置文字样式 2. 创建文字 3. 编辑文字 4. 创建表格	4 学时
第 11 章　标注图形尺寸	1. 设置标注样式 2. 创建标注 3. 图形标注技巧 4. 编辑标注 5. 创建引线标注	4 学时
第 12 章　三维建模基础	1. 控制三维视图 2. 设置视觉样式 3. 绘制三维基本体 4. 将二维图形创建为三维实体 5. 布尔运算实体	3 学时
第 13 章　三维高级建模	1. 创建网格对象 2. 三维操作模型 3. 实体编辑模型 4. 渲染模型	3 学时
第 14 章　图形打印与输出	1. 打印图形 2. 输出图形	1 学时
第 15 章　综合案例解析	1. 室内设计制图 2. 机械设计制图	4 学时

注：1. 教学课时安排仅供参考，授课教师可根据情况进行调整。

　　 2. 建议每章安排与教学课时相同时间的上机练习。

目录

计算机基础与实训教材系列

计算机基础与实训教材系列

计算机基础与实训教材系列

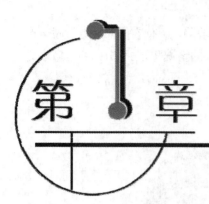

AutoCAD 基础入门

学习目标

　　AutoCAD 是一款计算机辅助设计领域的绘图程序软件，是目前使用最广泛的计算机辅助绘图和设计软件之一。一直以来都受到建筑和机械制图人员的喜爱。在深入学习 AutoCAD 之前，首先要了解和掌握 AutoCAD 的一些基本知识和操作，为后期顺利学习相关知识打下良好的基础。

本章重点

- ◉　AutoCAD 的工作界面
- ◉　AutoCAD 的文件操作
- ◉　AutoCAD 命令操作
- ◉　AutoCAD 坐标
- ◉　视图控制

1.1　初识 AutoCAD

　　AutoCAD 是由美国 Autodesk 公司开发的一款绘图程序软件，于 1982 年 11 月首次推出，是计算机辅助设计领域最受欢迎的绘图软件之一。经过了逐步完善和更新，Autodesk 公司推出了目前最新版本的软件——AutoCAD 2017。

1.1.1　AutoCAD 简介

　　随着计算机技术的不断发展，AutoCAD 在建筑、工业、电子、军事、医学、交通等领域被广泛应用。

　　在建筑与室内设计领域，利用 AutoCAD 能够创建出如图 1-1 所示的尺寸精确的建筑设计图，为以后的施工提供参照依据；在机械工业设计领域，可以利用 AutoCAD 进行辅助设计，模拟产品实际的工作情况，监测其造型与机械在实际使用中的缺陷，以便在产品进行批量生产之前，及早做出相应的改进，避免因设计失误而造成巨大损失的情况出现。如图 1-2 所示为 AutoCAD 机械工业设计图。

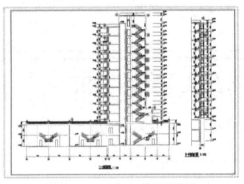

图 1-1　AutoCAD 建筑设计图

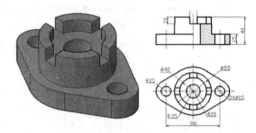

图 1-2　AutoCAD 机械工业设计图

1.1.2　启动与退出 AutoCAD

启动与退出 AutoCAD 的方法与大多数应用程序相似。下面将介绍启动与退出 AutoCAD 的具体操作。

1. 启动 AutoCAD

安装好 AutoCAD 以后，可以通过以下 3 种常用方法启动 AutoCAD 应用程序。

- 单击【开始】菜单按钮，然后在【所有程序】列表中选择相应的命令来启动 AutoCAD 应用程序，如图 1-3 所示。
- 双击桌面上的 AutoCAD 快捷图标，可以快速启动 AutoCAD 应用程序，如图 1-4 所示。

图 1-3　选择命令

图 1-4　双击快捷图标

- 双击 AutoCAD 文件即可启动 AutoCAD 应用程序，如图 1-5 所示。

使用前面介绍的方法第一次启动 AutoCAD 2017 程序后，将出现如图 1-6 所示的工作界面，用户可以在此工作界面中新建或打开图形文件。

图 1-5　双击文件

图 1-6　第一次启动界面

2. 退出 AutoCAD

在完成 AutoCAD 应用程序的使用后，用户可以使用以下两种常用方法退出 AutoCAD 应用程序。

- 单击程序图标，然后在弹出的菜单中选择【退出 Autodesk AutoCAD 2017】命令，即可退出 AutoCAD 应用程序，如图 1-7 所示。
- 单击 AutoCAD 应用程序窗口右上角的【关闭】按钮，退出 AutoCAD 应用程序，如图 1-8 所示。

图 1-7　选择退出命令

图 1-8　单击【关闭】按钮

技巧

按 Alt+F4 组合键，或者输入 EXIT 命令并按 Enter 键进行确定，也可以退出 AutoCAD 应用程序。

①.1.3　AutoCAD 的工作空间

AutoCAD 2017 提供了【草图与注释】、【三维基础】和【三维建模】这 3 种工作空间模式，以便不同的用户根据需要进行选择。

1. 草图与注释空间

在默认状态下，初次启动 AutoCAD 时的工作空间便是【草图与注释】空间。其界面主要由标题栏、【快速访问】工具栏、功能区、绘图区、命令行和状态栏等元素组成。在该空间中，可以方便地使用【绘图】、【修改】、【图层】、【注释】等面板进行图形的绘制。

2. 三维基础空间

在【三维基础】空间中可以更加方便地绘制基础的三维图形，并且可以通过其中的【编辑】面板对图形进行快速修改。

3. 三维建模空间

在【三维建模】空间中可以方便地绘制出更多、更复杂的三维图形，在该工作空间中同样可以对三维图形进行修改编辑等操作。

【练习 1-1】切换到不同的工作空间。

(1) 启动 AutoCAD 应用程序，然后单击【开始】选项卡右侧的【新图形】按钮 ➕，如图 1-9 所示，即可进入默认的【草图与注释】工作空间，并新建一个名为 Drawing1.dwg 的图形文件，如图 1-10 所示。

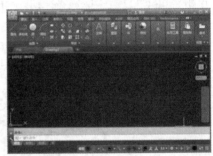

图 1-9　单击【新图形】按钮　　　　　图 1-10　进入【草图与注释】工作空间

(2) 单击工作界面左上方的【快速访问】工具栏中的 ▸▸ 按钮，展开隐藏的工具按钮，然后单击右侧的【自定义快速访问工具栏】下拉按钮 ▾，在弹出的菜单中选择【工作空间】命令，如图 1-11 所示。

(3) 单击【工作空间】下拉按钮，在弹出的【工作空间】下拉列表中选择【三维基础】选项进行工作空间切换，如图 1-12 所示。

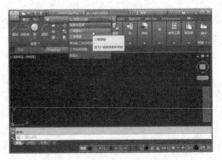

图 1-11　选择【工作空间】命令　　　　　图 1-12　选择【三维基础】选项

（4）通过【状态栏】中的【切换工作空间】按钮 也可以进行工作空间的切换。在工作界面右下方的【状态栏】中单击【切换工作空间】按钮 ，在弹出的【工作空间】下拉列表中选择【三维建模】选项，如图 1-13 所示，即可切换到【三维建模】工作空间，如图 1-14 所示。

图 1-13　选择【三维建模】选项

图 1-14　进入【三维建模】工作空间

1.1.4　AutoCAD 的工作界面

在【草图与注释】工作空间中可以进行各种绘图操作。因此，在本节中将以【草图与注释】工作空间为例，介绍 AutoCAD 的工作界面。主要包括标题栏、菜单栏、功能区、绘图区、命令行、状态栏这 6 个部分。

1. 标题栏

标题栏位于 AutoCAD 程序窗口的顶端，用于显示当前正在执行的程序名称以及文件名等信息。在程序默认的图形文件下显示的是 AutoCAD 2017 Drawing1.dwg。如果打开的是一张保存过的图形文件，显示的则是打开文件的文件名，如图 1-15 所示。

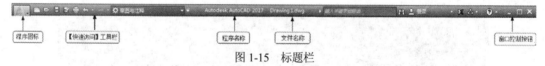

图 1-15　标题栏

- 程序图标：标题栏的最左侧是程序图标。单击该图标，可以展开 AutoCAD 用于管理图形文件的命令，如新建、打开、保存、打印和输出等。
- 【快速访问】工具栏：用于存储经常访问的命令。单击【快速访问】工具栏右侧的【自定义快速访问工具栏】下拉按钮 ，将弹出工具按钮选项菜单供用户选择。例如，在弹出的工具选项菜单中选择【显示菜单栏】命令，即可显示菜单栏。
- 程序名称：即程序的名称及版本号。AutoCAD 表示程序名称，而 2017 则表示程序版本号。
- 文件名称：图形文件名称用于表示当前图形文件的名称。例如，图 1-15 所示的 Drawing1 为当前图形文件的名称，.dwg 表示文件的扩展名。

- 窗口控制按钮：标题栏右侧为窗口控制按钮，单击【最小化】按钮可以将程序窗口最小化；单击【最大化/还原】按钮可以将程序窗口充满整个屏幕或以窗口方式显示；单击【关闭】按钮可以关闭 AutoCAD 程序。

2. 菜单栏

菜单栏主要包括【文件】、【编辑】、【视图】、【插入】、【格式】等菜单命令。其中，每个主菜单下又包含数目不同的子菜单，其中包括了 AutoCAD 的基本绘图及编辑命令。使用菜单命令，可以非常直观、方便地执行绘图及编辑命令。

在默认状态下，AutoCAD 2017 的工作界面中没有显示菜单栏，可以单击【快速访问】工具栏右侧的【自定义快速访问工具栏】下拉按钮▾，在弹出的选项菜单中选择【显示菜单栏】命令，将菜单栏显示出来，效果如图 1-16 所示。

图 1-16　显示菜单栏

3. 功能区

AutoCAD 的功能区位于菜单栏的下方，功能面板上的每一个图标都形象地代表一个命令，用户只需单击图标按钮，即可执行该命令。功能区主要包括【默认】、【插入】、【注释】、【参数化】、【视图】、【管理】、【输出】等部分。

4. 绘图区

AutoCAD 的绘图区位于屏幕中央空白区域，是绘制和编辑图形以及创建文字和表格的地方，也被称为视图窗口。绘图区包括控制视图按钮、坐标系图标、十字光标等元素，默认状态下该区域为深蓝色，如图 1-17 所示。

图 1-17　绘图区

5. 命令行

命令行位于整个绘图区的下方，用户在命令行中通过键盘输入各种操作的英文命令或它们的简化命令，然后按下 Enter 键或空格键即可执行该命令。AutoCAD 的命令行显示在绘图区的下方，如图 1-18 所示。

图 1-18　命令行

6. 状态栏

状态栏位于整个窗口的最底端，在状态栏的左边显示了绘图区中十字光标中心点目前的坐标位置，右边显示了对象捕捉、正交模式、栅格等具有辅助绘图功能的工具按钮，如图 1-19 所示。这些按钮均属于开/关型按钮，即单击该按钮一次，则启用该功能，再单击一次则关闭该功能。

图 1-19　状态栏

状态栏中主要工具按钮的作用如下。

- 模型：单击该按钮，可以控制绘图空间的转换。当前图形处于模型空间时单击该按钮就切换至图纸空间。
- 栅格显示：单击该按钮可以打开或关闭栅格显示功能，打开栅格显示功能后，将在屏幕上显示出均匀的栅格点。
- 捕捉模式：单击该按钮可以打开捕捉功能，光标只能在设置的【捕捉间距】上进行移动。
- 正交模式：单击该按钮，可以打开或关闭【正交】功能。打开【正交】功能后，光标只能在水平以及垂直方向上进行移动，可以方便地绘制水平以及垂直线条。
- 极轴追踪：单击该按钮可以启用【极轴追踪】功能。绘制图形时，移动光标可以捕捉设置的极轴角度上的追踪线，从而绘制具有一定角度的线条。
- 对象捕捉：单击该按钮可以打开【对象捕捉】功能，在绘图过程中可以自动捕捉图形的中点、端点和垂点等特征点。
- 对象捕捉追踪：单击状态栏上的该按钮，可以启用【对象捕捉追踪】功能。打开对象追踪功能后，当自动捕捉到图形中某个特征点时，再以这个点为基准点沿正交或极轴方向捕捉其追踪线。
- 自定义：单击状态栏上的该按钮，可以弹出用于设置状态栏工具按钮的菜单，其中带勾标记的选项表示该工具按钮已经在状态栏中打开，如图 1-20 所示。选择菜单中未选中的选项，可以将对应的工具按钮在状态栏中打开，如图 1-21 所示的【坐标】、【线宽】和【动态输入】按钮。

图 1-20　自定义状态栏工具按钮

图 1-21　显示其他按钮

【练习1-2】调整工作界面。

(1) 在【快速访问】工具栏中单击【自定义快速访问工具栏】下拉按钮 ，在弹出的菜单中选择【显示菜单栏】命令，如图1-22所示，即可显示菜单栏。

(2) 在功能区标签栏中右击，在弹出的快捷菜单中选择【显示选项卡】命令，在子菜单中取消选择【三维工具】、【可视化】、【A360】、【精选应用】等不常用的命令选项，即可将对应的功能区隐藏，如图1-23所示。

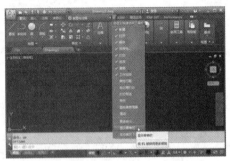

图1-22 选择【显示菜单栏】命令

图1-23 取消选择要隐藏的功能区选项

💡 **提示** -

　　在子命令的前方，如果有打勾的符号标记，则表示相对应的功能选项卡处于打开状态，单击该命令选项，则将对应的功能选项卡隐藏；如果未标记打勾的符号，则表示相对应的功能选项卡处于关闭状态，单击该命令选项，则打开对的功能选项卡。

(3) 在【默认】功能区中右击，在弹出的快捷菜单中选择【显示面板】命令，在子菜单中取消选择【组】、【实用工具】、【剪贴板】和【视图】命令选项，即可隐藏对应的功能面板，如图1-24所示。

(4) 拖动命令行左端的标题按钮 ，然后将命令行置于窗口下方，即可将其设置为浮动窗口，如图1-25所示。

图1-24 取消选择要隐藏的面板选项

图1-25 设置命令行

(5) 多次单击功能区标签右方的最小化按钮 ，如图1-26所示，可以将功能区分别最小化为选项卡、面板按钮、面板标题等，从而增大绘图区的区域，如图1-27所示。

图 1-26　单击最小化按钮

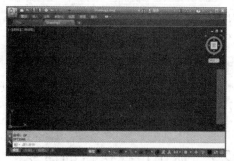

图 1-27　最小化功能区

 提示

　　将功能区最小化后，功能区的控制按钮将转变为【显示为完整的功能区】按钮 ，单击该按钮，可以重新显示完整的功能区。

1.2　AutoCAD 命令操作

　　执行 AutoCAD 命令是绘制图形的重要环节。本节将学习在 AutoCAD 中执行命令的方法，以及取消已执行的命令或重复执行上一次执行命令的方法。

1.2.1　执行命令的方法

　　在 AutoCAD 中，执行命令有多种方法，其中主要包括通过菜单方式执行命令、单击工具按钮执行命令，以及在命令行中执行命令等。

- 以菜单方式执行命令：即通过选择菜单命令的方式来执行命令。例如，执行【直线】命令，其方法是选择【绘图】|【直线】命令。
- 单击工具按钮执行命令：即通过单击相应工具按钮来执行命令。例如，执行【矩形】命令，其方法是在【绘图】面板中单击【矩形】按钮 ，即可执行【矩形】命令。
- 在命令行中执行命令：即通过在命令行中输入命令的方式执行命令，其方法是在命令行中输入命令语句或简化命令语句，然后按 Enter 键，即可执行该命令。例如，执行【圆】命令，只需在命令行中输入 Circle 或 C，然后按 Enter 键，即可执行【圆】命令。

 提示

　　在命令行处于等待的状态下，可以直接输入需要的命令(即不必将光标定位在命令行中)，然后按 Enter 键或空格键即可执行相应的命令。在命令行中执行命令的方法是 AutoCAD 的特别之处，使用该方法比较快捷、简便，也是 AutoCAD 用户首选的方法。

　　当执行某个命令后，AutoCAD 通常会提示输入命令的子命令或必要的参数，当这些信息输入完毕后，命令功能才能被执行。在 AutoCAD 命令执行过程中，通常有很多子命令出现，关于子命令中一些符号的规定如下。

- ⊙ /为分隔符，分隔提示与选项，大写字母表示命令缩写方式，可直接通过键盘输入。
- ⊙ ◇内为预设值(系统自动赋予初值，可重新输入或修改)或当前值。例如，按 Enter 键，则系统将接受此预设值。

①.2.2 退出正在执行的命令

在 AutoCAD 绘制图形的过程中，可以随时退出正在执行的命令。在执行某个命令时，按 Esc 键或 Enter 键可以随时退出正在执行的命令。当按 Esc 键时，可取消并结束命令；当按 Enter 键或空格键时，则确定命令的执行并结束命令。

 提示 -
> 在 AutoCAD 中，除创建文字内容外，为了方便操作，可以使用空格键替换 Enter 键表示确定操作。

①.2.3 放弃上一次执行的命令

使用 AutoCAD 进行图形的绘制及编辑，难免会出现错误。在出现错误时，可以不必重新对图形进行绘制或编辑，只需要取消错误的操作即可。取消已执行的命令主要有以下几种方法。

- ⊙ 单击【放弃】按钮：单击【快速访问】工具栏中的【放弃】按钮，可以取消前一次执行的命令。连续单击该按钮，可以取消多次执行的操作。
- ⊙ 选择【编辑】|【放弃】命令。
- ⊙ 执行 U 或 Undo 命令：输入 U(或 Undo)命令并按 Enter 键或空格键可以取消前一次或前几次执行的命令。
- ⊙ 按 Ctrl+Z 快捷键。

 提示 -
> 在命令行中执行 U 命令，只可以一次性取消一次误操作，而执行 Undo 命令，可以一次性取消多次执行的错误操作。

①.2.4 重做上一次放弃的命令

当取消了已执行的命令之后，如果又想恢复上一个已撤销的操作，则可以通过以下方法来完成。

- 单击【重做】按钮：单击【快速访问】工具栏中的【重做】按钮，可以恢复已撤销的上一步操作。
- 选择【编辑】|【重做】命令。
- 执行 Redo 命令：输入 Redo 命令并按 Enter 键或空格键即可恢复已撤销的上一步操作。
- 按 Ctrl+Y 快捷键。

1.2.5 重复执行前一个命令

在完成一个命令的操作后，要再次执行该命令，可以通过以下几种方法快速实现。

- 按 Enter 键：在一个命令执行完成后，紧接着按 Enter 键，即可再次执行上一次执行的命令。
- 按方向键↑：按下键盘上的↑方向键，可依次向上翻阅前面在命令行中所输入的数值或命令，当出现用户所要执行的命令后，按 Enter 键即可执行该命令。

 提示

本书虽然以最新版本 AutoCAD 2017 进行讲解，但是其中的知识点和操作同样适用于 AutoCAD 2013、AutoCAD 2014、AutoCAD 2015 和 AutoCAD 2016 等多个早期版本的软件。

1.3 AutoCAD 的文件操作

掌握 AutoCAD 的文件操作是学习该软件的基础。本节将学习 AutoCAD 创建新文件、打开文件、保存文件等基本操作。

1.3.1 新建文件

在 AutoCAD 中，新建图形文件是在【选择样板】对话框中选择一个样板文件，作为新图形文件的基础。

执行新建文件命令包括以下 3 种常用方法。

- 单击【快速访问】工具栏中的【新建】按钮，如图 1-28 所示。
- 在图形窗口的图形名称选项卡右方单击【新图形】按钮，如图 1-29 所示。
- 显示菜单栏，选择【文件】|【新建】命令。

图 1-28　单击【新建】按钮

图 1-29　单击【新图形】按钮

技巧

执行新建文件命令的方法还包括在命令行中输入 NEW 并按 Enter 键，或是按 Ctrl+N 组合键。

【练习 1-3】新建 AutoCAD 图形文件。

(1) 选择【文件】|【新建】命令，打开【选择样板】对话框，如图 1-30 所示。

(2) 在【选择样板】对话框中选择 acad.dwt 或 acadiso.dwt 文件，然后单击【打开】按钮，可以新建一个空白图形文件。

(3) 如果在【选择样板】对话框中选择 Tutorial-iMfg 文件，可以新建 Tutorial-iMfg 样板的图形文件，如图 1-31 所示。

图 1-30　【选择样板】对话框

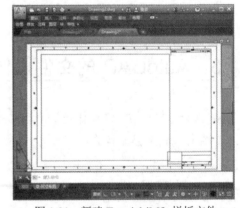

图 1-31　新建 Tutorial-iMfg 样板文件

提示

在新建图形文件的过程中，默认图形名会随打开新图形的数目而变化。例如，如果从样板打开另一图形，则默认的图形名为 Drawing2.dwg。

1.3.2　打开文件

要查看或编辑 AutoCAD 文件，首先要使用【打开】命令将指定文件打开。要打开文件可使用以下 4 种常用方法。

- 单击【快速访问】工具栏中的【打开】按钮 。
- 选择【文件】|【打开】命令。
- 在命令行中输入 OPEN 命令并按 Enter 键或空格键。
- 按 Ctrl+O 组合键。

【练习 1-4】打开 AutoCAD 图形文件。

(1) 在【快速访问】工具栏中单击【打开】按钮 ，打开【选择文件】对话框，如图 1-32 所示。在【查找范围】下拉列表中可以选择查找文件所在的位置，在文件列表中可以选择要打开的文件，单击【打开】按钮即可将选择的文件打开。

(2) 在【选择文件】对话框中单击【打开】按钮右方的下拉按钮，可以在弹出的列表中选择打开文件的方式，如图 1-33 所示。

图 1-32　【选择文件】对话框

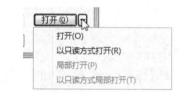

图 1-33　选择打开方式

【选择文件】对话框中 4 种打开方式的含义如下。

- 打开：直接打开所选的图形文件。
- 以只读方式打开：所选的 AutoCAD 文件将以只读方式打开，打开后的 AutoCAD 文件不能直接以原文件名存盘。
- 局部打开：选择该选项后，系统打开【局部打开】对话框，如果 AutoCAD 图形中含有不同的内容，并分别属于不同的图层，可以选择其中某些图层打开文件。在 AutoCAD 文件较大的情况下采用该打开方式，可以提高工作效率。
- 以只读方式局部打开：以只读方式打开 AutoCAD 文件的部分图层图形。

①.3.3　保存文件

在绘图工作中，及时对文件进行保存，可以避免因死机或停电等意外状况而造成的数据丢失。执行保存文件的命令包括如下几种方法。

- 单击【快速访问】工具栏中的【保存】按钮 。
- 选择【文件】|【保存】命令。
- 在命令行中输入 SAVE 命令并按 Enter 键或空格键。

● 按 Ctrl+S 组合键。

【练习 1-5】保存 AutoCAD 图形文件。

(1) 在【快速访问】工具栏中单击【保存】按钮 ，如图 1-34 所示。

(2) 打开【图形另存为】对话框，在【文件名】文本框中输入文件的名称，在【保存于】下拉列表中设置文件的保存路径，如图 1-35 所示。

(3) 单击【保存】按钮即可对当前文件进行保存。

图 1-34　单击【保存】按钮

图 1-35　设置文件保存选项

 提示

使用【保存】命令保存已经保存过的文档时，会直接以原路径和原文件名对已有文档进行保存。如果需要对修改后的文档进行重新命名，或修改文档的保存位置，则需要选择【文件】|【另存为】命令，在打开的【图形另存为】对话框中重新设置文件的保存位置、文件名或保存类型，再单击【保存】按钮。

1.4　AutoCAD 坐标

AutoCAD 的对象定位主要是由坐标系进行确定。使用 AutoCAD 的坐标系，首先要了解 AutoCAD 坐标系的概念和坐标的输入方法。

1.4.1　认识 AutoCAD 坐标系

在 AutoCAD 中，坐标系由 X 轴、Y 轴、Z 轴和原点构成。其中包括笛卡尔坐标系统、世界坐标系统和用户坐标系统。

● 笛卡尔坐标系统：AutoCAD 采用笛卡尔坐标系来确定位置，该坐标系也称绝对坐标系。在进入 AutoCAD 绘图区时，系统自动进入笛卡尔坐标系第一象限，其原点在绘图区内的左下角，如图 1-36 所示。

● 世界坐标系统：世界坐标系统(World Coordinate System，WCS)是 AutoCAD 的基础坐标系统，它由 3 个相互垂直相交的坐标轴 X、Y 和 Z 组成。在绘制和编辑图形的过程中，WCS 是预设的坐标系统，其坐标原点和坐标轴都不会改变。在默认情况下，X 轴以水平向右为正方向，Y 轴以垂直向上为正方向，Z 轴以垂直屏幕向外为正方向，坐标原点在绘图区左下角，如图 1-37 所示。

图 1-36　笛卡尔坐标系统

图 1-37　世界坐标系统

- 用户坐标系统：为了方便用户绘制图形，AutoCAD 提供了可变的用户坐标系统(User Coordinate System，UCS)。在通常情况下，用户坐标系统与世界坐标系统相重合，而在进行一些复杂的实体造型时，用户可根据具体需要，通过 UCS 命令设置适合当前图形应用的坐标系统。

 提示

　　在二维平面绘图中绘制和编辑图形时，只需要输入 X 轴和 Y 轴坐标，而 Z 轴的坐标可以不输入，由 AutoCAD 自动赋值为 0。

1.4.2　坐标输入方法

　　在 AutoCAD 中使用各种命令时，通常需要提供该命令相应的指示与参数，以便指引该命令所要完成的工作或动作执行的方式、位置等。直接使用鼠标虽然使得制图很方便，但不能进行精确的定位，进行精确的定位则需要采用键盘输入坐标值的方式来实现。常用的坐标输入方式包括：绝对坐标、相对坐标、绝对极坐标和相对极坐标。其中，相对坐标与相对极坐标的原理一样，只是格式不同。

1. 绝对坐标

　　绝对坐标分为绝对直角坐标和绝对极轴坐标两种。其中，绝对直角坐标以笛卡尔坐标系的原点(0,0,0)为基点定位，用户可以通过输入(X,Y,Z)坐标的方式来定义一个点的位置。

　　例如，在图 1-38 所示的图形中，O 点绝对坐标为(0,0,0)，A 点绝对坐标为(10,10,0)，B 点绝对坐标为(30,10,0)，C 点绝对坐标为(30,30,0)，D 点绝对坐标为(10,30,0)。

2. 相对坐标

　　相对坐标是以上一点为坐标原点确定下一点的位置。输入相对于上一点坐标(X,Y,Z)增量为(ΔX,ΔY,ΔZ)的坐标时，格式为(@ΔX,ΔY,ΔZ)。其中【@】字符是指定与上一个点的偏移量(即相对偏移量)。

　　例如，在图 1-38 所示的图形中，对于 O 点而言，A 点的相对坐标为((@10,10)，如果以 A

点为基点,那么 B 点的相对坐标为((@20,0),C 点的相对坐标为((@20,@20),D 点的相对坐标为((@0,20)。

 提示

在 AutoCAD 中,用户直接输入坐标值时,系统将自动将其转换成相对坐标,因此在输入相对坐标时,可以省略@符号的输入,如果要使用绝对坐标,则需要在坐标前添加#。

3. 绝对极坐标

绝对极坐标是以坐标原点(0,0,0)为极点定位所有的点,通过输入距离和角度的方式来定义一个点的位置,其绝对极坐标的输入格式为(【距离】<【角度】)。如图 1-39 所示,C 点距离 O 点的长度为 25mm,角度为 30°,则输入 C 点的绝对极坐标为(25<30)。

4. 相对极坐标

相对极坐标是以上一点为参考极点,通过输入距离增量和角度值,来定义下一个点的位置。其输入格式为(【@距离】<【角度】)。例如,输入如图 1-39 所示 B 点相对于 C 点的极坐标为((@50<0)。

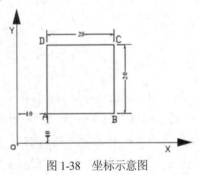
图 1-38　坐标示意图

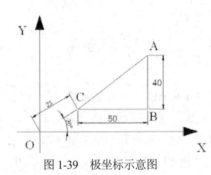
图 1-39　极坐标示意图

【练习 1-6】绘制指定大小的矩形。

(1) 在命令行中输入矩形的简化命令REC,如图 1-40所示,然后按Enter键或空格键进行确定。

(2) 在系统提示下输入绘制矩形的第一个角点坐标(50,50),然后按 Enter 键或空格键进行确定,如图 1-41 所示。

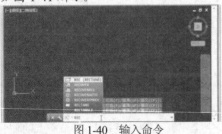
图 1-40　输入命令

图 1-41　指定第一个角点坐标

(3) 输入矩形另一个角点的相对坐标为((@100,100),如图 1-42 所示,按 Enter 键或空格键进行确定,即可绘制出指定位置和大小的矩形,如图 1-43 所示。

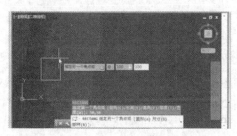

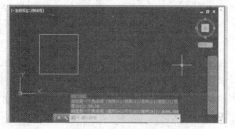

图 1-42　指定另一个角点坐标　　　　　　　图 1-43　绘制的矩形

1.5　视图控制

在 AutoCAD 中，用户可以对视图进行缩放和平移操作，以便观看图形的效果。另外，也可以进行全屏显示视图、重画与重生成图形等操作。

1.5.1　缩放视图

使用视图中的【缩放】命令可以对视图进行放大或缩小操作，以改变图形的显示大小，方便用户观察图形。执行视图缩放的命令包括以下两种常用方法。

- 选择【视图】|【缩放】命令，然后在子菜单中选择需要的命令。
- 输入 ZOOM(简化命令 Z)，然后按空格键进行确定。

执行 ZOOM 命令，系统将提示【[全部(A)/中心(C)/动态(D)/范围(E)/上一个(P)/比例(S)/窗口(W)/对象(O)] <实时>:】的信息。然后只需要在该提示后输入相应的字母后按下空格键，即可进行相应的操作。缩放视图命令中各选项的含义和用法如下。

- 全部(A)：输入 A 后按下空格键，将在视图中显示整个文件中的所有图形。
- 中心(C)：输入 C 后按下空格键，然后在图形中单击指定一个基点，再输入一个缩放比例或高度值来显示一个新视图，基点将作为缩放的中心点。
- 动态(D)：就是用一个可以调整大小的矩形框去框选要放大的图形。
- 范围(E)：用于以最大的方式显示整个文件中的所有图形，同【全部(A)】的功能相同。
- 上一个(P)：执行该命令后可以直接返回到上一次缩放的状态。
- 比例(S)：用于输入一定的比例来缩放视图。输入的数据大于 1 即可放大视图，小于 1 并大于 0 时将缩小视图。
- 窗口(W)：用于通过在屏幕上拾取两个对角点来确定一个矩形窗口，然后，该矩形框内的全部图形放大至整个屏幕。
- 对象(O)：执行该命令后，选择要最大化显示的图形对象，即可将该图形放大至整个绘图窗口。
- <实时>：执行该命令后，鼠标指针将变为 ，拖动即可放大或缩小视图。

计算机 基础与实训教材系列

1.5.2 平移视图

平移视图是指对视图中图形的显示位置进行相应的移动。平移中，移动前后视图只是改变图形在视图中的位置，而不会发生大小变化。如图 1-44 和图 1-45 所示分别是对图形进行上下平移前后的对比效果。

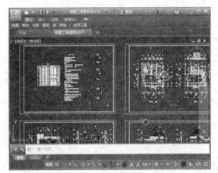

图 1-44 平移视图前　　　　　　　　　　　　图 1-45 平移视图后

执行平移视图的命令包括以下两种常用方法。

◉ 选择【视图】|【平移】命令，然后在子菜单中选择需要的命令。

◉ 输入 PAN(简化命令 P)并按空格键。

1.5.3 重画与重生成图形

下面将学习重画和重生成图形的方法，读者可以使用重画和重生成命令，对视图中的图形进行更新操作。

1. 重画图形

图形中某一图层被打开或关闭或者栅格被关闭后，系统会自动对图形进行刷新并重新显示，栅格的密度会影响刷新的速度。使用【重画】命令可以重新显示当前视窗中的图形，消除残留的标记点痕迹，使图形变得清晰。

执行重画图形的命令包括以下两种方法。

◉ 选择【视图】|【重画】命令。

◉ 输入 REDRAWALL(简化命令 REDRAW)，然后按空格键。

2. 重生成图形

使用【重生成】命令能将当前活动视窗所有对象的有关几何数据及几何特性重新计算一次(即重生)。此外，使用 OPEN 命令打开图形时，系统自动重生视图，ZOOM 命令的【全部】、【范围】选项也可自动重生视图。被冻结的图层上的实体不参与计算。因此，为了缩短重生时间，可将一些图层冻结。

执行重生成图形的命令包括以下两种方法。

- 选择【视图】|【全部重生成】命令。
- 输入 REGEN(简化命令 RE)，然后按空格键。

提示

在视图重生计算过程中，用户可用 Esc 键将操作中断，而使用 REGENALL 命令可对所有视窗中的图形进行重新计算。与 REDRAW 命令相比，REGEN 命令刷新显示较慢。

1.5.4 全屏显示视图

选择【视图】|【全屏显示】命令，或单击状态栏右下角的【全屏显示】按钮 ，屏幕上将清除功能区面板和可固定窗口(命令行除外)屏幕，仅显示菜单栏、【模型】选项卡、【布局】选项卡、状态栏和命令行，如图 1-46 所示。再次执行该命令，又将返回到原来的窗口状态。全屏显示通常在绘制复杂图形并需要足够的屏幕空间时使用。

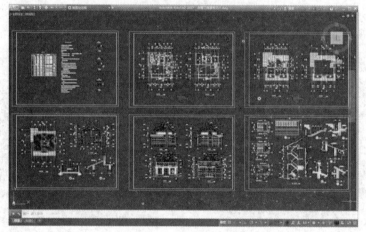

图 1-46 全屏显示视图

1.6 上机实战

本小节综合应用所学的 AutoCAD 基础知识，包括工作界面和文件的操作等，练习设置工作界面和局部打开文件的操作。

1.6.1 设置功能区

通过设置 AutoCAD 的功能区，可以修改工作界面的布局，也可以方便用户调用功能区中的工具按钮，具体的操作如下。

(1) 在功能区面板中右击，在弹出的菜单中选择【显示选项卡】选项，在子菜单中取消选择【默认】、【插入】、【注释】和【参数化】选项以外的所有选项，将对应的功能选项卡关闭，如图1-47所示。

(2) 在【默认】功能区面板中右击，在弹出的菜单中选择【显示面板】选项，在子菜单中取消选择【组】、【剪贴板】和【视图】选项，将对应的功能面板关闭，如图1-48所示。

图1-47　关闭部分功能选项卡

图1-48　关闭部分功能面板

(3) 单击功能区右方的面板控制下拉按钮，在弹出的菜单中选择【最小化为面板标题】命令，如图1-49所示，可以将功能区最小化为面板标题显示，如图1-50所示。

图1-49　选择【最小化为面板标题】命令

图1-50　最小化为面板标题

 提示

在任意打开的功能面板上右击，在打开的快捷菜单中可以打开或关闭功能面板。在快捷菜单中带√的为已经打开的工具栏，再次选择该选项，则可以将该功能面板关闭。

1.6.2　局部打开文件

在AutoCAD中可以使用不同的方式打开文件，这里将练习以【局部打开】方式打开文件，具体的操作如下。

(1) 执行【文件】|【打开】命令，打开【选择文件】对话框。

(2) 在【选择文件】对话框的【查找范围】下拉列表中选择打开文件的位置，然后在文件列表中选择要打开的文件，再单击【打开】按钮右方的下拉按钮，选择【局部打开】选项，如图 1-51 所示。

(3) 在打开的【局部打开】对话框的右方【图层名】列表中选择要打开的图层，然后单击【打开】按钮，如图 1-52 所示。

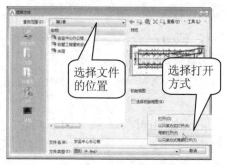

图 1-51　选择打开方式

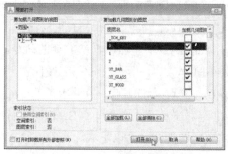

图 1-52　选择打开的图层

(4) 如果出现【缺少 SHX 文件】对话框，表示本系统缺少文件中使用的字体对象，可以忽略或指定一种方式替代 SHX 文件，如图 1-53 所示。

(5) 在忽略或指定替代 SHX 文件后，即可以局部方式打开选择的文件，如图 1-54 所示。

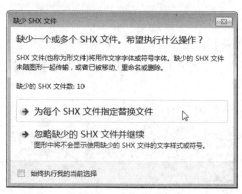

图 1-53　选择选项

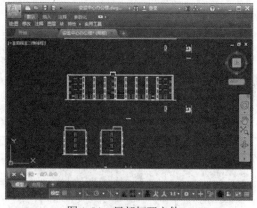

图 1-54　局部打开文件

1.7　思考与练习

1.7.1　填空题

1. 退出正在执行的命令，可以按_____键和_____键。

2. 放弃上一次执行的命令，可以单击【快速访问】工具栏中的_____按钮。

3. 重做上一次放弃的命令，可以单击【快速访问】工具栏中的_____按钮。

4. 如果要在保存文件时，重新设置已保存文件的路径和文件名，应该执行_____命令。

5. 在输入相对坐标时，坐标值前面会有一个_____符号。

1.7.2 选择题

1. 在 AutoCAD 中放弃上一次执行的命令，对应的快捷键是( )。

    A. Ctrl+A   B. Ctrl+Y   C. Ctrl+Z   D. Ctrl+B

2. 在 AutoCAD 中重做上一次放弃的命令，对应的快捷键是( )。

    A. Ctrl+A   B. Ctrl+Y   C. Ctrl+Z   D. Ctrl+B

3. (@10，20)表示的是( )坐标。

    A. 绝对坐标   B. 相对坐标   C. 绝对极坐标   D. 相对极坐标

4. 缩放视图的命令是以下哪一个? ( )。

    A. P   B. Scale   C. Zpam   D. Zoom

5. 平移视图的命令是以下哪一个? ( )。

    A. Zoom   B. Scale   C. pam   D. Pan

1.7.3 操作题

1. 在工作空间中显示【默认】、【插入】、【注释】、【参数化】、【视图】和【三维工具】功能选项卡。选择【注释】选项卡，在功能区中显示【文字】、【标注】、【引线】和【表格】功能面板，如图 1-55 所示。

2. 执行【新建】命令，新建一个以 Tutorial-iArch 样板为基础的图形文件，如图 1-56 所示。

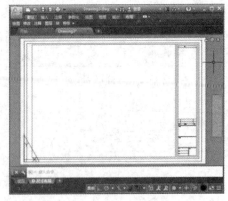

图 1-55　设置功能区　　　　　　　　　　图 1-56　Tutorial-iArch 样板文件

AutoCAD 环境设置

学习目标

在使用 AutoCAD 进行绘图之前，用户可以根据个人的习惯对 AutoCAD 的工作环境进行设置。本章学习的内容包括设置绘图环境、光标样式和绘图辅助功能等。

本章重点

- ◉ 设置绘图环境
- ◉ 设置光标样式
- ◉ 设置绘图辅助功能

2.1 设置绘图环境

为了提高个人的工作效率，在使用 AutoCAD 进行绘图之前，可以先对 AutoCAD 的绘图环境进行设置，设置为适合用户个人习惯的操作环境。设置绘图环境包括对图形单位和图形界限的设置，以及设置图形窗口颜色、文件自动保存的时间和右键功能模式等。

2.1.1 设置图形单位

AutoCAD 使用的图形单位包括毫米、厘米、英尺、英寸等十几种单位，可供不同行业的绘图需要。在使用 AutoCAD 绘图前应该进行绘图单位的设置。用户可以根据具体工作需要设置单位类型和数据精度。

执行设置绘图单位命令的方法有以下两种。

- ◉ 选择【格式】|【单位】菜单命令。
- ◉ 在命令行中输入 UNITS(UN)命令并按 Enter 键或空格键。

提示

在 AutoCAD 中，输入命令语句时，不用区别字母大小写。

【练习 2-1】设置图形单位为毫米，精度为 0.0。

(1) 执行 UNITS(UN)命令，打开【图形单位】对话框，单击【用于缩放插入内容的单位】选项的下拉按钮，在弹出的下拉列表中选择【毫米】选项，如图 2-1 所示。

(2) 单击【精度】选项的下拉按钮，在弹出的下拉列表中选择 0.0 选项，如图 2-2 所示。

图 2-1 选择【毫米】选项

图 2-2 选择 0.0 选项

【图形单位】对话框中主要选项的含义如下。

- 长度：用于设置长度单位的类型和精度。在【类型】下拉列表中，可以选择当前测量单位的格式；在【精度】下拉列表中，可以选择当前长度单位的精确度。
- 角度：用于控制角度单位类型和精度。在【类型】下拉列表中，可以选择当前角度单位的格式类型；在【精度】下拉列表中，可以选择当前角度单位的精确度；【顺时针】复选框用于控制角度增角量的正负方向。
- 光源：用于指定光源强度的单位。
- 【方向】按钮：单击该按钮，将打开【方向控制】对话框，用于确定角度及方向。

2.1.2 设置图形界限

用来绘制工程图的图纸通常有 A0~A5 这 6 种规格，一般称为 0~5 号图纸。在 AutoCAD 中与图纸大小相关的设置就是绘图界限，设置绘图界限的大小应与选定的图纸相等。

执行绘图界限设置的命令有以下两种。

- 选择【格式】|【图形界限】命令。
- 输入 LIMITS 命令并按 Enter 键或空格键。

【练习 2-2】设置绘图界限为 420×297。

(1) 选择【格式】|【图形界限】命令，当系统提示【指定左下角点或 [开(ON)/关(OFF)]：】时，输入绘图区域左下角的坐标为(0,0)并确定，如图 2-3 所示。

(2) 当系统提示【指定右上角点：】时，设置绘图区域右上角的坐标为(420,297)并确定，即可将图形界限的大小设置为 420×297，如图 2-4 所示。

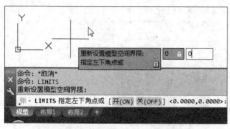

图2-3 设置左下角坐标

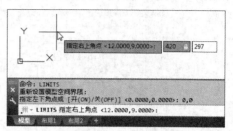

图2-4 设置右上角坐标

(3) 按下空格键重复执行【图形界限(LIMITS)】命令，然后输入命令参数 ON 并确定，打开【图形界限】功能，如图 2-5 所示。

(4) 执行 LINE 命令，可以在图形界限内绘制直线，如果在图形界限以外的区域绘制直线，系统将给出【超出图形界限】的提示，如图 2-6 所示。

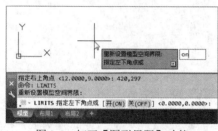

图2-5 打开【图形界限】功能

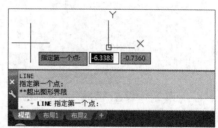

图2-6 超出图形界限提示

 提示

如果将绘图界限检查功能设置为【关闭(OFF)】状态，绘制图形时则不受设置的绘图界限的限制。如果将绘图界限检查功能设置为【开启(ON)】状态，绘制图形时将受到设置的绘图界限的限制。

2.1.3 设置图形窗口颜色

在 AutoCAD 的【图形窗口颜色】对话框中，用户可以根据个人习惯设置图形窗口的颜色，如命令行颜色、绘图区颜色、十字光标、栅格线颜色等，从而使工作环境更舒服。

【练习2-3】设置绘图区和命令行的颜色。

(1) 选择【工具】|【选项】命令，或输入 OPTIONS(OP)命令并按空格键，打开【选项】对话框，在【显示】选项卡中单击【窗口元素】选项栏中的【颜色】按钮，如图 2-7 所示。

(2) 在打开的【图形窗口颜色】对话框中依次选择【二维模型空间】和【统一背景】选项。然后单击【颜色】下拉按钮，在弹出的列表中选择【白】选项，如图 2-8 所示。

(3) 在【图形窗口颜色】对话框中依次选择【命令行】和【活动提示文本】选项，然后在【颜色】下拉列表中选择【蓝】选项，如图 2-9 所示。

计算机 基础与实训教材系列

(4) 在【图形窗口颜色】对话框中依次选择【命令行】和【活动提示背景】选项，然后在【颜色】下拉列表中选择【红】选项，如图 2-10 所示。

图 2-7　单击【颜色】按钮

图 2-8　设置背景颜色

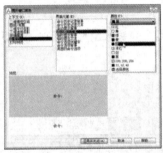

图 2-9　设置活动提示文本颜色

图 2-10　设置活动提示背景颜色

(5) 单击【应用并关闭】按钮进行确定，然后返回【选项】对话框，单击【确定】按钮，即可修改绘图区和命令行的颜色。

2.1.4　设置自动保存

在 AutoCAD 中，可以设置文件保存的默认版本和自动保存间隔时间。在绘制图形的过程中，通过开启自动保存文件的功能，可以避免在绘图时因意外造成文件丢失的问题，将损失降低到最小。

【练习 2-4】设置文件自动保存的间隔时间为 8 分钟，文件保存的默认版本为 R14。

(1) 执行 OPTIONS(OP)命令，打开【选项】对话框，在打开的【选项】对话框中选择【打开和保存】选项卡，选中【文件安全措施】选项组中的【自动保存】选项，在【保存间隔分钟数】文本框中设置自动保存的时间间隔为 8，如图 2-11 所示。

(2) 在【文件保存】选项组中单击【另存为】下拉按钮，在弹出的下拉列表中选择【AutoCAD R14/LT98/LT97 图形(*.dwg)】选项，如图 2-12 所示，然后单击【确定】按钮。

💡 **提示** -

默认情况下，AutoCAD 低版本软件不能打开高版本软件创建的图形，如果将高版本软件创建的图形以低版本格式保存，即可在低版本软件中打开；自动保存后的备份文件的扩展名为.ac$，将该文件的扩展名.ac$修改为.dwg，可以将其打开，此文件的默认保存位置在系统盘\Documents and Settings\Default User\Local Settings\Temp 目录下。

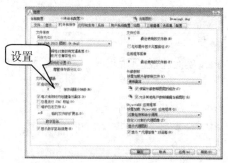

图 2-11 设置自动保存的时间

图 2-12 设置文件保存的默认版本

2.1.5 设置右键功能模式

AutoCAD 的右键功能中包括默认模式、编辑模式和命令模式 3 种模式,用户可以根据个人的习惯设置右键的功能模式。

【练习 2-5】设置右键命令模式的功能为【确认】。

(1) 执行 OPTIONS(OP)命令,打开【选项】对话框,选择【用户系统配置】选项卡,在【Windows 标准操作】选项组中单击【自定义右键单击】按钮,如图 2-13 所示。

(2) 在弹出的【自定义右键单击】对话框下方的【命令模式】选项组中选择【确认】选项,如图 2-14 所示。

图 2-13 单击【自定义右键单击】按钮

图 2-14 选择【确认】选项

提示

设置右键命令模式的功能为【确认】后,在输入某个命令时,右击将执行输入的命令,在执行命令的过程中,右击将确认当前的选择。

2.2 设置光标样式

在 AutoCAD 中,用户可以根据自己的习惯设置光标的样式,包括控制十字光标的大小、捕捉标记的大小、拾取框和夹点的大小。

【练习2-6】设置十字光标的大小为50。

(1) 执行 OPTIONS(OP)命令，打开【选项】对话框。

(2) 选择【显示】选项卡，在【十字光标大小】选项组中拖动滑块，或在文本框中直接输入 40，如图 2-15 所示。

(3) 单击【确定】按钮，即可调整光标的长度，效果如图 2-16 所示。

图 2-15　设置光标大小

图 2-16　较大的十字光标

 提示

十字光标预设尺寸为5，其大小的取值范围为1到100，数值越大，十字光标越长，100表示全屏幕显示。

【练习2-7】设置捕捉标记的大小。

(1) 执行 OPTIONS(OP)命令，打开【选项】对话框。

(2) 选择【绘图】选项卡，拖动【自动捕捉标记大小】选项组中的滑块，如图 2-17 所示。

(3) 单击【确定】按钮，即可调整捕捉标记的大小，效果如图 2-18 所示。

图 2-17　拖动滑块

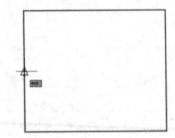
图 2-18　较大的中点捕捉标记

【练习2-8】设置拾取框的大小。

(1) 执行 OPTIONS(OP)命令，打开【选项】对话框。

(2) 选择【选择集】选项卡，然后在【拾取框大小】选项组中拖动滑块，如图 2-19 所示。

(3) 单击【确定】按钮，即可调整拾取框的大小，效果如图 2-20 所示。

 提示

拾取框是指在执行编辑命令时，光标所变成的一个小正方形框。合理地设置拾取框的大小，对于快速、高效地选取图形非常重要。

图 2-19　拖动滑块

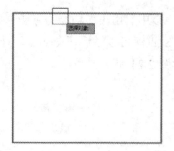

图 2-20　较大拾取框

【练习 2-9】设置夹点的大小。

(1) 执行 OPTIONS(OP)命令，打开【选项】对话框。

(2) 选择【选择集】选项卡，在【夹点尺寸】选项栏中拖动滑块 ，如图 2-21 所示。

(3) 单击【确定】按钮，即可调整夹点尺寸的大小，效果如图 2-22 所示。

图 2-21　拖动滑块

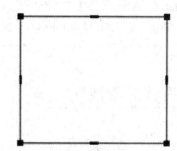

图 2-22　矩形的 8 个夹点

💡 提示

> 在 AutoCAD 中，夹点是选择图形后在图形的节点上所显示的图标。用户通过拖动夹点的方式，可以改变图形的形状和大小。

②.3　设置绘图辅助功能

本节将介绍 AutoCAD 绘图辅助功能的设置。对绘图辅助功能进行适当的设置，可以提高用户制图的效率和绘图的准确性。

②.3.1　应用正交功能

在绘图过程中，使用正交功能可以将光标限制在水平或垂直轴向上，同时也限制在当前的栅格旋转角度内。使用正交功能就如同使用了直尺绘图，使绘制的线条自动处于水平和垂直方向，在绘制水平和垂直方向的直线段时十分有用，如图 2-23 所示。

在 AutoCAD 中启用正交功能的方法十分简单，只需要单击状态栏上的【正交模式】按钮 ，或直接按下 F8 键就可以激活正交功能，开启正交功能后，状态栏上的【正交模式】按钮处于高亮状态，如图 2-24 所示。

图 2-23　使用正交功能　　　　　　　图 2-24　开启正交功能

 提示

> 在 AutoCAD 中绘制水平或垂直线条时，利用正交功能可以有效地提高绘图速度，如果要绘制非水平、垂直的线条，可以通过按下 F8 键，关闭正交功能。

②.3.2　设置对象捕捉

AutoCAD 提供了精确的对象捕捉特殊点功能。运用该功能可以精确绘制出所需要的图形。用户可以在【草图设置】对话框中的【对象捕捉】选项卡中设置，或者在【对象捕捉】工具中进行对象捕捉的设置。

1. 在【草图设置】对话框中设置对象捕捉

在【草图设置】对话框的【对象捕捉】选项卡中，可以根据实际需要选择相应的捕捉选项，进行对象特殊点的捕捉设置，如图 2-25 所示。

打开【草图设置】对话框的方法有以下几种。

- 选择【工具】|【绘图设置】命令。
- 右击状态栏中的【对象捕捉】按钮 ，在弹出的菜单中选择【对象捕捉设置】命令，如图 2-26 所示。

图 2-25　对象捕捉设置　　　　　　　图 2-26　选择命令

⊙　输入 DSETTINGS(SE)命令并按空格键。

　　启用对象捕捉设置后,在绘图过程中,当鼠标靠近这些被启用的捕捉特殊点时,将自动对其进行捕捉。【对象捕捉】选项卡中主要选项的含义如下。

  ◉　启用对象捕捉:打开或关闭执行对象捕捉。当对象捕捉打开时,在【对象捕捉模式】下选定的对象捕捉处于活动状态。

  ◉　启用对象捕捉追踪:打开或关闭对象捕捉追踪。使用对象捕捉追踪,在命令中指定点时,光标可以沿基于其他对象捕捉点的对齐路径进行追踪。要使用对象捕捉追踪,必须打开一个或多个对象捕捉。

  ◉　对象捕捉模式:列出可以在执行对象捕捉时打开的对象捕捉模式。

  ◉　全部选择:打开所有对象捕捉模式。

  ◉　全部清除:关闭所有对象捕捉模式。

　　【练习 2-10】应用对象捕捉对吊灯中的圆进行准确移动。

　　(1) 打开【吊灯.dwg】素材文件,图形效果如图 2-27 所示。

　　(2) 执行 DSETTINGS(SE)命令,打开【草图设置】对话框,选择【对象捕捉】选项卡,选中【启用对象捕捉】复选框,以及【对象捕捉模式】选项组中的【圆心】和【交点】复选框,并取消选中其余选项,然后进行确定,如图 2-28 所示。

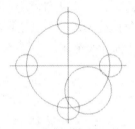

图 2-27　打开素材文件　　　　　图 2-28　设置对象捕捉模式

　　(3) 输入 M 并按空格键执行【移动】命令,当系统提示【选择对象】时,将拾取框移动到图形右下方的大圆对象上,如图 2-29 所示,然后单击即可选中该圆。

　　(4) 当系统提示【指定基点或 [位移(D)]】时,捕捉如图 2-30 所示的圆心作为移动的基点。

 提示 --

　　　【移动】命令的具体使用方法将在第 6 章详细讲解。

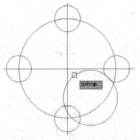
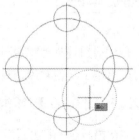

图 2-29　选择圆对象　　　　　　图 2-30　指定基点

(5) 当系统提示【指定第二个点或 <使用第一个点作为位移>:】时，向左上方捕捉如图 2-31 所示的交点作为移动的第二个点，即可将圆移动到指定的位置，效果如图 2-32 所示。

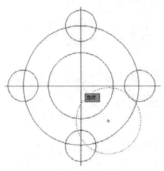　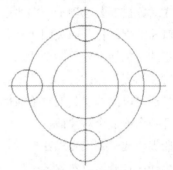

　　图 2-31　指定第二个点　　　　　　　　　　图 2-32　移动效果

提示

　　设置好对象捕捉功能后，在绘图过程中，通过单击状态栏中的【对象捕捉】按钮，或者按下 F3 键，可以在开/关【对象捕捉】功能之间进行切换。

2. 应用【对象捕捉】工具

　　右击任务栏中的【对象捕捉】按钮，将弹出对象捕捉的各个工具选项，如图 2-33 所示。选中或取消选中其中的工具选项，对应的捕捉功能将被打开或关闭。

　　　　图 2-33　对象捕捉工具按钮

2.3.3　对象捕捉追踪

　　在绘图过程中，使用对象捕捉追踪也可以提高绘图的效率。启用对象捕捉追踪后，在命令中指定点时，光标可以沿基于其他对象捕捉点的对齐路径进行追踪。

1. 在【草图设置】对话框中设置对象捕捉

　　执行 DSETTINGS(SE)命令，打开【草图设置】对话框，选择【对象捕捉】选项卡，然后选中【启用对象捕捉追踪】选项，即可启用对象捕捉追踪功能。如图 2-34 所示为圆心捕捉追踪效果，如图 2-35 所示为中点捕捉追踪效果。

图 2-34　圆心捕捉追踪

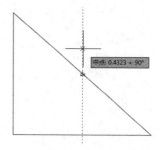

图 2-35　中点捕捉追踪

【练习 2-11】应用对象捕捉追踪完成台灯的绘制。

(1) 打开【沙发.dwg】素材文件，图形效果如图 2-36 所示。

(2) 执行 DSETTINGS(SE)命令，打开【草图设置】对话框，选中【启用对象捕捉】、【启用对象捕捉追踪】和【圆心】选项并确定，如图 2-37 所示。

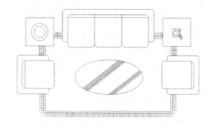

图 2-36　打开素材文件

图 2-37　设置捕捉模式

(3) 输入 L 并按空格键执行【直线】命令，当系统提示【指定第一点:】时，移动光标捕捉圆的圆心，如图 2-38 所示。

(4) 将光标向左移动到如图 2-39 所示的位置，然后单击指定直线的第一个点。

 提示 .....

　　【直线】命令的具体使用方法将在第 4 章详细讲解。

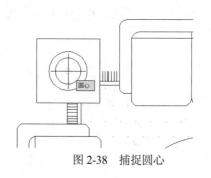

图 2-38　捕捉圆心

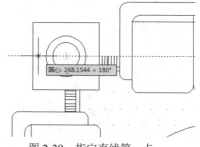

图 2-39　指定直线第一点

(5) 将光标向右移动并单击指定直线的下一个点，如图 2-40 所示，然后按空格键结束直线的绘制，效果如图 2-41 所示。

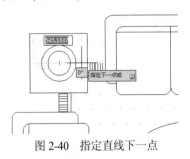

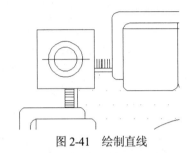

图 2-40　指定直线下一点　　　　　　　　图 2-41　绘制直线

(6) 按空格键重复执行【直线】命令，当系统提示【指定第一点:】时，捕捉圆的圆心，再将光标向上移动到如图 2-42 所示的位置，然后单击指定直线的第一个点。

(7) 将光标向下移动，并单击指定直线的下一个点，然后按下空格键结束直线的绘制，效果如图 2-43 所示。

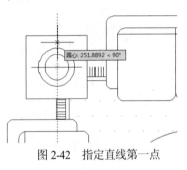

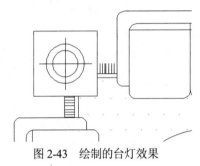

图 2-42　指定直线第一点　　　　　　　　图 2-43　绘制的台灯效果

💡 提示

　　由于对象捕捉追踪的使用是基于对象捕捉进行操作的，因此，要使用对象捕捉追踪功能，必须启用一个或多个对象捕捉功能；按下 F11 键可以在开/关对象捕捉追踪功能之间进行切换。

2. 使用临时追踪点

　　使用对象捕捉追踪还可以设置临时追踪点，在提示输入点时，输入 tt，如图 2-44 所示，然后指定一个临时追踪点。该点上将出现一个小的加号+，如图 2-45 所示。移动光标时，将相对于这个临时点显示自动追踪对齐路径。

图 2-44　输入 tt　　　　　　　　　　图 2-45　加号+为临时追踪点

【练习 2-12】应用临时追踪点在指定位置绘制圆。

(1) 打开【矩形.dwg】素材文件。

(2) 执行 DSETTINGS(SE)命令，打开【草图设置】对话框，选择【对象捕捉】选项卡，选中【启用对象捕捉】和【启用对象捕捉追踪】复选框，以及【对象捕捉模式】选项组中的【端点】复选框，并取消选中其余选项，然后进行确定，如图 2-46 所示。

(3) 输入 C 并按空格键执行【圆】命令，将光标移到矩形左上方的端点处，然后输入 tt 并按空格键，如图 2-47 所示。

图 2-46　设置对象捕捉追踪

图 2-47　移动光标并输入 tt

(4) 将光标向上移动，并输入临时追踪点的位置并确定，如图 2-48 所示。

(5) 将光标向右移动，输入追踪点的位置(即圆心)并确定，如图 2-49 所示。

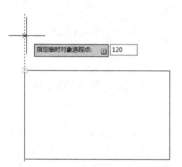

图 2-48　输入临时追踪点的位置

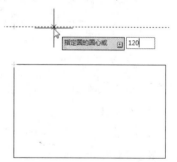

图 2-49　输入追踪点的位置

(6) 根据系统提示输入圆的半径，如图 2-50 所示。按空格键完成圆的绘制，如图 2-51 所示。

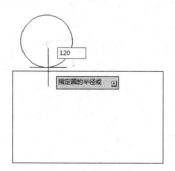

图 2-50　输入圆的半径

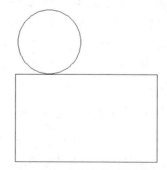

图 2-51　在指定位置绘制圆

【圆】命令的具体使用方法将在第4章详细讲解。

②.3.4 捕捉和栅格模式

执行 DSETTINGS(SE)命令，打开【草图设置】对话框，选择【捕捉和栅格】选项卡，可以进行捕捉设置。选中【启用捕捉】复选框，将启用捕捉功能，如图 2-52 所示。选中【启用栅格】复选框，将启用栅格功能，在图形窗口中将显示栅格对象，如图 2-53 所示。

图 2-52　启用捕捉功能

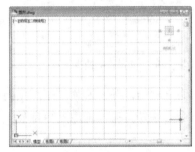

图 2-53　显示栅格对象

【捕捉和栅格】选项卡中主要选项的含义如下。

- 【捕捉间距】选项组用于控制捕捉位置的不可见矩形栅格，以限制光标仅在指定的 X 和 Y 间隔内移动。

- 【极轴间距】选项组用于控制 PolarSnap(极轴捕捉)的增量距离。当选定【捕捉类型】选项组中的 PolarSnap 选项时，可以进行捕捉增量距离的设置。如果该值为 0，则 PolarSnap 距离采用【捕捉 X 轴间距】的值。【极轴间距】设置与极坐标追踪和对象捕捉追踪结合使用。如果两个追踪功能都未启用，则【极轴间距】设置无效。

- 栅格捕捉：该选项用于设置栅格捕捉类型，如果指定点，光标将沿垂直或水平栅格点进行捕捉。

- 矩形捕捉：选择该选项，可以将捕捉样式设置为标准【矩形】捕捉模式。当捕捉类型设置为【栅格】并且打开【捕捉】模式时，鼠标指针将成为矩形栅格捕捉。

- 等轴测捕捉：选择该选项，可以将捕捉样式设置为【等轴测】捕捉模式。

- PolarSnap(极轴捕捉)：选择该选项，可以将捕捉类型设置为【极轴捕捉】。

 提示

单击状态栏上的【捕捉模式】按钮 ，或者按下 F9 键，可以在打开和关闭捕捉功能之间进行切换；单击状态栏上的【栅格显示】按钮 ，或者按下 F7 键，可以在打开和关闭栅格模式之间进行切换。

【练习 2-13】应用等轴测捕捉功能绘制透视长方体。

(1) 打开【矩形.dwg】素材文件。

(2) 执行 DSETTINGS(SE)命令，打开【草图设置】对话框，选择【捕捉和栅格】选项卡，在【捕捉类型】选项组中选中【等轴测捕捉】单选按钮并确定，如图 2-54 所示。

(3) 输入 L 并按空格键执行【直线】命令，当系统提示【指定第一点:】时，在矩形左上方的端点处单击指定直线的第一个点，如图 2-55 所示。

图 2-54 选中【等轴测捕捉】单选按钮

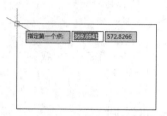

图 2-55 指定第一个点

(4) 当命令行提示【指定下一点或 [放弃(U)]:】时，开启正交模式，然后向左上方移动光标，并输入该段直线的长度为 300 并确定，如图 2-56 所示。

(5) 继续向下方移动光标，并输入该段直线的长度为 300 并确定，如图 2-57 所示。

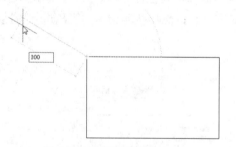

图 2-56 指定第一个点

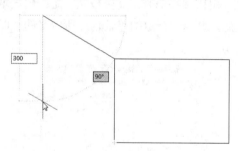

图 2-57 指定下一点

(6) 当命令行提示【指定下一点或 [闭合(C)/放弃(U)]:】时，捕捉矩形左下方的端点，如图 2-58 所示。

(7) 按空格键重复执行【直线】命令，当系统提示【指定第一点:】时，在矩形右上方的端点处单击鼠标指定直线的第一个点，如图 2-59 所示。

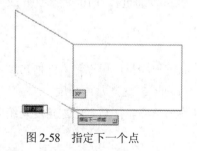

图 2-58 指定下一个点

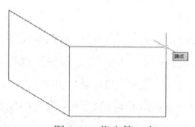

图 2-59 指定第一点

(8) 当命令行提示【指定下一点或 [放弃(U)]:】时，向左上方移动光标，并输入该段直线的长度为 300 并确定，如图 2-60 所示。

(9) 继续向左移动光标，并在左边直线的端点处单击，指定直线的下一个点，然后按空格键结束直线的绘制，效果如图 2-61 所示。

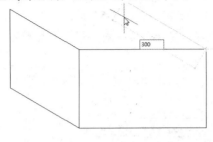

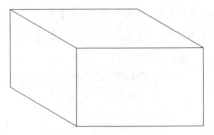

图 2-60　指定下一个点　　　　　　　　　　　图 2-61　绘制长方体

②.3.5　极轴追踪

执行 DSETTINGS(SE)命令，在打开的【草图设置】对话框中选择【极轴追踪】选项卡，在该选项卡中可以启动极轴追踪，如图 2-62 所示。

在使用极轴追踪时，需要按照一定的角度增量和极轴距离进行追踪。极轴追踪是以极轴坐标为基础，显示由指定的极轴角度所定义的临时对齐路径，然后按照指定的距离进行捕捉，如图 2-63 所示。

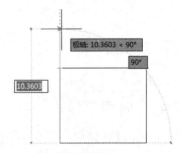

图 2-62　【极轴追踪】选项卡　　　　　　　　　图 2-63　启用极轴追踪

【极轴追踪】选项卡中主要选项的含义如下。

◉ 启用极轴追踪：用于打开或关闭极轴追踪。也可以通过按 F10 键来打开或关闭极轴追踪。

◉ 极轴角设置：设置极轴追踪的对齐角度。

◉ 增量角：设置用来显示极轴追踪对齐路径的极轴角增量。可以输入任何角度，也可以从列表中选择 90、45、30、22.5、18、15、10 或 5 这些常用角度。

◉ 附加角：对极轴追踪使用列表中的任意一种附加角度。注意，附加角度是绝对的，而非增量的。

- ◉ 角度列表：如果选中【附加角】复选框，将列出可用的附加角度。要添加新的角度，单击【新建】按钮即可。要删除现有的角度，则单击【删除】按钮即可。
- ◉ 新建：最多可以添加 10 个附加极轴追踪对齐角度。
- ◉ 删除：删除选定的附加角度。
- ◉ 对象捕捉追踪设置：设置对象捕捉追踪选项。
- ◉ 仅正交追踪：当对象捕捉追踪打开时，仅显示已获得的对象捕捉点的正交(水平/垂直)对象捕捉追踪路径。

> **提示**
>
> 单击状态栏上的【极轴追踪】按钮 ⌀，或按下 F10 键，也可以打开或关闭极轴追踪功能。另外，【正交】模式和极轴追踪不能同时打开，打开【正交】将关闭极轴追踪功能。

2.4　上机实战

本小节综合应用所学的 AutoCAD 环境设置知识，包括对象捕捉、对象捕捉追踪和光标样式等，练习设置个性绘图环境与绘制水池图形的操作。

2.4.1　设置个性绘图环境

本节将设置如图 2-64 所示的 AutoCAD 的绘图环境，包括定义右键单击功能、设置十字光标的大小、设置配色方案和绘图区颜色。

设置本例绘图环境的具体操作如下。

(1) 选择【工具】|【选项】命令，打开【选项】对话框，选择【用户系统配置】选项卡，然后在【Windows 标准操作】选项组中单击【自定义右键单击】按钮，如图 2-65 所示。

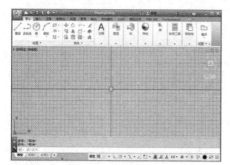

图 2-64　设置绘图环境

图 2-65　单击【自定义右键单击】按钮

(2) 打开【自定义右键单击】对话框，在【命令模式】选项组中选择【快捷菜单：命令选项存在时可用】选项，如图 2-66 所示。然后单击【应用并关闭】按钮，返回【选项】对话框。

(3) 选择【显示】选项卡，在【配色方案】下拉列表中选择【明】选项，然后在【十字光标大小】栏中拖动滑块到最右端，文本框中的数字将显示为100，即将十字光标的大小设置为100，充满整个屏幕，如图2-67所示。

图 2-66　定义右键单击功能　　　　　图 2-67　设置配色方案和十字光标

（4）单击【显示】选项卡中的【颜色】按钮，然后在打开的【图形窗口颜色】对话框中依次选择【二维模型空间】、【统一背景】选项，在【颜色】选项栏中单击下拉列表框，并选择【选择颜色】选项，如图2-68所示。

（5）在打开的【选择颜色】对话框中选择索引颜色为9的灰色，如图2-69所示。然后单击【确定】按钮，返回【图形窗口颜色】对话框，单击【应用并关闭】按钮，返回【选项】对话框，单击【确定】按钮，完成本例操作。

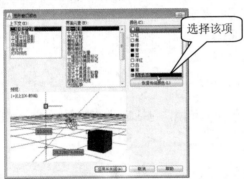

图 2-68　【图形窗口颜色】对话框　　　　图 2-69　【选择颜色】对话框

②.4.2　绘制水池

本节将应用对象捕捉和对象捕捉追踪功能，在如图2-70所示的素材图形上绘制水池图形，效果如图2-71所示。

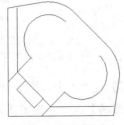

图 2-70　素材图形　　　　　　　图 2-71　绘制水池

绘制本例水池的具体操作如下。

(1) 打开【水池.dwg】素材文件。

(2) 执行 DSETTINGS(SE)命令，打开【草图设置】对话框，在【对象捕捉】选项卡中选中【启用对象捕捉】、【启用对象捕捉追踪】、【端点】和【交点】复选框并单击【确定】按钮，如图 2-72 所示。

(3) 输入 L 并按空格键执行【直线】命令，当系统提示【指定第一点:】时，移动光标单击如图 2-73 所示的端点。

图 2-72　设置捕捉模式

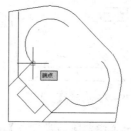

图 2-73　指定直线第一点

(4) 将光标移动到右下方如图 2-74 所示的端点，然后单击指定直线的下一个点。

(5) 按 Enter 键或空格键，结束直线的绘制，效果如图 2-75 所示。

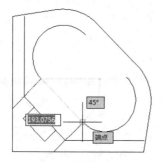

图 2-74　指定直线下一点

图 2-75　绘制直线

(6) 按 Enter 键或空格键，重复执行【直线】命令，通过捕捉端点的方法绘制另一条直线，效果如图 2-76 所示。

(7) 输入 C 并按空格键执行【圆】命令，系统提示【指定圆的圆心】时，将光标移到如图 2-77 所示的端点。

图 2-76　绘制直线

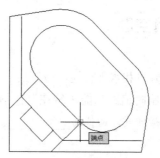

图 2-77　移动光标到端点

(8) 再将光标移动到左上方如图 2-78 所示的端点。

(9) 将光标向右移动，将出现两条追踪线，然后在追踪线的交点处单击指定圆的圆心，如图 2-79 所示。

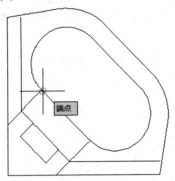
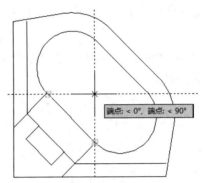

图 2-78　移动光标到端点　　　　图 2-79　在追踪线的交点处单击鼠标

(10) 在系统提示【指定圆的半径或】时，输入圆的半径为 35，如图 2-80 所示，然后按空格键结束圆的绘制，完成图形的绘制，效果如图 2-81 所示。

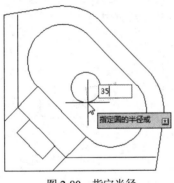
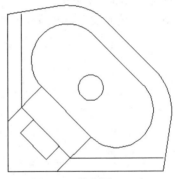

图 2-80　指定半径　　　　　　　　图 2-81　绘制圆

②.5　思考与练习

②.5.1　填空题

1. 要绘制垂直和水平直线，应开启_____功能。

2. 要启用临时追踪功能，应在对象捕捉追踪时输入_____。

3. 设置光标样式，应执行_____命令，在打开的_____对话框中进行设置。

② .5.2　选择题

1. 设置图形界限的命令是(　　)。
   A. UNITS　　　　　B. LAYER　　　　　C. LIMITS　　　　　　D. DSETTINGS
2. 开启或关闭正交模式功能的快捷键是(　　)。
   A. F1　　　　　　B. F3　　　　　　C. F7　　　　　　D. F8
3. 开启或关闭对象捕捉功能的快捷键是(　　)。
   A. F2　　　　　　B. F3　　　　　　C. F4　　　　　　D. F5

② .5.3　操作题

打开如图 2-82 所示的【保险元件.dwg】素材文件，应用所学的对象捕捉知识，使用 LINE(直线)命令通过矩形两方的中点，各绘制一条长为 2 的直线，效果如图 2-83 所示。

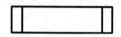

图 2-82　素材文件

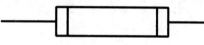

图 2-83　绘制保险元件

图形特性与图层管理

学习目标

本章将介绍 AutoCAD 图层与图形特性的相关知识。通过本章的学习，可以使用图层功能对图形进行分层管理，从而更快、更方便地绘制和修改复杂图形。本章学习的内容主要包括如何新建图层，如何设置图层颜色、线型、线宽和控制图层的状态，以及如何设置图形的特性等。

本章重点

- ⊙ 设置图形特性
- ⊙ 图层管理

3.1 设置图形特性

在制图过程中，图形的基本特性可以通过图层指定给对象，也可以为图形对象单独赋予需要的特性。设置图形特性通常包括对象的线型、线宽和颜色等属性。

3.1.1 应用【特性】面板

在【特性】面板中可以修改对象的特性，包括对象颜色、线宽、线型等。选择要修改的对象，单击【特性】面板中相应的控制按钮，然后在弹出的列表中选择需要的特性，即可修改对象的特性，如图 3-1、图 3-2 和图 3-3 所示。

提示

如果将特性设置为值 ByLayer，则将为对象指定与其所在图层相同的值；如果将特性设置为一个特定值，则该值将替代为图层设置的值。

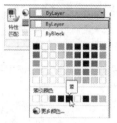

图3-1　更改颜色

图3-2　更改线宽

图3-3　更改线型

提示

在【特性】面板中单击【线型控制】下拉按钮，在弹出的列表框中选择【其他】选项，打开【线型管理器】对话框，然后单击【加载】按钮，可以在打开的【加载或重载线型】对话框中加载其他线型。

3.1.2　应用【特性】选项板

选择【修改】|【特性】命令，打开【特性】选项板，在该选项板中可以修改选定对象的完整特性，如图3-4所示。如果在绘图区选择了多个对象，【特性】选项板中将显示这些对象的共同特性，如图3-5所示。

图3-4　【特性】选项板

图3-5　选择多个对象后的参数

3.1.3　复制图形特性

选择【修改】|【特性匹配】命令，或输入MATCHPROP(MA)并按空格键，可以将一个对象所具有的特性复制给其他对象，可以复制的特性包括颜色、图层、线型、线型比例、厚度和打印样式，有时也包括文字、标注和图案填充特性。

执行MATCHPROP(MA)命令后，系统将提示【选择源对象:】。此时需要用户选择已具有所需要特性的对象，如图3-6所示。选择源对象后，系统将提示【选择目标对象或[设置(S)]:】，此时选择应用源对象特性的目标对象即可，如图3-7所示。

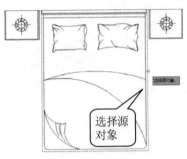

图 3-6　选择源对象

图 3-7　选择目标对象

在执行【特性匹配】命令的过程中，当系统提示【选择目标对象或［设置(S)］：】时，输入 S 并按下空格键进行确定，将打开【特性设置】对话框，用户在该对话框中可以设置复制所需要的特性，如图 3-8 所示。

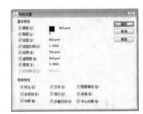

图 3-8　【特性设置】对话框

③.1.4　设置线型比例

线型是由实线、虚线、点和空格组成的重复图案，显示为直线或曲线。对于某些特殊的线型，更改线型的比例，将产生不同的线型效果。例如，在绘制建筑轴线时，通常使用虚线样式表示轴线，但是，在图形显示时，则往往会将虚线显示为实线，这时就可以更改线型的比例，达到修改线型效果的目的。

【练习 3-1】设置线型的全局比例为 0.5。

(1) 选择【格式】|【线型】命令，或在【特性】面板中单击【线型控制】下拉按钮，在弹出的列表框中选择【其他】选项，打开【线型管理器】对话框，如图 3-9 所示。

(2) 在该对话框中单击【显示细节】按钮，显示详细信息，然后在【全局比例因子】文本框中输入 0.5 并确定，如图 3-10 所示。

图 3-9　【线型管理器】对话框

图 3-10　设置全局比例因子

③.1.5　控制线宽显示

在 AutoCAD 中，可以在图形中打开和关闭线宽，并在模型空间中以不同于在图纸空间布局中的方式显示。图 3-11 所示为关闭线宽的效果，图 3-12 所示为打开线宽的效果。

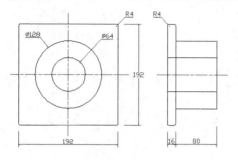

图 3-11　关闭线宽

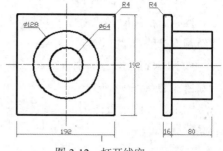

图 3-12　打开线宽

打开或关闭线宽功能，可以使用以下两种方法。

- 选择【格式】|【线宽】命令，打开【线宽设置】对话框，选中或取消选中【显示线宽】复选框可以对线宽的显示进行控制，如图 3-13 所示。
- 单击状态栏上的【显示/隐藏线宽】按钮，可以打开或关闭线宽的显示，如图 3-14 所示。

图 3-13　【线宽设置】对话框

图 3-14　显示/隐藏线宽

提示------------------------

　　打开和关闭线宽不会影响线宽的打印。在模型空间中，值 0 的线宽显示为一个像素，其他线宽使用与其真实单位值成比例的像素宽度。关闭线宽可优化程序的性能。

③.2　管理图层

　　图层用于在图形中组织对象信息以及执行对象线型、颜色及其他属性。一个图层就如一张透明的图纸，将各个图层上的画面重叠在一起即可成为一个完整的图纸。在制图的过程中将不同属性的实体建立在不同的图层上，可以方便管理图形对象。

③.2.1　创建并设置图层

　　创建图层是在【图层特性管理器】对话框中进行的，在【图层特性管理器】对话框中可以创建图层，设置图层的颜色、线型和线宽，以及进行其他的设置与管理。打开【图层特性管理器】对话框的常用方法有如下 3 种。

- 选择【格式】|【图层】命令。
- 单击【图层】面板中的【图层特性】按钮。
- 输入 LAYER(简化命令 LA)并按空格键。

【练习3-2】创建并设置新图层。

(1) 执行 LAYER 命令，打开【图层特性管理器】对话框，单击【新建】按钮，创建一个图层，如图 3-15 所示。

(2) 在图层名处于激活的状态下直接输入图层名字(如【轴线】)并按 Enter 键，如图 3-16 所示。

图 3-15　创建新图层

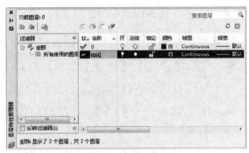

图 3-16　输入新的图层名

> **提示**
>
> 如果图层名已经确定，即未处于激活状态，此时要修改图层名称，可以单击图层的名称，使图层名成为激活状态，然后输入新的名称并确定即可。

(3) 在【图层特性管理器】对话框中单击图层对应的【颜色】对象，打开【选择颜色】对话框，然后选择需要的图层颜色(如【红】)，如图 3-17 所示。

(4) 单击对话框上的【确定】按钮，即可将图层的颜色设置为选择的颜色，如图 3-18 所示。

图 3-17　选择颜色

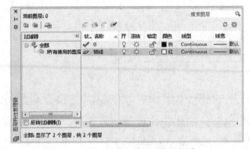

图 3-18　修改图层颜色

(5) 在【图层特性管理器】对话框中单击图层对应的【线型】对象，打开【选择线型】对话框，然后单击【加载】按钮，如图 3-19 所示。

(6) 在打开的【加载或重载线型】对话框中选择需要加载的线型(如 ACAD_IS008W100)，然后单击【确定】按钮，如图 3-20 所示。

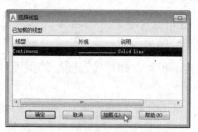

| 图 3-19 单击【加载】按钮 | 图 3-20 选择要加载的线型 |

(7) 将选择线型加载到【选择线型】对话框中后，在【选择线型】对话框中选择需要的线型，如图 3-21 所示。然后单击【确定】按钮，即可完成线型的设置，如图 3-22 所示。

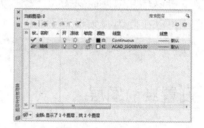

| 图 3-21 选择线型 | 图 3-22 更改线型 |

(8) 在【图层特性管理器】对话框中单击【线宽】对象，打开【线宽】对话框，选择需要的线宽，如图 3-23 所示。然后单击【确定】按钮，即可完成线宽的设置，如图 3-24 所示。

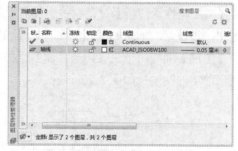

| 图 3-23 选择线宽 | 图 3-24 更改线宽 |

【图层特性管理器】对话框中左侧的图层树状区域用于设置图层组，右侧的图层设置区域用于设置所选图层组中的图层属性。其中主要工具按钮和选项的作用如下。

◉ 【图层状态管理器】按钮 ：单击该按钮，可以打开图层状态管理器。

◉ 【新建图层】按钮：用于创建新图层，列表中将自动显示一个名为【图层 1】的图层。

◉ 【在所有视口中都被冻结的新图层视口】按钮：用于创建新图层，然后在所有现有布局视口中将其冻结，可以在【模型】选项卡或布局选项卡上访问此按钮。

◉ 【删除图层】按钮：将选定的图层删除。

◉ 【置为当前】按钮：将选定图层设置为当前图层，用户绘制的图形将存放在当前图层上。

◉ 状态：指示项目的类型，包括图层过滤器、正在使用的图层、空图层或当前图层。

- 名称：显示图层或过滤器的名称，按 F2 键可以快速输入新名称。
- 开/关：用于显示与隐藏图层上的 AutoCAD 图形。
- 冻结/解冻：用于冻结图层上的图形，使其不可见，并且使该图层的图形对象不能进行打印，再次单击对应的按钮，可以进行解冻。
- 锁定：为了防止图层上的对象被误编辑，可以将绘制好图形内容的图层锁定，再次单击对应的按钮，可以进行解锁。
- 颜色：为了区分不同图层上的图形对象，可以为图层设置不同颜色。默认状态下，新绘制的图形将继承该图层的颜色属性。
- 线型：可以在此根据需要为每个图层分配不同的线型。
- 线宽：可以在此为线条设置不同的宽度，宽度值从 0mm 到 2.11mm。
- 打印样式：可以在此为不同的图层设置不同的打印样式，以及是否打印该图层样式属性。

③.2.2 设置当前图层

在 AutoCAD 中，当前层是指正在使用的图层，用户绘制图形的对象将存在于当前层上。默认情况下，在【特性】面板中显示了当前层的状态信息。

设置当前层有如下两种常用方法。

- 在【图层特性管理器】对话框中选择需设置为当前层的图层，再单击【置为当前】按钮，被设为当前层的图层前面有 标记，如图 3-25 所示的【图层 3】图层。
- 在【图层】面板中单击【图层控制】下拉按钮，在弹出的下拉列表框中选择需要设置为当前层的图层，如图 3-26 所示。

图 3-25　设置当前层

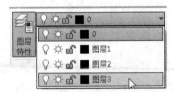

图 3-26　指定当前层

③.2.3 删除图层

在 AutoCAD 中进行图形绘制时，将不需要的图层删除，便于对有用的图层进行管理。执行 Layer 命令，打开【图层特性管理器】对话框，选择要删除的图层，然后单击【删除】按钮，即可将其删除。

提示

在删除图层的操作中，0 层、默认层、当前层、含有图形实体的层和外部引用依赖层均不能被删除。若对这些图层执行了删除操作，则 AutoCAD 会弹出提示不能删除的警告对话框。

3.2.4 转换图层

本节介绍的转换图层，是指将一个图层中的图形转换到另一个图层中。例如，将图层 1 中的图形转换到图层 2 中去，被转换后的图形颜色、线型、线宽将拥有图层 2 的属性。

转换图层时，先在绘图区中选择需要转换图层的图形，然后单击【图层】面板中的【图层控制】下拉按钮，在弹出的列表中选择要将对象转换到的图层即可。例如，在图 3-27 中，所选的 3 个圆的原图层为 0 图层，这里将它们放入【轮廓线】图层中，转换图层后，所选的 3 个圆将拥有【轮廓线】图层的属性，如图 3-28 所示。

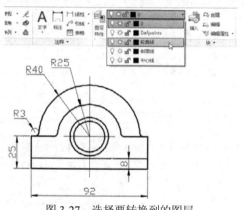

图 3-27 选择要转换到的图层

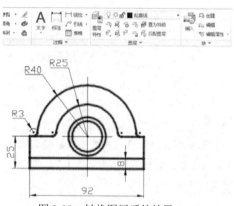

图 3-28 转换图层后的效果

3.2.5 控制图层状态

在绘制过于复杂的图形时，将暂时不用的图层进行关闭或冻结等处理，可以方便地进行绘图操作。

1. 打开/关闭图层

在绘图操作中，可以将图层中的对象暂时隐藏起来，或将隐藏的对象显示出来。隐藏图层中的图形将不能被选择、编辑、修改、打印。默认情况下，0 图层和创建的图层都处于打开状态，通过以下两种方法可以关闭图层。

- 在【图层特性管理器】对话框中单击要关闭图层前面的 💡 图标，图层前面的 💡 图标将转变为 💡 图标，表示该图层已关闭，如图 3-29 所示的【图层 2】。

⊙ 在【图层】面板中单击【图层控制】下拉列表中的【开/关图层】图标 💡，图层前面的
💡图标将转变为 💡图标，表示该图层已关闭，如图 3-30 所示的【图层 2】。

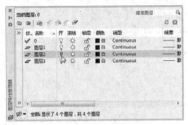

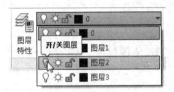

图 3-29　【图层 2】已关闭(1)　　　　图 3-30　【图层 2】已关闭(2)

如果关闭的图层是当前图层，将弹出询问对话框，如图 3-31 所示，在对话框中选择【关闭
当前图层】选项即可。如果不需要对当前层执行关闭操作，可以单击【使当前图层保持打开状
态】选项取消操作。

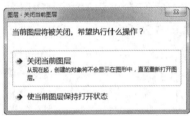

图 3-31　询问对话框

> 📀 **提示** ------------------------------------
>
> 　　当图层被关闭后，在【图层特性管理器】对话框中单击图层前面的【开】图标💡，或在【图层】面板
> 中单击【图层控制】下拉列表中的【开/关图层】图标💡，可以打开被关闭的图层，此时在图层前面的图
> 标💡将转变为图标💡。

2. 冻结/解冻图层

将图层中不需要进行修改的对象进行冻结处理，可以避免这些图形受到错误操作的影响。
另外，冻结图层可以在绘图过程中减少系统生成图形的时间，从而提高计算机的速度，因此在
绘制复杂的图形时冻结图层非常重要。被冻结后的图层对象将不能被选择、编辑、修改、打印。

在默认情况下，0 图层和创建的图层都处于解冻状态。用户可以通过以下两种方法将指定
的图层冻结。

⊙ 在【图层特性管理器】对话框中单击要冻结图层前面的【冻结】图标 ☼，图标 ☼ 将
转变为图标 ❄ ，表示该图层已经被冻结，如图 3-32 所示的【图层 1】。

⊙ 在【图层】面板中单击【图层控制】下拉列表中的【在所有视口中冻结/解冻】图标 ☼ ，
图层前面的图标 ☼ 将转变为图标 ❄ ，表示该图层已经被冻结，如图 3-33 所示的【图
层 1】。

图 3-32　【图层 1】已冻结(1)

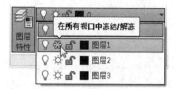

图 3-33　【图层 1】已冻结(2)

　　当图层被冻结后，在【图层特性管理器】对话框中单击图层前面的【解冻】图标 ❀ ，或在【图层】面板中单击【图层控制】下拉列表中的【在所有视口中冻结/解冻】图标 ❀ ，可以解冻被冻结的图层，此时在图层前面的图标 ❀ 将转变为图标 ☼ 。

 提示

　　由于绘制图形操作是在当前图层上进行的，因此，不能对当前的图层进行冻结操作。如果用户对当前图层进行了冻结操作，系统将给予无法冻结的提示。

3. 锁定/解锁图层

　　锁定图层可以将该图层中的对象锁定。锁定图层后，图层上的对象仍然处于显示状态，但是用户无法对其进行选择、编辑、修改等操作。在默认情况下，0 图层和创建的图层都处于解锁状态，可以通过以下两种方法将图层锁定。

- ◉ 在【图层特性管理器】对话框中单击要锁定图层前面的【锁定】图标，图标将转变为图标，表示该图层已经被锁定，如图 3-34 所示的【图层 3】。
- ◉ 在【图层】面板中单击【图层控制】下拉列表中的【锁定/解锁图层】图标，图标将转变为图标，表示该图层已锁定，如图 3-35 所示的【图层 3】。

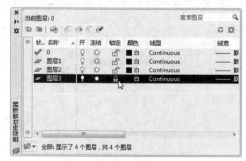

图 3-34　【图层 3】已锁定(1)

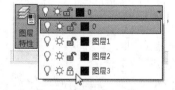

图 3-35　【图层 3】已锁定(2)

　　解锁图层的操作与锁定图层的操作相似。当图层被锁定后，在【图层特性管理器】对话框中单击图层前面的【解锁】图标 ，或在【图层】面板中单击【图层控制】下拉列表中的【锁定/解锁图层】图标 ，可以解锁被锁定的图层，此时在图层前面的图标 将转变为图标 。

提示 ------------------------------

> 隐藏图层中的图形不同于删除图形。删除图形后，便不能再找到相应的图形。而隐藏图层中的图形，可以在打开图层后找到并使用其中的图形。

③.2.6　保存与调用图层

在绘制图形的过程中，在创建好图层并设置好图层参数后，可以将图层的设置保存下来，方便创建相同或相似的图层时直接进行调用，从而提高绘图效率。

【练习3-3】将图层保存到【建筑.las】图层状态中。

(1) 选择【格式】|【图层】命令，打开【图层特性管理器】对话框，依次创建【轴线】、【墙体】、【门窗】和【标注】图层，如图3-36所示。

(2) 右击，在弹出的快捷菜单中选择【保存图层状态】命令，如图3-37所示。

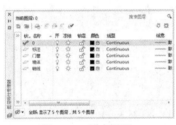　　　　　

图3-36　创建图层　　　　　　　　　图3-37　选择【保存图层状态】选项

(3) 在打开的【要保存的新图层状态】对话框中输入图层状态名称为【建筑】，如图3-38所示，单击【确定】按钮，即可将图层状态进行保存，并返回【图层特性管理器】对话框。

(4) 在【图层特性管理器】对话框中单击【图层状态管理器】按钮，打开【图层状态管理器】对话框，单击【输出】按钮，如图3-39所示。

(5) 在打开的【输出图层状态】对话框中分别选择图层的保存位置，并输入图层状态的名称，然后单击【保存】按钮，即可保存并输出图层状态。

图3-38　输入状态名　　　　　　　　图3-39　单击【输出】按钮

【练习3-4】在新建的图形文件中调用【建筑.las】图层状态。

(1) 选择【格式】|【图层】命令，打开【图层特性管理器】对话框，单击【图层状态管理器】按钮，如图3-40所示。

(2) 在打开的【图层状态管理器】对话框中单击【输入】按钮，如图 3-41 所示。

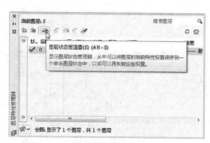

图 3-40 【图层特性管理器】对话框   图 3-41 【图层状态管理器】对话框

(3) 在打开的【输入图层状态】对话框中单击【文件类型】选项右侧的下拉按钮，在弹出的下拉列表中选择*.las 选项，然后选择前面输出的【建筑.las】图层状态文件，单击【打开】按钮，如图 3-42 所示。

(4) 在出现的 AutoCAD 提示窗口中单击【恢复状态】按钮，如图 3-43 所示。

(5) 返回【图层特性管理器】对话框，即可将【建筑.las】图层文件的图层状态输入到新建的图形文件中。

图 3-42 打开图层文件   图 3-43 提示窗口

3.3 上机实战

本小节综合应用所学的 AutoCAD 图形特性与图层知识，包括设置图形特性、管理图层等，练习修改写字桌图形特性和绘制螺母图形的操作。

3.3.1 修改写字桌图形特性

本例对如图 3-44 所示的【写字桌.dwg】素材图形的各个对象进行分层管理，并对个别图形的特性进行修改，效果如图 3-45 所示。

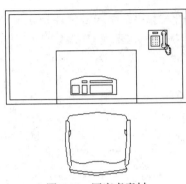

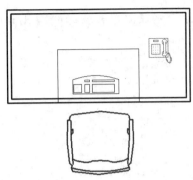

图 3-44　写字桌素材　　　　图 3-45　修改写字桌特性

修改写字桌图形特性的具体操作如下。

(1) 打开【写字桌.dwg】素材图形。

(2) 执行 LAYER 命令，打开【图层特性管理器】对话框，单击【新建图层】按钮，创建一个新图层，将其命名为【桌子】，如图 3-46 所示。

(3) 单击【桌子】图层的线宽标记，打开【线宽】对话框，在该对话框中设置轮廓线的线宽值为 0.35mm，如图 3-47 所示。

图 3-46　创建【桌子】图层　　　　图 3-47　设置图层线宽

(4) 单击【新建图层】按钮，新建一个名为【椅子】的图层，如图 3-48 所示。

(5) 单击【椅子】图层的颜色标记，在打开的【选择颜色】对话框中选择【蓝】并确定，如图 3-49 所示。

(6) 单击【新建图层】按钮，新建一个名为【电话】的图层，并将其颜色设置为红色、线宽设置为默认线宽，如图 3-50 所示。

(7) 选择桌子图形，然后单击【图层】面板中的【图层控制】下拉按钮，在弹出的下拉列表框中选择【桌子】图层，如图 3-51 所示，将桌子图形切换到【桌子】图层中。

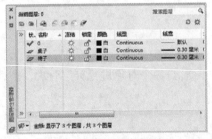

图 3-48　创建【椅子】图层　　　　图 3-49　设置椅子颜色

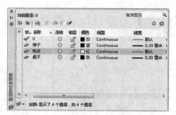

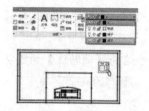

图 3-50　创建【电话】图层　　　　　图 3-51　修改桌子所在的图层

 提示 -

　　选择对象的具体方法将在第 6 章详细讲解。

　　(8) 选择椅子图形，将其切换到【椅子】图层中；选择电话图形，将其切换到【电话】图层中，效果如图 3-52 所示。

　　(9) 选择桌子中间的图形，然后单击【特性】面板中的【线宽控制】下拉按钮，在弹出的下拉列表框中选择【0.05 毫米】选项，修改图形的线宽，如图 3-53 所示。

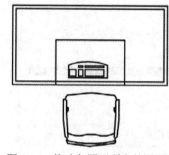

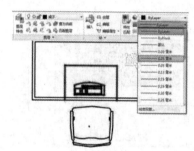

图 3-52　修改各图形所在的图层　　　　　图 3-53　修改图形的线宽

③.3.2　绘制螺母图形

　　在 AutoCAD 中可以通过创建不同的图层，对图形中的各个对象进行分层管理，这里将应用图层功能、对象捕捉和绘图命令绘制如图 3-54 所示的螺母。

　　绘制本例螺母的具体操作如下。

　　(1) 执行 LAYER 命令，打开【图层特性管理器】对话框，创建一个新图层，将其命名为【轮廓线】，如图 3-55 所示。

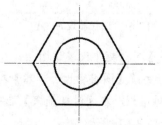

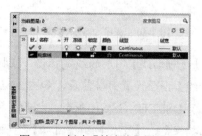

图 3-54　螺母图形效果　　　　　图 3-55　创建【轮廓线】图层

（2）单击【轮廓线】图层的线宽标记，打开【线宽】对话框，在该对话框中设置轮廓线的线宽值为 0.35mm，如图 3-56 所示。

（3）新建一个名为【辅助线】的图层，如图 3-57 所示。

图 3-56　设置图层线宽

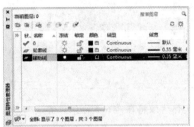

图 3-57　创建【辅助线】图层

（4）单击【辅助线】图层的颜色标记，打开【选择颜色】对话框，选择【红】色作为此图层的颜色，如图 3-58 所示。

（5）单击【辅助线】图层的线型标记，打开【选择线型】对话框，单击【加载】按钮，如图 3-59 所示。

图 3-58　设置图层颜色

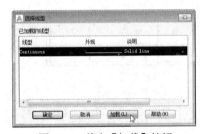

图 3-59　单击【加载】按钮

（6）在打开的【加载或重载线型】对话框中选择 ACAD_IS008W100 线型，单击【确定】按钮，如图 3-60 所示。

（7）加载的线型便显示在【选择线型】对话框中，选择所加载的 ACAD_IS008W100 线型，单击【确定】按钮，如图 3-61 所示，然后将此线型赋予【辅助线】图层。

图 3-60　选择加载的线型

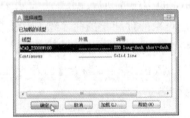

图 3-61　选择加载的线型

（8）单击【辅助线】图层的线宽标记，在打开的【线宽】对话框中设置该图层线宽为默认值，再将【辅助线】图层设置为当前层，如图 3-62 所示。然后关闭【图层特性管理器】对话框。

（9）执行 DSETTINGS(SE)命令，打开【草图设置】对话框，在【对象捕捉】选项卡中选中【启用对象捕捉】、【交点】和【圆心】选项并确定，如图 3-63 所示。

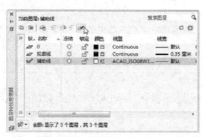

图 3-62 设置【辅助线】图层为当前层

图 3-63 设置对象捕捉

(10) 选择【格式】|【线宽】命令，在打开的【线宽设置】对话框中选中【显示线宽】复选框，打开线宽功能，如图 3-64 所示。

(11) 按 F8 键，开启【正交】模式。

(12) 输入 XLINE 并按空格键执行【构造线】命令，单击指定构造线的第一个点，然后向右指定构造线的通过点，再向下指定另一条构造线的通过点，绘制两条相互垂直的构造线，如图 3-65 所示。

图 3-64 显示线宽

图 3-65 绘制构造线

计算机基础与实训教材系列

 提示 -

【构造线】命令的具体使用方法将在第 4 章详细讲解。

(13) 将【轮廓线】图层设置为当前层，然后选择【绘图】|【圆】|【圆心、半径】命令，当系统提示【指定圆的圆心或 [三点(3P)/两点(2P)/切点、切点、半径(T)]:】时，在如图 3-66 所示的交点处单击指定圆心。

(14) 当系统提示【指定圆的半径或 [直径(D)] ◇:】时，输入圆的半径为 50 并按空格键，如图 3-67 所示，即可创建一个圆。

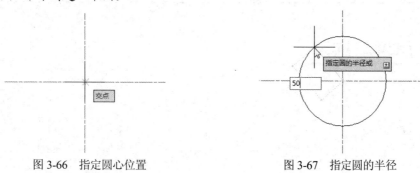

图 3-66 指定圆心位置

图 3-67 指定圆的半径

提示

【圆】命令的具体使用方法将在第 4 章详细讲解。

(15) 选择【绘图】|【多边形】命令，根据系统提示输入多边形的侧面数(即边数)为 6 并按空格键，如图 3-68 所示。

(16) 当系统提示【指定正多边形的中心点或 [边(E)]:】时，在构造线的交点处单击指定多边形的中心点，如图 3-69 所示。

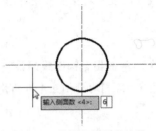
图 3-68　指定多边形的边数

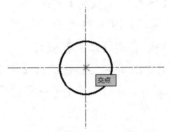
图 3-69　指定多边形的中心点

(17) 在弹出的菜单列表中选择【外切于圆】选项，如图 3-70 所示。

(18) 当系统提示【指定圆的半径:】时，输入多边形的半径为 80 并确定，如图 3-71 所示，即可完成本例的绘制，效果如图 3-54 所示。

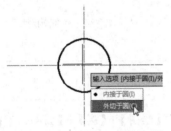
图 3-70　选择【外切于圆】选项

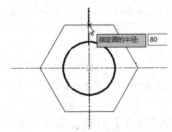
图 3-71　指定圆的半径

提示

【多边形】命令的具体使用方法将在第 5 章详细讲解。

3.4　思考与练习

3.4.1　填空题

1. 设置图形特性通常包括对象的_____、_____和_____等属性。
2. 创建图层是在_____对话框中进行的，在该对话框中可以创建图层，设置图层的颜色、线型和线宽，以及进行其他的设置与管理。

3. 要输出已保存的图层状态，应在【图层特性管理器】对话框中单击＿＿＿＿＿＿＿按钮，然后在【图层状态管理器】对话框中单击＿＿＿＿＿按钮对保存的图层状态进行输出。

③.4.2　选择题

1. 复制图形特性的命令是(　　)。

    A. MA   B. LAYER   C. LIMITS   D. UN

2. 执行图层的命令是(　　)。

    A. UNITS   B. LAYER   C. LIMITS   D. DSETTINGS

3. 在删除图层的操作中，下面哪个图层不能被删除？(　　)。

    A. 空白图层   B. 特殊颜色的图层   C. 含有图形的层   D. 重命名后的图层

③.4.3　操作题

1. 应用所学的图层知识，参照如图 3-72 所示的图层效果，创建其中的图层并设置相应的图层属性。

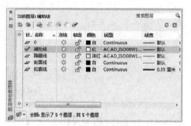

图 3-72　创建图层

2. 打开【底座】素材图形，如图 3-73 所示。选择【绘图】|【圆】命令，结合所学的图层、对象捕捉，设置线型比例和显示线宽知识，完成底座俯视图的绘制。其效果和尺寸如图 3-74 所示。

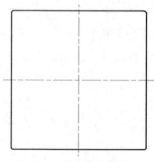

图 3-73　【底座】素材

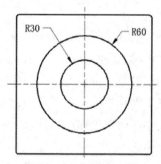

图 3-74　底座俯视图

第**4**章

绘制基本图形

学习目标

AutoCAD 提供了一系列绘图命令，其中包括二维图形和三维图形的绘制。在本章的学习中，将介绍二维基本图形的绘制方法，主要包括点、直线、构造线、圆和矩形等。

本章重点

- ◉ 绘制点对象
- ◉ 绘制常用线型对象
- ◉ 绘制矩形
- ◉ 绘制圆

4.1 绘制点对象

在 AutoCAD 中，绘制点的命令包括【点(POINT)】、【定数等分(DIVIDE)】和【定距等分(MEASUREH)】命令。在学习绘制点的操作之前，通常需要设置点的样式。

4.1.1 设置点样式

选择【格式】|【点样式】命令，或输入 DDPTYPE 命令并按空格键，打开【点样式】对话框，可以设置多种不同的点样式，包括点的大小和形状，如图 4-1 所示。点样式进行更改后，在绘图区中的点对象也将发生相应的变化。

【点样式】对话框中主要选项的含义如下。

- ◉ 点大小：用于设置点的显示大小，可以相对于屏幕设置点的大小，也可以设置点的绝对大小。
- ◉ 相对于屏幕设置大小：用于按屏幕尺寸的百分比设置点的显示大小。当进行显示比例的缩放时，点的显示大小并不改变。

● 按绝对单位设置大小：使用实际单位设置点的大小。当进行显示比例的缩放时，
AutoCAD 显示的点的大小随之改变。

④.1.2 绘制点

在 AutoCAD 中，绘制点对象的命令包括单点和多点命令。绘制单点和绘制多点的操作方
法如下。

1. 绘制单点

在 AutoCAD 中，执行【单点】命令通常有以下两种方法。
● 选择【绘图】|【点】|【单点】命令。
● 在命令行中输入 POINT(PO)命令并按空格键。

执行【单点】命令后，系统将出现【指定点:】的提示，当在绘图区内单击时，即可创建一
个点。

2. 绘制多点

在 AutoCAD 中，执行【多点】命令，通常有以下两种方法。
● 选择【绘图】|【点】|【多点】命令。
● 在【绘图】面板中单击【绘图】下拉按钮，将其展开，然后单击【多点】按钮，如
图 4-2 所示。

执行【多点】命令后，系统将出现【指定点:】的提示，多次单击即可在绘图区连续绘制多
个点，直到按下 Esc 键才能终止操作。

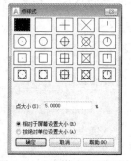

图 4-1 【点样式】对话框

图 4-2 单击【多点】按钮

④.1.3 绘制定数等分点

使用【定数等分】命令能够在某一图形上以等分数目创建点或插入图块，被等分的对象可
以是直线、圆、圆弧、多段线等。

在定数等分点的过程中，用户可以指定等分数目。执行【定数等分】命令通常有以下两种方法。

- 选择【绘图】|【点】|【定数等分】命令。
- 在命令行中输入 DIVIDE(DIV)命令并确定。

执行 DIVIDE 命令创建定数等分点时，当系统提示【选择要定数等分的对象:】时，用户需要选择要等分的对象，选择后，系统将继续提示【输入线段数目或[块(B)]:】，此时输入等分的数目，然后按空格键结束操作。

【练习 4-1】应用【定数等分】命令绘制吊灯图形。

(1) 打开【图形 1.dwg】素材图形，如图 4-3 所示。

(2) 执行 DDPTYPE 命令，打开【点样式】对话框，选择⊕点样式，在【点大小】文本框中输入 35，并选中【按绝对单位设置大小】单选按钮，然后单击【确定】按钮，如图 4-4 所示。

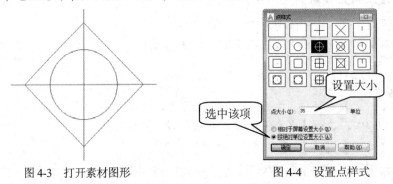

图 4-3　打开素材图形　　　　图 4-4　设置点样式

(3) 执行 DIVIDE 命令，当系统提示【选择要定数等分的对象:】时，在素材图形中选择菱形对象，如图 4-5 所示。

(4) 当系统提示【输入线段数目或[块(B)]:】时，输入等分的数目为 8，然后按 Enter 键确定，完成定数等分点的创建，效果如图 4-6 所示。

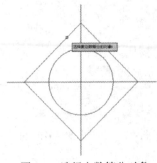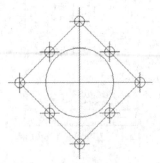

图 4-5　选择定数等分对象　　　　图 4-6　绘制定数等分点

提示

使用 DIVIDE 命令创建的点对象，主要用于作为其他图形的捕捉点，生成的点标记只是起到等分测量的作用，而非将图形断开。

④.1.4　绘制定距等分点

除了可以在图形上绘制定数等分点外，还可以绘制定距等分点，即将一个对象以一定的距离进行划分。使用【定数等分】命令便可以在选择对象上创建指定距离的点或图块，将图形以指定的长度分段。

执行【定距等分】命令有以下两种方法。

◉　选择【绘图】|【点】|【定距等分】命令。

◉　在命令行中输入 MEASURE(ME)命令并确定。

【练习 4-2】在直线上绘制定距等分点。

(1) 打开【图形 2.dwg】素材图形，如图 4-7 所示。

(2) 执行 MEASURE(ME)命令，当系统提示【选择要定距等分的对象:】时，单击选择上方线段作为要定距等分的对象，如图 4-8 所示。

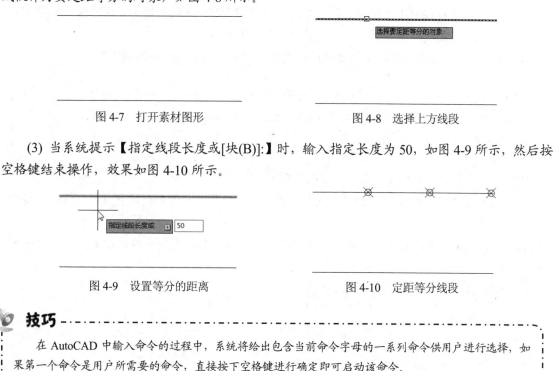

图 4-7　打开素材图形　　　　　　　　　　　　　图 4-8　选择上方线段

(3) 当系统提示【指定线段长度或[块(B)]:】时，输入指定长度为 50，如图 4-9 所示，然后按空格键结束操作，效果如图 4-10 所示。

图 4-9　设置等分的距离　　　　　　　　　　　　图 4-10　定距等分线段

💡 **技巧** -

　　在 AutoCAD 中输入命令的过程中，系统将给出包含当前命令字母的一系列命令供用户进行选择，如果第一个命令是用户所需要的命令，直接按下空格键进行确定即可启动该命令。

④.2　绘制常用线型对象

在 AutoCAD 制图操作中，可以绘制直线、构造线、射线等直线型图形。下面介绍这些对象的具体绘制操作。

④.2.1　绘制直线

使用【直线】命令可以在两点之间进行线段的绘制。用户可以通过鼠标或者键盘两种方式来指定线段的起点和终点。当使用 LINE 命令连续绘制线段时，上一个线段的终点将直接作为下一个线段的起点，如此循环直到按下空格键进行确定，或者按下 Esc 键撤销命令为止。

执行【直线】命令的常用方法有以下 3 种。

- 选择【绘图】|【直线】命令。
- 单击【绘图】面板中的【直线】按钮 ✎。
- 执行 LINE(L)命令。

在使用 LINE(L)命令的绘图过程中，如果绘制了多条线段，系统将提示【指定下一点或[闭合(C)/放弃(U)]:】，该提示中各选项的含义如下。

- 指定下一点：要求用户指定线段的下一个端点。
- 闭合(C)：在绘制多条线段后，如果输入 C 并按下空格键进行确定，则最后一个端点将与第一条线段的起点重合，从而组成一个封闭图形。
- 放弃(U)：输入 U 并按下空格键进行确定，则最后绘制的线段将被撤销。

 技巧

在绘制直线的过程中，如果绘制了错误的线段，可以输入 U 命令并确定将其取消，然后再重新执行下一步绘制操作即可。

【练习4-3】使用【直线】命令绘制射灯图形。

(1) 执行 LINE(L)命令，在系统提示【指定第一个点:】时，在需要创建直线的起点位置单击，如图 4-11 所示。

(2) 在系统提示【指定下一点或[放弃(U)]:】时，向右方移动光标并单击指定直线的下一点，如图 4-12 所示。

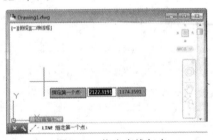
图 4-11　指定直线起点

图 4-12　指定直线下一点

(3) 应用【对象捕捉追踪】功能，捕捉直线左下方的端点，并向上移动光标，单击捕捉追踪线上的一个点，指定直线下一点，如图 4-13 所示。

(4) 在系统提示【指定下一点或 [闭合(C)/放弃(U)]:】时，输入 c 并确定，以选择【闭合(C)】选项，如图 4-14 所示，绘制的闭合图形如图 4-15 所示。

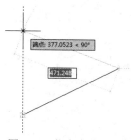

图 4-13 指定直线下一点

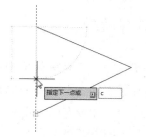

图 4-14 输入 c 并确定

(5) 按空格键重复执行【直线】命令，然后依次绘制表示光线的直线，如图 4-16 所示。

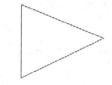

图 4-15 绘制闭合图形

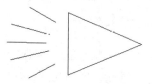

图 4-16 绘制其他直线

4.2.2 绘制射线

使用【射线】命令可以绘制朝一个方向无限延伸的直线。在 AutoCAD 制图操作中，射线被用作辅助线。

执行【射线】命令的常用方法有以下两种。

- ◉ 选择【绘图】|【射线】命令。
- ◉ 执行 RAY 命令。

【练习 4-4】使用【射线】命令绘制两条射线。

(1) 执行【射线(RAY)】命令，然后在绘图区随便单击指定一个点，如图 4-17 所示。移动鼠标即可出现一条射线，如图 4-18 所示，单击进行确定，即可绘制出指定的射线。

图 4-17 指定起点

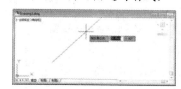

图 4-18 指定通过点

(2) 移动鼠标，将显示绘制的下一条射线，如图 4-19 所示，单击即可绘制当前显示的射线，按空格键结束【射线】命令，效果如图 4-20 所示。

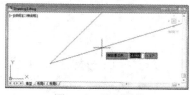

图 4-19 绘制射线

图 4-20 绘制效果

④.2.3 绘制构造线

执行【构造线】命令可以绘制无限延伸的构造线。在建筑或机械制图中，通常使用构造线作为绘制图形过程中的辅助线，如基准坐标轴。

执行【构造线】命令主要有以下几种方法。

- ◎ 选择【绘图】|【构造线】命令。
- ◎ 展开【绘图】面板，然后单击其中的【构造线】按钮 。
- ◎ 执行 xline(XL)命令。

1. 绘制水平或垂直构造线

执行 xline(XL)命令，通过【水平(H)】或【垂直(V)】命令选项可以绘制水平或垂直构造线。

【练习 4-5】绘制一条通过指定点的水平或垂直构造线。

(1) 执行 xline(XL)命令，系统将提示【指定点或 [水平(H)/垂直(V)/角度(A)/二等分(B)/偏移(O)]:】，输入 H 或 V 并确定，选择【水平】或【垂直】选项。

(2) 系统提示【指定通过点:】时，在绘图区中单击一点作为通过点。

(3) 按空格键结束命令，绘制的水平或垂直构造线如图 4-21 所示。

2. 绘制倾斜构造线

执行 xline(XL)命令，通过【角度(A)】命令选项可以绘制指定倾斜角度的构造线。

【练习 4-6】绘制倾斜角度为 45°的构造线。

(1) 执行 xline(XL)命令，系统将提示【指定点或 [水平(H)/垂直(V)/角度(A)/二等分(B)/偏移(O)]:】，输入 A 并确定，选择【角度】选项。

(2) 系统提示【输入构造线的角度(0)或[参照(R)]:】时，输入构造线的倾斜角度为45并确定。

(3) 根据系统提示指定构造线的通过点，然后按空格键结束命令，绘制的倾斜构造线如图 4-22 所示。

图 4-21　水平或垂直构造线

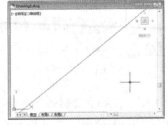

图 4-22　倾斜构造线

3. 绘制角平分构造线

执行 xline(XL)命令，通过【二等分(B)】命令选项可以绘制角平分构造线。

【练习 4-7】绘制矩形的顶角平分构造线。

(1) 打开【图形 3.dwg】素材图形。

(2) 执行 xline 命令，系统将提示【指定点或 [水平(H)/垂直(V)/角度(A)/二等分(B)/偏移(O)]:】，输入 b 并确定，选择【二等分】命令选项。

(3) 根据系统提示【指定角的顶点:】，在矩形左上角捕捉角顶点，如图 4-23 所示。

(4) 根据系统提示【指定角的起点:】，在矩形左下角捕捉角起点，如图 4-24 所示。

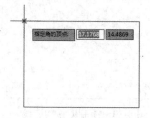
图 4-23　捕捉角顶点(右上)

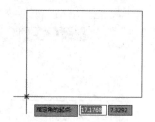
图 4-24　捕捉角起点(右下)

(5) 根据系统提示【指定角的端点:】，在矩形右上角捕捉角端点，如图 4-25 所示，按空格键结束命令。绘制的角平分构造线如图 4-26 所示。

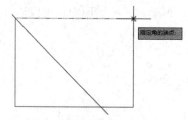
图 4-25　捕捉角端点(右上)

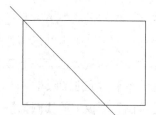
图 4-26　绘制角平分构造线

4. 绘制偏移构造线

执行 xline(XL)命令，通过【偏移(O)】命令选项可以绘制指定对象的偏移构造线。

【练习 4-8】绘制偏移指定倾斜直线的构造线。

(1) 打开【图形 4.dwg】素材图形。

(2) 执行 xline 命令，系统将提示【指定点或 [水平(H)/垂直(V)/角度(A)/二等分(B)/偏移(O)]:】，输入 O 并确定，选择【偏移】命令选项。

(3) 根据系统提示【指定偏移距离或 [通过(T)]】，输入 20 并确定，指定构造线与参考线的偏移距离，如图 4-27 所示。

(4) 根据系统提示【选择直线对象:】，选择作为参考的直线对象，如图 4-28 所示。

图 4-27　指定偏移距离

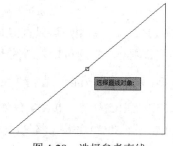
图 4-28　选择参考直线

(5) 根据系统提示【指定向哪侧偏移: 】，在需要偏移到的方向单击，如图 4-29 所示，按空格键结束命令，绘制的偏移构造线如图 4-30 所示。

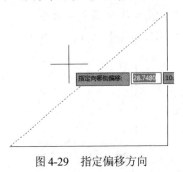

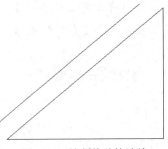

图 4-29　指定偏移方向　　　　　　图 4-30　绘制偏移构造线

④.3　绘制圆

在默认状态下，圆形的绘制方式是先确定圆心，再确定半径。用户也可以通过指定两点确定圆的直径或是通过三个点确定圆形等方式绘制圆形。

执行【圆】命令的常用方法有以下 3 种。

- 选择【绘图】|【圆】命令，再选择其中的子命令。
- 单击【绘图】面板中的【圆】按钮 ⊘。
- 执行 CIRCLE(C)命令。

执行 CIRCLE(C)命令，系统将提示【指定圆的圆心或[三点(3P)/两点(2P)/相切、相切、半径(T)]: 】，用户可以指定圆的圆心或选择某种绘制圆的方式。

- 三点(3P)：通过在绘图区内确定三个点来确定圆的位置与大小。输入 3P 后，系统将分别提示指定圆上的第一点、第二点、第三点。
- 两点(2P)：通过确定圆的直径的两个端点绘制圆。输入 2P 后，命令行分别提示指定圆的直径的第一端点和第二端点。
- 相切、相切、半径(T)：通过两条切线和半径绘制圆，输入 T 后，系统分别提示指定圆的第一切线和第二切线上的点以及圆的半径。

④.3.1　以指定圆心和半径绘制圆

执行 CIRCLE(C)命令，用户可以直接通过单击依次指定圆的圆心和半径，从而绘制出一个圆，也可以在指定圆心后，通过输入圆的半径，绘制一个指定圆心和半径的圆。

【练习 4-9】以指定的圆心，绘制半径为 20 的圆。

(1) 执行 CIRCLE(C)命令，在指定位置单击指定圆的圆心，如图 4-31 所示。

(2) 输入圆的半径为 20 并按空格键，如图 4-32 所示，即可创建半径为 20 的圆。

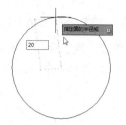

图 4-31　指定圆心　　　　　　　　图 4-32　指定圆的半径

4.3.2　以指定两点绘制圆

选择【绘图】|【圆】|【两点】菜单命令，或执行 CIRCLE(C)命令后，输入参数 2P 并确定，可以通过指定两个点确定圆的直径，从而绘制出指定直径的圆形。

【练习 4-10】通过指定的两个点，绘制指定直径的圆。

(1) 使用【直线】命令绘制一条长为 50 的直线。

(2) 执行 CIRCLE(C)命令，在系统提示下输入 2p 并确定，如图 4-33 所示。

(3) 根据系统提示在直线的左端点单击指定圆直径的第一个端点，如图 4-34 所示。

图 4-33　输入 2p 并确定　　　　　　图 4-34　指定直径第一个端点

(4) 根据系统提示在直线的右端点单击指定圆直径的第二个端点，如图 4-35 所示，即可绘制一个通过指定两点的圆，效果如图 4-36 所示。

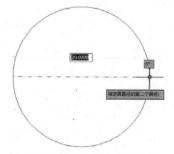

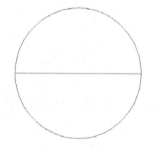

图 4-35　指定直径第二个端点　　　　图 4-36　绘制圆形

4.3.3　以指定三点绘制圆

由于指定三点可以确定一个圆的形状，因此，选择【绘图】|【圆】|【三点】菜单命令，或执行 CIRCLE(C)命令，输入参数 3P 并确定，通过指定圆所经过的三个点即可绘制圆。

【练习 4-11】 通过三角形的三个顶点，绘制指定的圆。

(1) 使用【直线】命令绘制一个三角形，如图 4-37 所示。

(2) 执行【圆(C)】命令，然后输入参数 3p 并确定，如图 4-38 所示。

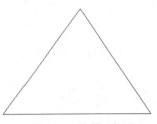

图 4-37 绘制三角形

图 4-38 执行圆命令

(3) 在三角形的任意一个角点处单击指定圆通过的第一个点，如图 4-39 所示。

(4) 在三角形的下一个角点处单击指定圆通过的第二个点，如图 4-40 所示。

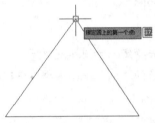

图 4-39 指定通过的第一个点

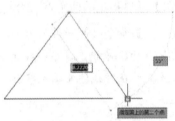

图 4-40 指定通过的第二个点

(5) 在三角形的另一个角点处单击指定圆通过的第三个点，如图 4-41 所示，即可绘制出通过指定三个点的圆，如图 4-42 所示。

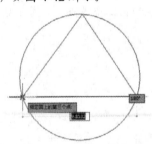

图 4-41 指定通过的第三个点

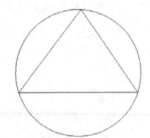

图 4-42 绘制圆

④.3.4 以指定切点和半径绘制圆

选择【绘图】|【圆】|【相切、相切、半径】菜单命令，或执行 CIRCLE(C)命令，输入参数 T 并确定，然后指定圆通过的切点和圆的半径绘制相应的圆。

【练习 4-12】 通过指定切点和半径的方式绘制圆。

(1) 绘制两条互相垂直的线段，以线段的边作为绘制圆的切边，如图 4-43 所示。

(2) 执行【圆(C)】命令，然后输入参数 t 并确定，如图 4-44 所示。

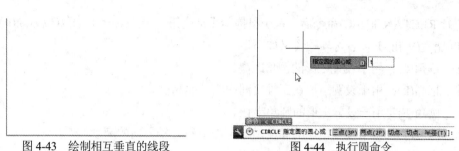

图 4-43 绘制相互垂直的线段　　　　　图 4-44 执行圆命令

(3) 根据系统提示指定对象与圆的第一个切边，如图 4-45 所示。

(4) 根据系统提示指定对象与圆的第二个切边，如图 4-46 所示。

图 4-45 指定第一个切边　　　　　图 4-46 指定第二个切边

(5) 根据系统提示输入圆的半径(如 6)并确定，如图 4-47 所示，所绘制的通过指定切边和半径的圆如图 4-48 所示。

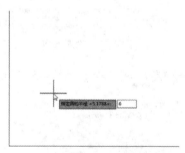
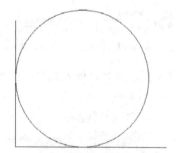

图 4-47 指定圆的半径　　　　　图 4-48 绘制圆形

4.4 绘制矩形

使用【矩形】命令可以通过单击指定两个对角点的方式绘制矩形，也可以通过输入坐标指定两个对角点的方式绘制矩形。当矩形的两角点形成的边长相同时，则生成正方形。

执行【矩形】命令的常用方法有以下 3 种。

◉ 选择【绘图】|【矩形】命令。

◉ 单击【绘图】面板中的【矩形】按钮 。

◉ 执行 RECTANG(REC)命令。

执行 RECTANG(REC)命令后，系统将提示【指定第一个角点或 [倒角(C)/标高(E)/圆角(F)/厚度(T)/宽度(W)]: 】，各选项的含义如下。

- ⦿ 倒角(C)：用于设置矩形的倒角距离。
- ⦿ 标高(E)：用于设置矩形在三维空间中的基面高度。
- ⦿ 圆角(F)：用于设置矩形的圆角半径。
- ⦿ 厚度(T)：用于设置矩形的厚度，即三维空间 Z 轴方向的高度。
- ⦿ 宽度(W)：用于设置矩形的线条粗细。

4.4.1 绘制直角矩形

执行 RECTANG(REC)命令，可以通过直接单击确定矩形的两个对角点，绘制一个随意大小的直角矩形，也可以在确定矩形的第一个角点后，通过【尺寸(D)】命令选项绘制指定大小的矩形，或是通过指定矩形另一个角点的坐标绘制指定大小的矩形。

【练习 4-13】通过【尺寸(D)】命令选项绘制长度为 200，宽度为 150 的直角矩形。

(1) 执行 RECTANG(REC)命令，单击指定矩形的第一个角点，如图 4-49 所示。

(2) 输入参数 d 并确定，选择【尺寸(D)】命令选项，如图 4-50 所示。

图 4-49　指定第一个角点坐标　　　　图 4-50　输入参数 d

(3) 根据系统提示依次输入矩形的长度和宽度并确定，如图 4-51 和图 4-52 所示。

图 4-51　输入矩形的长度　　　　图 4-52　输入矩形的宽度

(4) 根据系统提示指定矩形另一个角点的位置，如图 4-53 所示，即可创建一个指定大小的矩形，如图 4-54 所示。

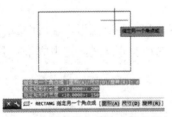

图 4-53　指定另一个角点的位置　　　　图 4-54　创建指定大小的矩形

【练习 4-14】通过指定矩形角点坐标绘制长度为 200，宽度为 150 的直角矩形。

(1) 执行 RECTANG(REC)命令，单击指定矩形的第一个角点，然后根据系统提示输入矩形另一个角点的相对坐标值(如@200,150)，如图 4-55 所示。

(2) 输入另一个角点的相对坐标值后，按下空格键进行确定，即可创建一个指定大小的矩形，如图 4-56 所示。

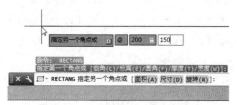

图 4-55　指定另一个角点坐标　　　　　　　图 4-56　创建指定大小的矩形

4.4.2　绘制圆角矩形

在绘制矩形的操作中，除了可以绘制指定大小的直角矩形外，还可以通过【圆角(F)】命令选项绘制带圆角的矩形，并且可以指定矩形的大小和圆角大小。

【练习 4-15】绘制长度为 60、宽度为 50、圆角半径为 5 的圆角矩形。

(1) 执行 RECTANG(REC)命令，根据系统提示【指定第一个角点或 [倒角(C)/标高(E)/圆角(F)/厚度(T)/宽度(W)]: 】，输入参数 F 并确定，以选择【圆角(F)】选项，如图 4-57 所示。

(2) 根据系统提示输入矩形圆角半径的大小为 5 并确定，如图 4-58 所示。

图 4-57　输入参数 F 并确定　　　　　　　　图 4-58　输入圆角半径

(3) 单击指定矩形的第一个角点，再输入矩形另一个角点的相对坐标为((@60,50)，如图 4-59 所示，按空格键进行确定，即可绘制指定的圆角矩形，如图 4-60 所示。

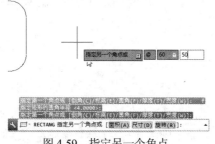

图 4-59　指定另一个角点　　　　　　　　　图 4-60　绘制圆角矩形

4.4.3 绘制倒角矩形

除了可以绘制圆角矩形外，还可以通过【倒角(C)】命令选项绘制带倒角的矩形，并且可以指定矩形的大小和倒角大小。

【练习 4-16】绘制长度为 50、宽度为 40、倒角距离 1 为 4、倒角距离 2 为 5 的倒角矩形。

(1) 执行 RECTANG(REC)命令，根据系统提示【指定第一个角点或 [倒角(C)/标高(E)/圆角(F)/厚度(T)/宽度(W)]: 】，输入参数 c 并确定，以选择【倒角(C)】选项，如图 4-61 所示。

(2) 根据系统提示输入矩形的第一个倒角距离为 4 并确定，如图 4-62 所示。

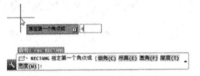
图 4-61 输入参数 c 并确定

图 4-62 输入第一个倒角距离

(3) 继续输入矩形的第二个倒角距离为 5 并确定，如图 4-63 所示。

(4) 根据系统提示单击指定矩形的第一个角点，如图 4-64 所示。

图 4-63 输入第二个倒角距离

图 4-64 指定第一个角点

(5) 输入矩形另一个角点的相对坐标值为(@50,40)，如图 4-65 所示。按空格键即可创建指定的倒角矩形，如图 4-66 所示。

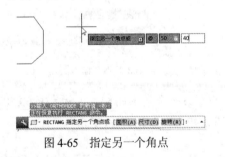
图 4-65 指定另一个角点

图 4-66 创建倒角矩形

4.4.4 绘制旋转矩形

在 AutoCAD 中，创建旋转矩形的方法有两种，一种是绘制好水平方向的矩形后，使用【旋转】修改命令将其旋转；另一种是通过【矩形】命令中的【旋转(R)】选项直接绘制旋转矩形。

【练习 4-17】绘制旋转角度为 45、长度为 80、宽度为 50 的矩形。

(1) 执行 RECTANG(REC)命令，指定矩形的第一个角点，然后根据系统提示输入旋转参数 R

并确定，以选择【旋转(R)】命令选项，如图 4-67 所示。

(2) 根据系统提示输入旋转矩形的角度为 45 并确定，如图 4-68 所示。

图 4-67 输入参数 R 并确定

图 4-68 输入旋转角度

(3) 根据系统提示输入旋转参数 d 并确定，以选择【尺寸(D)】命令选项，如图 4-69 所示。

(4) 根据系统提示输入矩形的长度为 80 并确定，如图 4-70 所示。

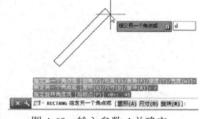

图 4-69 输入参数 d 并确定

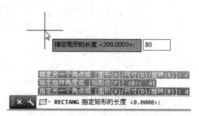

图 4-70 指定矩形的长度

(5) 根据系统提示输入矩形的宽度为 50 并确定，如图 4-71 所示，即可绘制指定的旋转矩形，如图 4-72 所示(其中的尺寸标注是后面添加的)。

图 4-71 指定矩形的宽度

图 4-72 绘制指定的旋转矩形

④.5 上机实战

本小节练习绘制法兰盘和燃气灶图形，巩固本章所学的绘图知识，主要包括直线、构造线、圆、矩形等对象的绘制与应用。

④.5.1 绘制法兰盘

本例将使用【构造线】、【圆】命令绘制法兰盘图形，完成后的效果如图 4-73 所示。制作该图形对象的关键是首先绘制水平或垂直构造线，然后绘制二等分构造线。

绘制本例法兰盘的具体操作如下。

(1) 执行【图层(LA)】命令，打开【图层特性管理器】对话框，然后创建【中心线】、【轮廓线】和【隐藏线】图层，并设置各个图层的颜色、线型和线宽，再将【中心线】图层设置为当前层，如图 4-74 所示。

(2) 执行【构造线(XL)】命令，通过选择【水平(H)】和【垂直(V)】命令选项，绘制一条水平构造线和垂直构造线，如图 4-75 所示。

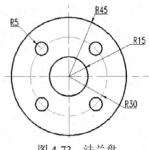

图 4-73　法兰盘

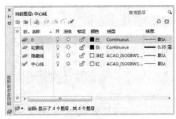

图 4-74　创建并设置图层

图 4-75　绘制构造线

(3) 执行【圆(C)】命令，在两条构造线的交点处指定圆心，分别绘制半径为 15 和 45 的同心圆，如图 4-76 所示。

(4) 将【隐藏线】图层设置为当前层，然后执行【圆(C)】命令，在两条构造线的交点处指定圆心，绘制一个半径为 30 的圆，如图 4-77 所示。

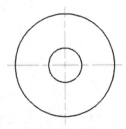

图 4-76　绘制两个同心圆

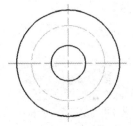

图 4-77　绘制圆

(5) 执行【构造线(XL)】命令，通过选择【二等分(B)】命令选项，在原有两条构造线的基础上绘制一条角平分构造线，如图 4-78 所示。

(6) 继续执行【构造线(XL)】命令，通过选择【二等分(B)】命令选项，绘制另一条角平分构造线，如图 4-79 所示。

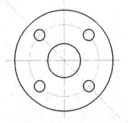

图 4-78　绘制角平分构造线

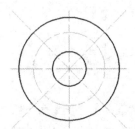

图 4-79　绘制另一条角平分构造线

(7) 将【轮廓线】图层设置为当前层，然后执行【圆(C)】命令，在角平分构造线与【隐藏线】图层中的圆的交点处单击，指定圆的圆心，如图4-80所示。

(8) 根据系统提示指定圆的半径为5并确定，绘制的圆如图4-81所示。

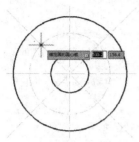
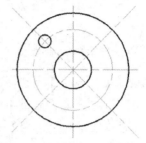

图4-80　指定圆心　　　　　　　图4-81　绘制半径为5的圆

(9) 继续执行【圆(C)】命令，在角平分构造线与【隐藏线】图层中的圆的其他交点处指定圆的圆心，分别绘制半径为5的圆，如图4-82所示。

(10) 在两条角平分构造线上单击，将其选中，然后按Delete键将其删除，完成本例的绘制，效果如图4-83所示。

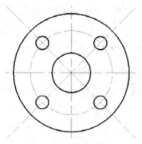
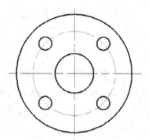

图4-82　绘制其他圆　　　　　　图4-83　删除角平分构造线

4.5.2　绘制燃气灶

本例将使用【矩形】、【圆】、【定数等分】命令绘制一款三眼灶的燃气灶，完成后的效果如图4-84所示。在绘图过程中可以使用【from(捕捉自)】功能对图形进行准确定位。

绘制本例图形的具体操作步骤如下。

(1) 执行【矩形(REC)】命令，绘制一个长度为600、宽度为400的矩形作为燃气灶轮廓，如图4-85所示。

(2) 执行【直线(L)】命令，然后输入from并确定，使用【from(捕捉自)】功能，根据系统提示【基点:】，在矩形左下角端点处捕捉基点，如图4-86所示。

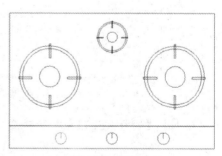

图4-84　燃气灶

图 4-85　绘制的矩形效果

图 4-86　选择捕捉的基点

(3) 根据系统提示【<偏移>:】，输入@0,80 并确定，指定偏移基点的距离，然后向右捕捉与矩形的交点，指定直线的下一点，如图 4-87 所示。

(4) 按空格键结束【直线】命令，绘制的直线如图 4-88 所示。

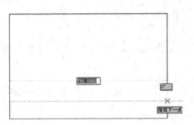

图 4-87　指定下一点

图 4-88　绘制的直线

技巧

from(捕捉自)是用于偏移基点的命令，在执行各种绘图命令时，可以通过该命令偏移绘图的基点位置。用户可以通过使用 from(捕捉自)功能指定绘制图形的起点坐标位置，在绘制直线、矩形、圆和多段线等对象时，均可以使用 from(捕捉自)功能来指定对象的起点坐标位置。

(5) 执行【圆(C)】命令，在矩形左方位置绘制一个半径为 80 的圆作为燃气灶的炉盘，效果如图 4-89 所示。

(6) 继续使用【圆(C)】命令绘制两个半径分别为 70 和 20 的同心圆，如图 4-90 所示。

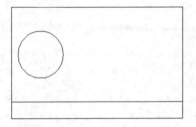

图 4-89　绘制半径为 80 的圆

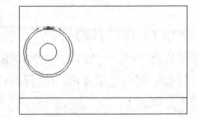

图 4-90　绘制同心圆

(7) 使用【矩形(REC)】命令绘制燃气灶上的支架，矩形的长度为 50、宽度为 5。效果如图 4-91 所示。

(8) 参照前面的参数，使用【圆(C)】和【矩形(REC)】命令完成炉盘的绘制，如图 4-92 所示。

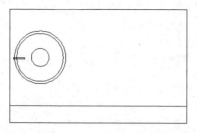

图 4-91　绘制支架图形

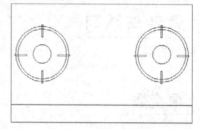

图 4-92　绘制炉盘

(9) 使用【矩形(REC)】和【圆(C)】命令在两个炉盘上方绘制一个小炉盘，其参数为大炉盘的 1/2，效果如图 4-93 所示。

(10) 使用【直线】命令在图形下方的两条水平线之间绘制一条直线，如图 4-94 所示。

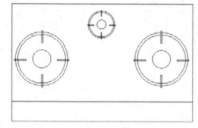

图 4-93　绘制小炉盘

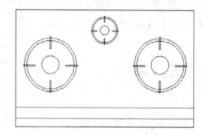

图 4-94　绘制直线

 技巧

　　本例绘制的三眼灶具中，除了平常使用的两个大的灶眼外，中间还有一个小的灶眼，这个灶眼主要便于奶锅这类小锅的使用。

(11) 执行【点样式(DDPTYPE)】命令，打开【点样式】对话框，选择⊙点样式，在【点大小】文本框中输入 40，然后选中【按绝对单位设置大小】单选按钮并确定，如图 4-95 所示。

(12) 执行【定数等分(DIV)】命令，选择刚绘制的直线作为等分对象，然后设置等分数目为 4 并确定，绘制的定数等分点如图 4-96 所示。

(13) 单击选中定数等分的直线，然后按 Delete 键将其删除，完成本例燃气灶的绘制，效果如图 4-84 所示。

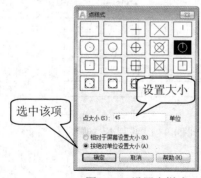

图 4-95　设置点样式

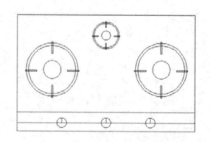

图 4-96　绘制定数等分点

计算机基础与实训教材系列

④.6 思考与练习

④.6.1 填空题

1. 绘制垂直构造线，在执行【构造线】命令后，应输入＿＿＿＿＿并确定，以选择＿＿＿＿＿＿选项。

2. 绘制圆角矩形，在执行【矩形】命令后，应输入＿＿＿＿＿并确定，以选择＿＿＿＿＿＿＿选项。

3. 在绘图操作中，要通过偏移指定的基点，从而进行图形的绘制，可以输入＿＿＿＿＿并确定，启用【捕捉自】功能。

④.6.2 选择题

1. 将对象定数等分的命令是(　　)。

A. PO   B. ME   C. DIV   D. F

2. 绘制圆的命令是(　　)。

A. C   B. F   C. REC   D. H

④.6.3 操作题

1. 应用所学的绘图知识，参照如图 4-97 所示的沙发尺寸和效果，使用【矩形】、【圆弧】、【直线】等命令绘制该图形。

2. 应用所学的绘图知识，参照如图 4-98 所示的底座主视图尺寸和效果，使用【直线】、【矩形】、【圆】等命令绘制该图形。

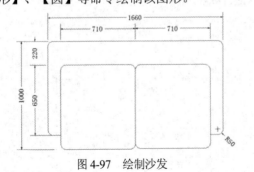

图 4-97　绘制沙发

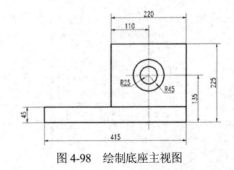

图 4-98　绘制底座主视图

第5章

绘制特定图形

学习目标

在 AutoCAD 中，除了第 4 章所学的基本图形命令外，还包括【多线】、【多段线】、【多边形】、【圆弧】、【椭圆】、【圆环】、【样条曲线】、【修订云线】等命令，本章将对这些绘图命令进行详细讲解。

本章重点

- ◉ 绘制多线
- ◉ 绘制多段线
- ◉ 绘制圆弧
- ◉ 绘制多边形
- ◉ 绘制椭圆

5.1 绘制多线

执行【多线】命令可以绘制多条相互平行的线，通常用于绘制建筑图中的墙线。在绘制多线的操作中，可以将每条线的颜色和线型设置为相同，也可以将其设置为不同；其线宽、偏移、比例、样式和端头交接方式，可以使用 MLSTYLE 命令控制。

5.1.1 设置多线样式

选择【多线样式(MLSTYLE)】命令，在打开的【多线样式】对话框中可以控制多线的线型、颜色、线宽、偏移等特性。

【练习 5-1】新建多线样式，并设置多线为不同的颜色。

(1) 选择【格式】|【多线样式】命令，或在命令行中输入 MLSTYLE 命令并确定，打开【多线样式】对话框。

(2) 在【多线样式】对话框中的【样式】区域列出了目前存在的样式，在预览区域中显示了所选样式的多线效果，单击【新建】按钮，如图 5-1 所示。

(3) 在打开的【创建新的多线样式】对话框中输入新的样式名称，如图 5-2 所示。

图 5-1　单击【新建】按钮　　　　　　　　　　图 5-2　输入新样式名

(4) 单击【继续】按钮，打开【新建多线样式】对话框，在【图元】选项组中选择多线中的一个对象，然后单击【颜色】下拉按钮，在下拉列表中选择该对象的颜色为【蓝】，如图 5-3 所示。

(5) 在【图元】选项组中选择多线中的另一个对象，然后在【颜色】下拉列表中选择该对象的颜色为【红】，如图 5-4 所示。

图 5-3　设置其中一条线的颜色　　　　　　　图 5-4　设置另一条线的颜色

(6) 单击【新建多线样式】对话框中的【确定】按钮，完成多线样式的创建和设置。

提示

在【新建多线样式】对话框中选中【封口】选项组中的【直线】选项的起点和端点选项，绘制的多线两端将呈封闭状态；在【新建多线样式】对话框中取消选中【封口】选项组中的【直线】选项的起点和端点选项，绘制的多线两端将呈打开状态。

⑤.1.2　创建多线

使用【多线】命令可以绘制由直线段组成的平行多线，但不能绘制弧形的平行线。绘制的平行线可以用【分解(EXPLODE)】命令将其分解成单个独立的线段。

执行【多线】命令有以下两种常用方法。

- 选择【绘图】|【多线】命令。
- 执行 MLINE(ML)命令。

【练习 5-2】绘制宽度为 240 的多线。

(1) 执行 MLINE 命令并确定，系统提示【指定起点或 [对正(J)/比例(S)/样式(ST)]:】时，输入 s 并确定，启用【比例(S)】选项，如图 5-5 所示。

(2) 输入多线的比例值为 240 并按空格键，如图 5-6 所示。

图 5-5　输入 s 并确定

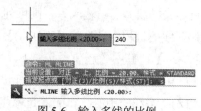

图 5-6　输入多线的比例

(3) 输入 j 并确定，启用【对正(J)】选项，如图 5-7 所示。在弹出的菜单中选择【无(Z)】选项，如图 5-8 所示。

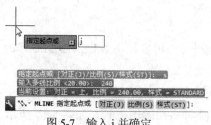

图 5-7　输入 j 并确定

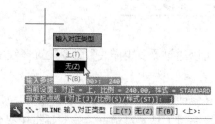

图 5-8　选择【无(Z)】选项

(4) 根据系统提示指定多线的起点，如图 5-9 所示。然后指定多线的下一点，并输入多线的长度，如图 5-10 所示。

图 5-9　指定多线的起点

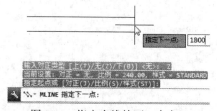

图 5-10　指定多线的下一个点

(5) 继续指定多线的下一个点，如图 5-11 所示。按空格键进行确定，完成多线的创建，效果如图 5-12 所示。

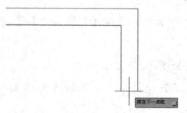

图 5-11　指定多线下一个点

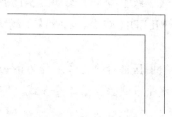

图 5-12　创建的多线

执行 MLINE(ML)命令后，系统将提示【指定起点或[对正(J)/比例(S)/样式(ST)]:】，其中各项的含义如下。

- 对正(J)：用于控制多线相对于用户输入端点的偏移位置。
- 比例(S)：该选项控制多线比例。用不同的比例绘制，多线的宽度不一样。提示：负比例将偏移顺序反转。
- 样式(ST)：该选项用于定义平行多线的线型。在【输入多线样式名或[?]】提示后输入已定义的线型名。输入？，则可列表显示当前图中已有的平行多线样式。

在绘制多线的过程中，选择【对正(J)】选项后，系统将继续提示【输入对正类型[上(T)/无(Z)/下(B)]<>：】，其中各选项含义如下。

- 上(T)：多线顶端的线将随着光标进行移动。
- 无(Z)：多线的中心线将随着光标移动。
- 下(B)：多线底端的线将随着光标移动。

⑤.1.3 修改多线

除了可以通过【多线样式】命令设置多线的样式外，还可以使用 MLEDIT 命令修改多线的形状。

执行【修改】|【对象】|【多线】命令，如图 5-13 所示，或者输入 MLEDIT 命令并确定，打开【多线编辑工具】对话框，该对话框中提供了 12 种多线编辑工具，如图 5-14 所示。

图 5-13　选择命令

图 5-14　多线编辑工具

【练习 5-3】打开多线的接头。

(1) 使用【多线】命令绘制如图 5-15 所示的两条多线。

(2) 执行 MLEDIT 命令，打开【多线编辑工具】对话框，选择【T 形打开】选项，如图 5-16 所示。

(3) 进入绘图区选择垂直多线作为第一条多线，如图 5-17 所示。

(4) 选择水平多线作为第二条多线，即可将其在接头处打开，效果如图 5-18 所示。

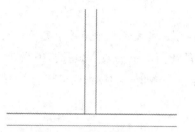

图 5-15　绘制多线

图 5-16　选择【T 形打开】选项

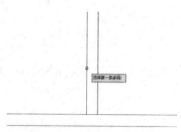

图 5-17　选择第一条多线

图 5-18　T 形打开多线

⑤.2　绘制多段线

执行【多段线】命令，可以创建相互连接的序列线段，创建的多段线可以是直线段、弧线段或两者的组合线段。

执行【多段线】命令有以下 3 种常用方法。

⊙ 选择【绘图】|【多段线】命令。

⊙ 单击【绘图】面板中的【多段线】按钮。

⊙ 执行 PLINE(PL)命令。

执行 PLINE(PL)命令，在绘制多段线的过程中，命令行中主要选项的含义如下。

⊙ 圆弧(A)：输入 A，以绘制圆弧的方式绘制多段线。

⊙ 半宽(H)：用于指定多段线的半宽值，AutoCAD 将提示用户输入多段线的起点半宽值与终点半宽值。

⊙ 长度(L)：指定下一段多段线的长度。

⊙ 放弃(U)：输入该命令将取消刚刚绘制的一段多段线。

⊙ 宽度(W)：输入该命令将设置多段线的宽度值。

⑤.2.1　绘制直线与弧线结合的多段线

在绘制多段线的过程中，可以通过输入 L 并确定，绘制直线对象；通过输入 A 并确定，绘制圆弧对象。

计算机 基础与实训教材系列

【练习 5-4】绘制直线与弧线结合的多段线。

(1) 执行 PLINE(PL)命令,单击以指定多段线的起点。根据系统提示【指定下一点或[圆弧(A)/半宽(H)/长度(L)/放弃(U)/宽度(W)]:】,向右指定多段线的下一个点,如图 5-19 所示。

(2) 根据系统提示继续向上指定多段线的下一个点,如图 5-20 所示。

图 5-19　指定下一个点(1)　　　　　　　图 5-20　指定下一个点(2)

(3) 当系统再次提示【指定下一点或 [圆弧(A)/闭合(C)/半宽(H)/长度(L)/放弃(U)/宽度(W)]:】时,输入 a 并确定,选择【圆弧(A)】选项,如图 5-21 所示。

(4) 向右移动并单击以指定圆弧的端点,如图 5-22 所示。

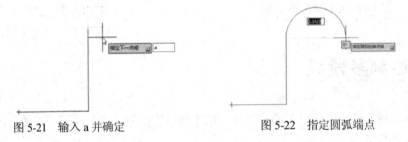

图 5-21　输入 a 并确定　　　　　　　　　图 5-22　指定圆弧端点

(5) 当系统提示【指定圆弧的端点或[角度(A)/圆心(CE)/闭合(CL)/方向(D)/半宽(H)/直线(L)/半径(R)/第二个点(S)/放弃(U)/宽度(W)]:】时,输入 1 并确定,选择【直线(L)】选项,如图 5-23 所示。

(6) 根据系统提示指定多段线的下一个点和端点,然后按空格键进行确定,完成多段线的创建。效果如图 5-24 所示。

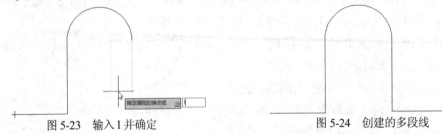

图 5-23　输入 1 并确定　　　　　　　　　图 5-24　创建的多段线

⑤.2.2　绘制带箭头的多段线

在绘制多段线的过程中,可以通过输入 W 或 H 并确定,指定多段线的宽度,通过设置线段起点和端点的宽度,即可绘制带箭头的多段线。

【练习 5-5】绘制带箭头的多段线。

(1) 执行 PLINE(PL)命令，单击以指定多段线的起点，然后依次向右和向上指定多段线的下一个点，如图 5-25 所示。

(2) 根据系统提示【指定下一点或 [圆弧(A)/闭合(C)/半宽(H)/长度(L)/放弃(U)/宽度(W)]:】，输入 W 并按空格键，选择【宽度(W)】选项，如图 5-26 所示。

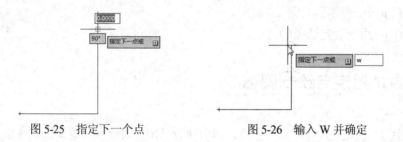

<table>
<tr><td>图 5-25 指定下一个点</td><td>图 5-26 输入 W 并确定</td></tr>
</table>

(3) 根据系统提示【指定起点宽度<0.0000>:】，输入起点宽度为0.5并确定，如图5-27所示。

(4) 根据系统提示【指定端点宽度<0.5000>:】，输入端点宽度为0并确定，如图5-28所示。

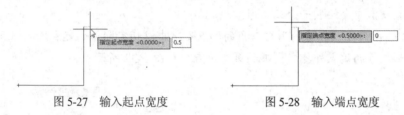

<table>
<tr><td>图 5-27 输入起点宽度</td><td>图 5-28 输入端点宽度</td></tr>
</table>

(5) 根据系统提示指定多段线的下一个点，如图 5-29 所示，然后按空格键进行确定，即可绘制带箭头的多段线，效果如图 5-30 所示。

<table>
<tr><td>图 5-29 指定下一个点</td><td>图 5-30 绘制带箭头的多段线</td></tr>
</table>

 提示

执行 PLINE(PL)命令，默认状态下绘制的线条为直线，输入参数 A(圆弧)并确定，可以创建圆弧线条，如果要重新切换到直线的绘制中，则需要输入参数 L(直线)并确定。在绘制多段线时，AutoCAD 将按照上一线段的方向绘制新的一段多段线。若上一段是圆弧，将绘制出与此圆弧相切的线段。

⑤.3 绘制圆弧

绘制圆弧的方法很多，可以通过起点、方向、中点、终点、弦长等参数进行确定。执行【圆弧】命令的常用方法有以下 3 种。

- ◉ 选择【绘图】|【圆弧】命令，再选择其中的子命令。
- ◉ 单击【绘图】面板中的【圆弧】按钮 。
- ◉ 执行 ARC(A)命令。

执行 ARC(A)命令后，系统将提示【指定圆弧的起点或 [圆心(C)]:】，指定起点或圆心后，接着提示【指定圆弧的第二点或[圆心(C)/端点(E)]:】，其中各项含义如下。

- ◉ 圆心(C)：用于确定圆弧的中心点。
- ◉ 端点(E)：用于确定圆弧的终点。

⑤.3.1　通过指定点绘制圆弧

选择【绘图】|【圆弧】|【三点】命令，或者执行 ARC(A)命令，系统提示【指定圆弧的起点或 [圆心(C)]: 】时，依次指定圆弧的起点、圆心和端点绘制圆弧。

【练习 5-6】通过三点绘制圆弧。

(1) 使用【直线】命令绘制一个三角形。

(2) 执行 ARC(A)命令，在三角形左下角的端点处单击以指定圆弧的起点，如图 5-31 所示。

(3) 在三角形上方的端点处指定圆弧的第二个点，如图 5-32 所示。

图 5-31　指定圆弧的起点

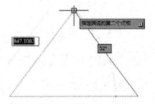

图 5-32　指定圆弧的第二个点

(4) 在三角形右下方的端点处指定圆弧的端点，如图 5-33 所示，即可创建一个圆弧，效果如图 5-34 所示。

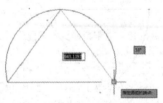

图 5-33　指定圆弧的端点

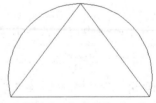

图 5-34　创建圆弧

⑤.3.2　通过圆心绘制圆弧

在绘制圆弧的过程中，用户可以输入参数 C(圆心)并确定，然后根据提示先确定圆弧的圆心，再确定圆弧的端点，绘制一个圆心通过指定点的圆弧。

【练习 5-7】绘制指定圆心的圆弧。

(1) 使用【直线】命令绘制两条相互垂直的线段。

(2) 执行 ARC(A)命令，根据系统提示【指定圆弧的起点或 [圆心(C)]:】，输入 C 并确定，选择【圆心】选项。

(3) 在线段的交点处指定圆弧的圆心，如图 5-35 所示。

(4) 在垂直线段的上端点处指定圆弧的起点，如图 5-36 所示。

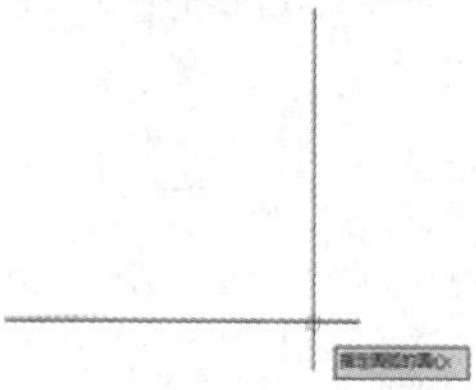

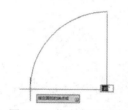

图 5-35 指定圆弧的圆心

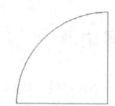

图 5-36 指定圆弧的起点

(5) 在水平线段的左端点处指定圆弧的端点，如图 5-37 所示，即可创建一个圆弧，效果如图 5-38 所示。

图 5-37 指定圆弧的端点

图 5-38 创建圆弧

5.3.3 绘制指定角度的圆弧

执行 ARC(A)命令，输入 C(圆心)并确定，在指定圆心的位置后，系统将继续提示【指定圆弧的端点或 [角度(A)/弦长(L)]:】。此时，用户可以通过输入圆弧的角度或弦长来绘制圆弧线。

【练习 5-8】绘制弧度为 140 的圆弧。

(1) 使用【直线】命令绘制一条线段。

(2) 执行 ARC(A)命令，输入 C 并确定，选择【圆心】选项，如图 5-39 所示。

(3) 在线段的中点处指定圆弧的圆心，如图 5-40 所示。

图 5-39 输入 C 并确定

图 5-40 指定圆弧的圆心

(4) 在线段的右端点处指定圆弧的起点，如图 5-41 所示。

(5) 根据系统提示【指定圆弧的端点或 [角度(A)/弦长(L)]:】，输入 A 并确定，选择【角度】选项，如图 5-42 所示。

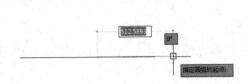

图 5-41　指定圆弧的起点

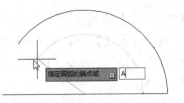

图 5-42　输入 A 并确定

(6) 输入圆弧所包含的角度为 140，如图 5-43 所示，按空格键即可创建一个包含角度为 140 的圆弧，效果如图 5-44 所示。

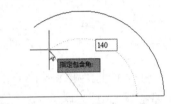

图 5-43　输入圆弧包含的角度

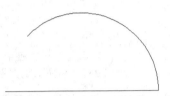

图 5-44　创建指定角度的圆弧

5.4　绘制多边形

使用【多边形】命令，可以绘制由 3~1024 条边所组成内接于圆或外切于圆的多边形。执行【多边形】命令有以下 3 种常用方法。

- ◉　选择【绘图】|【多边形】命令。
- ◉　单击【绘图】面板中的【多边形】按钮⬠。
- ◉　执行 POLYGON(POL)命令。

【练习 5-9】绘制半径为 20 的外切于圆的五边形。

(1) 执行 POLYGON(POL)命令，然后输入多边形的侧面数(即边数)为 5 并确定，如图 5-45 所示。

(2) 指定多边形的中心点，在弹出的菜单中选择【外切于圆(C)】选项，如图 5-46 所示。

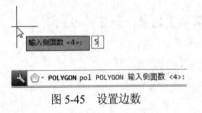

图 5-45　设置边数

图 5-46　选择选项

(3) 根据系统提示【指定圆的半径:】，输入多边形外切于圆的半径为 20 并确定，如图 5-47 所示，按空格键进行确定，即可绘制指定的多边形，如图 5-48 所示。

图 5-47 指定半径

图 5-48 绘制多边形

使用【多边形】命令绘制的外切于圆五边形与内接于圆五边形，尽管它们具有相同的边数和半径，但是其大小却不同。外切于圆的多边形和内接于圆的多边形与指定圆之间的关系如图 5-49 所示。

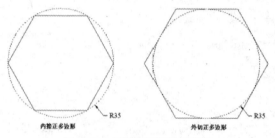

图 5-49 多边形与圆的示意图

5.5 绘制椭圆

在 AutoCAD 中，椭圆是由定义其长度和宽度的两条轴决定的，当两条轴的长度不相等时，形成的对象为椭圆；当两条轴的长度相等时，形成的对象为圆。

执行【椭圆】命令可以使用以下 3 种常用方法。

- 选择【绘图】|【椭圆】命令，然后选择其中的子命令。
- 单击【绘图】面板中的【椭圆】按钮。
- 执行 ELLIPSE(EL)命令。

执行 ELLIPSE(EL)命令后，将提示【指定椭圆的轴端点或 [圆弧(A)/中心点(C)]:】，其中各选项的含义如下。

- 轴端点：以椭圆轴端点绘制椭圆。
- 圆弧(A)：用于创建椭圆弧。
- 中心点(C)：以椭圆圆心和两轴端点绘制椭圆。

5.5.1 通过指定轴端点绘制椭圆

通过轴端点绘制椭圆的方式是先以两个固定点确定椭圆的一条轴长，再指定椭圆的另一条半轴长。

计算机 基础与实训教材系列

【练习5-10】通过指定轴端点绘制椭圆。

(1) 执行 ELLIPSE(EL)命令，根据系统提示【指定椭圆的轴端点或 [圆弧(A)/中心点(C)]: 】，单击以指定椭圆的第一个轴端点，如图 5-50 所示。

(2) 移动鼠标指定椭圆轴的另一个端点，如图 5-51 所示。

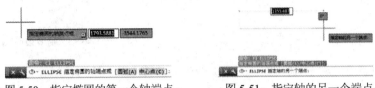

图 5-50　指定椭圆的第一个轴端点　　　　图 5-51　指定轴的另一个端点

(3) 移动鼠标指定椭圆另一条半轴长度，如图 5-52 所示，即可绘制指定的椭圆，效果如图 5-53 所示。

图 5-52　指定另一条半轴长度　　　　图 5-53　绘制的椭圆

⑤.5.2　通过指定圆心绘制椭圆

通过中心点绘制椭圆的方式是先确定椭圆的中心点，再指定椭圆的两条轴的长度。

【练习5-11】通过指定椭圆的圆心绘制椭圆。

(1) 执行 ELLIPSE(EL)命令，根据系统提示【指定椭圆的轴端点或 [圆弧(A)/中心点(C)]:】，输入 C 并确定，以选择【中心点(C):】选项，如图 5-54 所示。

(2) 单击指定椭圆的中心点，再移动并单击指定椭圆的端点，如图 5-55 所示。

图 5-54　输入 C 并确定　　　　图 5-55　指定椭圆的端点

(3) 移动鼠标指定椭圆另一条半轴长度，如图 5-56 所示。单击进行确定，即可绘制指定的椭圆，如图 5-57 所示。

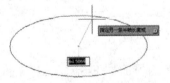

图 5-56　指定另一条半轴长度　　　　图 5-57　绘制的椭圆

5.5.3 绘制椭圆弧

执行 ELLIPSE(EL)命令，然后输入参数 A 并确定，选择【圆弧(A)】选项，或者单击【绘图】面板中的【椭圆弧】按钮 ，即可绘制椭圆弧线条。

【练习 5-12】绘制弧度为 225 的椭圆弧。

(1) 执行 ELLIPSE(EL)命令，根据系统提示【指定椭圆的轴端点或 [圆弧(A)/中心点(C)]: 】，输入 a 并确定，选择【圆弧】选项，如图 5-58 所示。

(2) 依次指定椭圆的第一个轴端点、另一个轴端点和另一条半轴的长度，在系统提示【指定起点角度或 [参数(P)]:】时，指定椭圆弧的起点角度为 0，如图 5-59 所示。

图 5-58 输入 a 并确定

图 5-59 指定起点角度

(3) 输入椭圆弧的端点角度为 225，如图 5-60 所示，按空格键进行确定，完成椭圆弧的绘制，如图 5-61 所示。

图 5-60 指定端点角度

图 5-61 绘制的椭圆弧

5.6 绘制圆环

使用【圆环】命令可以绘制一定宽度的空心圆环或实心圆环。使用【圆环】命令绘制的圆环实际上是多段线，因此可以使用【编辑多段线(PEDIT)】命令中的【宽度(W)】选项修改圆环的宽度。

执行【圆环】命令有以下两种常用方法。

⦿ 选择【绘图】|【圆环】命令。

⦿ 执行 DONUT(DO)命令。

【练习 5-13】绘制内半径为 10、外半径为 20 的圆环。

(1) 执行 DONUT(DO)命令，根据系统提示【指定圆环的内径 ◇:】，输入 10 并确定，指定圆环内径。

(2) 根据系统提示【指定圆环的外径 <>: 】，输入 20 并确定，指定圆环外径。

(3) 根据系统提示【指定圆环的中心点或 <退出>: 】，单击指定圆环的中心点，如图 5-62 所示，即可绘制一个圆环。

(4) 再次单击可以继续绘制圆环，如图 5-63 所示，直到按空格键结束命令。

 提示 ------

执行 FILL 命令，通过在弹出的选项列表中选择【开(ON)】或【关(OFF)】选项后，可以在使用 DONUT(DO) 命令绘制圆环时创建实心圆环或空心圆环。

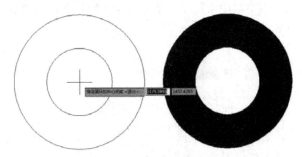

图 5-62　绘制圆环　　　　　　　　　　图 5-63　继续绘制圆环

 .7　绘制样条曲线

使用【样条曲线】命令可以绘制各类光滑的曲线图元，这种曲线是由起点、终点、控制点及偏差来控制的。

执行【样条曲线】命令有以下 3 种常用方法。

- 选择【绘图】|【样条曲线】命令，再选择其中的子命令。
- 单击【绘图】面板中的【样条曲线拟合】按钮 或【样条曲线控制点】按钮 。
- 执行 SPLINE(SPL)命令。

【练习 5-14】绘制波浪线。

(1) 执行 SPLINE(SPL)命令，根据系统提示，依次指定样条曲线的第一个点和下一个点，如图 5-64 所示。

(2) 根据系统提示，继续指定样条曲线的其他点，然后按空格键结束命令，绘制的波浪线如图 5-65 所示。

图 5-64　指定下一个点　　　　　　　　　图 5-65　绘制的波浪线

⑤.8 绘制修订云线

执行【修订云线】命令，可以自动沿被跟踪的形状绘制一系列圆弧。

执行【修订云线】命令通常有以下3种方法。

- ⊙ 选择【绘图】|【修订云线】命令。
- ⊙ 执行 REVCLOUD 命令。
- ⊙ 展开【绘图】面板，单击【矩形修订云线】按钮◻。

执行 REVCLOUD 命令，系统将提示【指定第一个点或 [弧长(A)/对象(O)/矩形(R)/多边形(P)/徒手画(F)/样式(S)/修改(M)] <对象>:】。该提示中各选项的含义如下。

- ⊙ 弧长：用于设置修订云线中圆弧的最大长度和最小长度。
- ⊙ 对象：用于将闭合对象(圆、椭圆、闭合的多段线或样条曲线)转换为修订云线。
- ⊙ 矩形：使用矩形形状绘制云线。
- ⊙ 多边形：使用多边形形状绘制云线。
- ⊙ 徒手画：使用手绘方式绘制云线。
- ⊙ 样式：设置绘制云线的样式为普通样式或手绘样式。
- ⊙ 修改：用于对已有云线进行修改。

⑤.8.1 直接绘制修订云线

执行 REVCLOUD 命令，根据系统提示输入 A 并确定，设置最小弧长和最大弧长，然后单击并拖动即可绘制出修订云线图形，如图 5-52 所示。

执行 REVCLOUD 命令，在绘制修订云线的过程中按空格键，可以终止执行 REVCLOUD 命令，并生成开放的修订云线，如图 5-53 所示。

图 5-66 封闭的修订云线

图 5-67 开放的修订云线

⑤.8.2 将对象转换为修订云线

执行 REVCLOUD 命令，也可以将多段线、样条曲线、矩形、圆等对象转换为修订云线。

计算机 基础与实训教材系列

【练习 5-15】将矩形转换为修订云线。

(1) 执行【矩形】命令绘制一个矩形。

(2) 执行 REVCLOUD 命令，根据系统提示【指定第一个点或 [弧长(A)/对象(O)/矩形(R)/多边形(P)/徒手画(F)/样式(S)/修改(M)] <对象>:】，输入 O 并确定，选择【对象(O)】命令选项。

(3) 根据系统提示【选择对象: 】，选择矩形对象，如图 5-68 所示，即可将选择的矩形转换为修订云线图形。效果如图 5-69 所示。

图 5-68　选择对象

图 5-69　将矩形转换为修订云线

 技巧

　　执行 REVCLOUD 命令，通过选择【弧长(A)】选项，可以设置绘制修订云线中圆弧的最大长度和最小长度。

⑤.9　徒手画线条

　　执行【徒手画(SKETCH)】命令可以通过模仿手绘效果创建一系列独立的线段或多段线。这种绘图方式通常适用于签名、木纹、剖面的自由轮廓以及植物等不规则图案的绘制。图 5-70 所示的装饰画边框纹理和图 5-71 所示的树木图形都是使用【徒手画(SKETCH)】命令绘制的效果。

图 5-70　徒手画边框纹理

图 5-71　徒手画树木

⑤.10　上机实战

　　本小节练习绘制零件剖切图和洗手池图形，巩固本章所学的绘图知识，主要包括多段线、样条曲线、圆弧、椭圆和椭圆弧等对象的绘制与应用。

⑤.10.1　绘制零件剖切图

本例将在如图 5-72 所示的阶梯轴素材图形的基础上，使用【多段线】、【样条曲线】、【圆弧】等命令完成阶梯轴剖切图的绘制，效果如图 5-73 所示。制作该图形对象的关键是使用【多段线】命令绘制剖切符号；使用【圆弧】命令绘制剖切图轮廓。

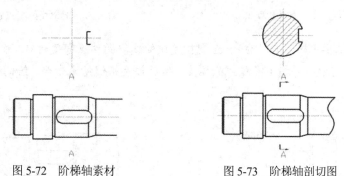

图 5-72　阶梯轴素材　　　　　　　图 5-73　阶梯轴剖切图

绘制本例阶梯轴剖切图的具体操作如下。

(1) 打开【阶梯轴.dwg】素材图形文件。

(2) 执行【样条曲线(SPL)】命令，通过捕捉阶梯轴图形右方的端点，绘制一条曲线作为阶梯轴的折断线，如图 5-74 所示。

(3) 执行【多段线(PL)】命令，在阶梯轴图形左上方指定多段线的起点，如图 5-75 所示。

图 5-74　绘制折断线　　　　　　　图 5-75　指定多段线的起点

(4) 在动态文本框中输入 w，然后按 Enter 键选择【宽度】选项，如图 5-76 所示。

(5) 在动态文本框中输入 0.5，然后按 Enter 键确定多段线的起点宽度为 0.5，如图 5-77 所示。

(6) 系统提示【指定端点宽度 <0.5>】时，直接按 Enter 键确定多段线的端点宽度为 0.5。

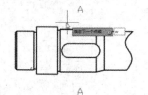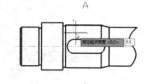

图 5-76　在动态文本框中输入 w　　　　　图 5-77　指定多段线起点宽度

(7) 参照如图 5-78 所示的效果，绘制一条垂直线段和一条水平线段，并在动态文本框中输入 w，按 Enter 键选择【宽度】选项。

(8) 在动态文本框中输入 2，按 Enter 键指定该处线段的起点宽度为 2，如图 5-79 所示。

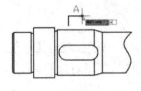

图 5-78　绘制多段线

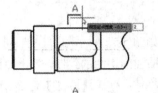

图 5-79　指定线段起点宽度

(9) 在动态文本框中输入 0，按 Enter 键指定该处线段的端点宽度为 0，如图 5-80 所示。

(10) 向右移动光标，并指定多段线的端点，然后按空格键结束命令，绘制的多段线如图 5-81 所示。

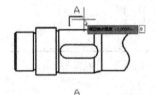

图 5-80　指定线段端点宽度

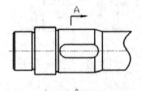

图 5-81　绘制剖切符号

(11) 重复执行【多段线(PL)】命令，使用相同的方法绘制阶梯轴下方的剖切符号，如图 5-82 所示。

(12) 执行【圆弧(A)】命令，在如图 5-83 所示的端点位置指定圆弧的起点。

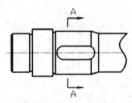

图 5-82　绘制下方剖切符号

图 5-83　指定圆弧的起点

(13) 在动态文本框中输入 c，按 Enter 键选择【圆心】选项，如图 5-84 所示。然后在中心点的交点处单击指定圆弧的圆心，如图 5-85 所示。

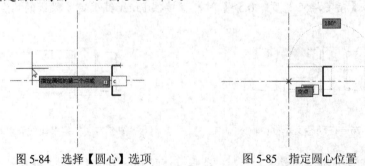

图 5-84　选择【圆心】选项　　　　　　　　图 5-85　指定圆心位置

(14) 根据系统提示在下方线段的方端点处指定圆弧的端点，即可完成圆弧的绘制，如图 5-86

所示。

(15) 执行【图案填充(H)】命令，对上方图形进行图案填充。效果如图 5-87 所示。

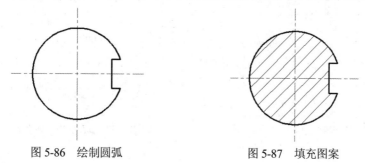

图 5-86　绘制圆弧　　　　　　　图 5-87　填充图案

 提示

　　【图案填充】命令的具体使用方法将在第 9 章详细讲解。

5.10.2　绘制洗手池

　　本例将在如图 5-88 所示的洗手池素材图形的基础上，使用【椭圆】和【圆】命令完成洗手池图形的绘制，效果如图 5-89 所示。制作该图形对象的关键是使用【椭圆】命令绘制水池轮廓的椭圆和椭圆弧对象。

图 5-88　洗手池素材

图 5-89　洗手池效果

绘制本例洗手池的具体操作如下。

(1) 打开【洗手池.dwg】素材图形文件。

(2) 执行【椭圆(EL)】命令，在图形左方适当的位置指定椭圆的轴端点，如图 5-90 所示。

(3) 开启正交模式功能，将光标向右移动，并输入距离为 460，指定椭圆轴的另一个端点，如图 5-91 所示。

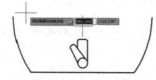
图 5-90　指定椭圆的轴端点

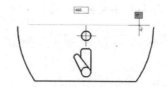
图 5-91　指定椭圆轴的另一个端点

　　(4) 根据系统提示向上指定另一条半轴长，输入半轴长为 148，如图 5-92 所示。按空格键进行确定，即可绘制指定大小的椭圆，效果如图 5-93 所示。

（5）执行【修剪(TR)】命令，以水龙头图形为边界，对椭圆进行修剪。效果如图 5-94 所示。

（6）执行【椭圆(EL)】命令，然后输入 a 并确定，选择【圆弧】选项，以便绘制椭圆弧，如图 5-95 所示。

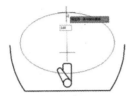
图 5-92　指定另一条半轴长

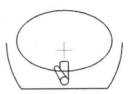
图 5-93　绘制的椭圆效果

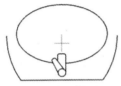
图 5-94　修改椭圆

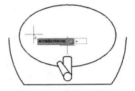
图 5-95　输入 a 并确定

（7）根据系统提示，在图形左方的线段端点处指定椭圆弧的轴端点，如图 5-96 所示。然后在图形右方的线段端点处指定轴的另一个端点，如图 5-97 所示。

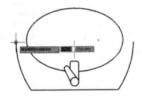
图 5-96　指定椭圆弧的轴端点

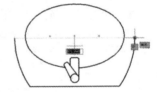
图 5-97　指定轴的另一个端点

（8）根据系统提示向上指定椭圆弧的另一条半轴长，输入半轴长为 198，如图 5-98 所示。然后按空格键进行确定。

（9）根据系统提示输入椭圆弧的起点角度为 180 并确定，如图 5-99 所示。

图 5-98　指定椭圆弧的另一条半轴长

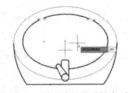
图 5-99　输入椭圆弧的起点角度

（10）根据系统提示输入椭圆弧的端点角度为 0 并确定，如图 5-100 所示。绘制的椭圆弧如图 5-101 所示。

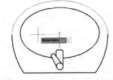
图 5-100　输入端点角度

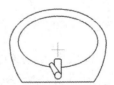
图 5-101　绘制椭圆弧

(11) 执行【圆(C)】命令，以图形中的十字线段的交点为圆心，绘制一个半径为25的圆，完成本例图形的绘制。

⑤.11 思考与练习

⑤.11.1 填空题

1. 绘制多段线的过程中，可以输入_____或_____并确定，指定多段线的宽度。

2. 执行【椭圆(EL)】命令，输入_____并确定，可以绘制椭圆弧。

3. 在绘制圆弧的过程中，输入_____并确定，可以根据提示先确定圆弧的圆心，再指定圆弧的起点和端点，绘制指定圆弧。

4. 绘制圆环，可以使用_____命令中的【开】或【关】状态控制圆环是否实心填充。

5. 执行_____命令可以绘制多条相互平行的线，通常用于绘制建筑图中的墙线。

⑤.11.2 选择题

1. 执行多线的命令是( )。

   A. PL   B. ML   C. SPL   D. XL

2. 绘制多段线的命令是( )。

   A. L   B. PL   C. ML   D. SPL

3. 绘制圆弧的命令是( )。

   A. C   B. F   C. REC   D. A

⑤.11.3 操作题

1. 应用所学的绘图知识，打开【楼梯间.dwg】素材图形文件，参照如图5-102所示的楼梯图形，使用【多段线】命令绘制楼梯的走向图。

2. 应用所学的绘图知识，参照如图5-103所示的内六角螺母尺寸和效果，使用【多边形】和【圆】命令绘制该图形。

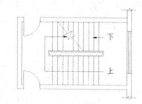

图5-102 绘制楼梯走向图

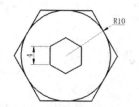

图5-103 绘制内六角螺母

第6章

编辑图形常用命令

学习目标

AutoCAD 不仅提供了大量的二维图形绘制命令，还提供了功能强大的二维图形编辑命令。用户可以通过编辑命令对图形进行修改，使图形更精确、直观，以达到制图的最终目的。本章将讲解 AutoCAD 中编辑图形的常用命令，其中包括移动、旋转、复制、偏移、修剪、圆角等命令。

本章重点

- ◉ 选择对象
- ◉ 移动和旋转图形
- ◉ 复制和偏移图形
- ◉ 修剪和延伸图形
- ◉ 圆角和倒角图形
- ◉ 拉伸和缩放图形
- ◉ 分解和删除图形

6.1 选择对象

对图形进行编辑操作，首先需要对所要编辑的图形进行选择。AutoCAD 提供的选择方式包括使用鼠标直接选择、窗口选择、窗交选择、快速选择和栏选对象等多种方式。

6.1.1 直接选择对象

单击选择对象，即可将其选中。在未进行编辑操作时，被选中的目标将以带有夹点的高亮状态显示，如图 6-1 所示中的圆角矩形；在编辑过程中，当用户选择要编辑的对象时，十字光标将变成一个小正方形框(即拾取框)，将拾取框移至要编辑的目标上并单击，即可选中目标，如图 6-2 所示中的圆角矩形。

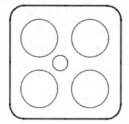

图 6-1　未编辑时的选择状态

图 6-2　在编辑时选择对象

 技巧

通过单击对象来选择实体的方式具有准确、快速的特点。但是，这种选择方式一次只能选择图中的某一个实体，如果要选择多个实体，则必须依次单击各个对象进行逐个选取。

⑥.1.2　框选对象

框选对象包括两种方式，即窗口选择和窗交选择。其方法是将鼠标移动到绘图区中，单击先指定框选的第一个角点，然后将鼠标移动到另一个位置并单击，确定框选的对角点，从而指定框选的范围。

1. 窗口选择对象

窗口选择对象的方法，是自左向右进行拖动拉出一个矩形，拉出的矩形方框为实线，如图 6-3 所示。使用窗口选择对象时，只有完全框选的对象才能被选中；如果只框选对象的一部分，则无法将其选中，如图 6-4 所示显示了已选择的对象，右方的两个圆形未被选中。

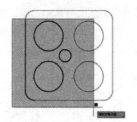

图 6-3　窗口选择对象

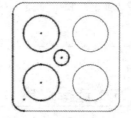

图 6-4　已选择对象的效果

2. 窗交选择对象

窗交选择与窗口选择的操作方法相反，即在绘图区内自右边到左边进行拖动拉出一个矩形，拉出的矩形方框呈虚线显示，如图 6-5 所示。使用窗交选择方式，可以将矩形框内的对象以及与矩形边线相触的对象全部选中，如图 6-6 所示显示了已选择的对象。

图 6-5　窗交选择

图 6-6　已选择对象的效果

6.1.3　快速选择对象

AutoCAD 还提供了快速选择功能，运用该功能可以一次性选择绘图区中具有某一属性的所有图形对象。执行【快速选择】命令的常用方法有以下 3 种。

- 选择【工具】|【快速选择】命令。
- 右击，在弹出的快捷菜单中选择【快速选择】命令，如图 6-7 所示。
- 执行 QSELECT 命令。

执行【快速选择】命令后，将打开如图 6-8 所示的【快速选择】对话框，用户可以从中根据需要选择目标的属性，一次性选择绘图区具有该属性的所有实体。

图 6-7　选择【快速选择】命令

图 6-8　【快速选择】对话框

提示

使用【快速选择】命令选择对象时，如果对象所在图层的颜色为绿色，对象的颜色为 ByLayer(即随层)。虽然此时对象的颜色也显示为绿色，但是，在【快速选择】对话框中设置特性颜色时，其值应选择 ByLayer，而不是【绿】色。

6.1.4　其他方式选择对象

除了前面的选择方式外，还有许多目标选择方式，下面介绍几种常用的目标选择方式。

- 栏选：该操作是指在编辑图形的过程中，当系统提示【选择对象】时，输入 F 并按 Enter 键确定，然后单击即可绘制任意折线，与这些折线相交的对象都被选中。栏选对象在修剪图形和延伸图形的操作中使用非常方便。

- Multiple：用于连续选择图形对象。该命令的操作是在编辑图形的过程中，输入 M 后按空格键，再连续单击所要选择的实体。该方式在未按空格键前，选定目标不会变为虚线；按空格键后，选定目标将变为虚线，并提示选择和找到的目标数。
- Box：指框选图形对象方式，等效于 Windows(窗口)或 Crossing(窗交)方式。
- Auto：用于自动选择图形对象。这种方式是指在图形对象上直接单击选择，若在操作中没有选中图形，命令行中会提示指定另一个确定的角点。
- Last：用于选择前一个图形对象(单一选择目标)。
- Add：用于在执行 REMOVE 命令后，返回到实体选择添加状态。
- All：可以直接选择绘图区中除冻结层以外的所有目标。

⑥.2　移动和旋转图形

在本节中，将讲解移动和旋转图形的操作。使用【移动】和【旋转】命令可以分别对图形进行移动和旋转操作。

⑥.2.1　移动图形

使用【移动】命令可以在指定方向上按指定距离移动对象，移动对象后并不改变其方向和大小。执行【移动】命令的常用方法有以下 3 种。

- 选择【修改】|【移动】命令。
- 单击【修改】面板中的【移动】按钮 ✥。
- 执行 MOVE(M)命令。

【练习6-1】将台灯图形移动到床头柜正中央。

(1) 打开【双人床.dwg】素材文件。

(2) 执行 MOVE(M)命令，选择床图形中的台灯图形，根据系统提示【指定基点或[位移(D)]:】，在台灯的中点处单击指定基点，如图 6-9 所示。

(3) 向右上方移动光标，捕捉床头柜右方直线的中点，对台灯进行移动，如图 6-10 所示。

图 6-9　指定基点

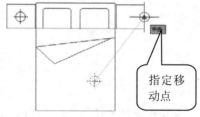

图 6-10　移动台灯

(4) 按空格键重复执行【移动】命令，选择移动后的台灯，然后在绘图区任意位置指定基点，在台灯的中点处单击指定基点。

(5) 开启【正交模式】功能，向左移动光标，然后输入向左移动的距离为 268(这边的床头柜长度为 520)，如图 6-11 所示。

(6) 按空格键进行确定并结束【移动】命令，效果如图 6-12 所示。

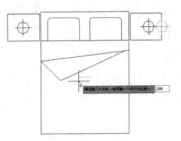
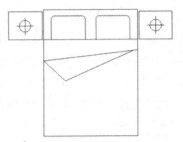

图 6-11　输入移动距离　　　　　　　图 6-12　移动后的效果

6.2.2　旋转图形

使用【旋转】命令可以转换图形对象的方位，即以某一点为旋转基点，将选定的图形对象旋转一定的角度。

执行【旋转】命令的常用方法有以下 3 种。

- 选择【修改】|【旋转】命令。
- 单击【修改】面板中的【旋转】按钮 。
- 执行 ROTATE(RO)命令。

【练习 6-2】使用【旋转】命令将椅子图形旋转 90 度。

(1) 打开【写字桌.dwg】素材文件。

(2) 执行 ROTATE(RO)命令，选择图形文件中的椅子图形并确定，如图 6-13 所示。

(3) 根据系统提示【指定基点: 】，在椅子的中心位置单击指定旋转基点，如图 6-14 所示。

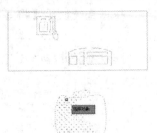
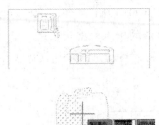

图 6-13　选择图形并确定　　　　　　图 6-14　指定旋转基点

(4) 输入旋转对象的角度为 90，如图 6-15 所示，然后按下空格键进行确定，旋转的效果如图 6-16 所示。

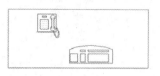

图 6-15　输入旋转角度并确定　　　　图 6-16　旋转椅子后的效果

6.3　复制对象

使用【复制】命令可以为对象在指定的位置创建一个或多个副本。

执行【复制】命令的常用方法有以下 3 种。

- ◉ 选择【修改】|【复制】命令。
- ◉ 单击【修改】面板中的【复制】按钮。
- ◉ 执行 COPY(CO)命令。

6.3.1　直接复制对象

在复制图形的过程中，如果不需要准确指定复制对象的位置，可以直接使用鼠标对图形进行复制。

【练习 6-3】使用【复制】命令将指定圆复制到矩形的右下方端点处。

(1) 使用【矩形】和【圆】命令绘制一个矩形和圆，圆的圆心在矩形的左上方端点处，如图 6-17 所示。

(2) 执行 COPY(CO)命令，选择圆并确定，然后在圆心处指定复制的基点，如图 6-18 所示。

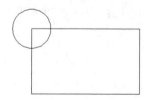

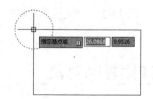

图 6-17　选择复制的对象　　　　　　图 6-18　指定复制基点

(3) 移动光标捕捉矩形右下方的端点，指定复制图形所到的位置，如图 6-19 所示。单击进行确定，结束【复制】命令，效果如图 6-20 所示。

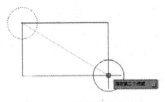

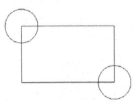

图 6-19　指定第二个点　　　　　　　　图 6-20　复制圆的效果

6.3.2　按指定距离复制对象

如果在复制对象时，需要准确指定目标对象和源对象之间的距离，可以在复制对象的过程中输入具体的数值。

【练习 6-4】使用【复制】命令按指定距离复制圆。

(1) 绘制一个长为 50、宽为 25 的矩形，然后以矩形左方线段中点为圆心绘制一个半径为 5 的圆，如图 6-21 所示。

(2) 执行 COPY 命令，选择圆形并确定，然后在圆心处指定复制的基点，如图 6-22 所示。

图 6-21　绘制图形　　　　　　　　　　图 6-22　指定基点

(3) 开启【正交模式】功能，然后向右移动鼠标，并输入第二个点的距离为 50，如图 6-23 所示。按下空格键进行确定，结束【复制】命令，效果如图 6-24 所示。

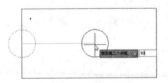

图 6-23　指定复制的间距　　　　　　　图 6-24　复制圆后的效果

6.3.3　连续复制对象

在默认状态下，执行【复制(CO)】命令可以对图形进行连续复制。如果复制模式被修改为【单个(S)】模式，执行【复制(CO)】命令则只能对图形进行一次复制。这时需要在选择复制对象后，输入 M 并确定，启用【多个(M)】命令选项，才可对图形进行连续复制。

【练习 6-5】使用【复制】命令对圆进行连续复制。

(1) 使用【圆】命令绘制一个圆。

(2) 执行 COPY 命令，选择圆并确定，根据系统提示【指定基点或 [位移(D)/模式(O)/多个(M)]:】，输入 m 并确定，如图 6-25 所示。

(3) 移动鼠标指定复制图形的第二个点，如图 6-26 所示。

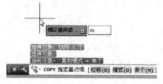

图 6-25　输入 m 并确定

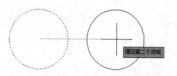

图 6-26　指定复制的第二个点

(4) 继续指定复制图形的第二个点，如图 6-27 所示。

(5) 根据提示，指定复制图形的其他点，然后按空格键进行确定，结束【复制】命令，如图 6-28 所示是对圆复制 3 次的效果。

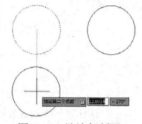

图 6-27　继续复制圆

图 6-28　复制 3 次圆

 提示

　　执行【复制(CO)】命令，选择图形对象后，根据提示输入 O 并确定，可以启用【模式(O)】选项，然后根据需要选择【单个(S)】或【多个(M)】选项，从而进行单次复制或连续复制操作。

6.3.4　阵列复制对象

在 AutoCAD 中，使用【复制】命令除了可以对图形进行常规的复制操作外，还可以在复制图形的过程中通过使用【阵列(A)】命令选项，对图形进行阵列操作。

【练习 6-6】使用阵列复制方式绘制楼梯的梯步图形。

(1) 使用【直线】命令绘制两条相互垂直的线段作为第一个梯步图形，如图 6-29 所示。

(2) 执行 COPY 命令，然后选择绘制的图形，然后在左下方端点处指定复制的基点，如图 6-30 所示。

图 6-29　绘制线段

图 6-30　指定基点

(3) 当系统提示【指定第二个点或 [阵列(A)]<>:】时，输入 a 并确定，启用【阵列(A)】功能，如图 6-31 所示。

(4) 根据系统提示【输入要进行阵列的项目数:】，输入阵列的项目数量(如 5)并确定，如图 6-32 所示。

图 6-31　输入 a 并确定

图 6-32　输入数量并确定

(5) 根据系统提示【指定第二个点或 [布满(F)]:】，在图形右上方端点处指定复制的第二个点，如图 6-33 所示，即可完成阵列复制操作，效果如图 6-34 所示。

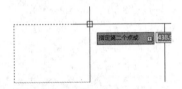

图 6-33　指定第二个点

图 6-34　阵列复制效果

6.4 偏移对象

使用【偏移】命令可以将选定的图形对象以一定的距离增量值单方向复制一次，偏移图形的操作主要包括通过指定距离、通过指定点、通过指定图层 3 种方式。

执行【偏移】命令的常用方法有以下 3 种。

- 选择【修改】|【偏移】命令。
- 单击【修改】面板中的【偏移】按钮。
- 执行 OFFSET(O)命令。

6.4.1 按指定距离偏移对象

在偏移对象的过程中，可以通过指定偏移对象的距离，从而准确、快速地将对象偏移到需要的位置。

【练习 6-7】将边长为 200 的正方形向内偏移 60。

(1) 使用【矩形】命令绘制一个边长为 200 的正方形，如图 6-35 所示。

(2) 执行 OFFSET(O)命令，输入偏移距离为 60 并确定，如图 6-36 所示。

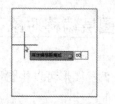

图 6-35 绘制正方形　　　　　　图 6-36 设置偏移距离

(3) 选择绘制的正方形作为偏移的对象，然后在正方形内单击指定偏移正方形的方向，如图 6-37 所示，即可将选择的矩形向内偏移 60 个单位，效果如图 6-38 所示。

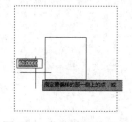

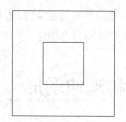

图 6-37 指定偏移的方向　　　　　　图 6-38 偏移正方形

6.4.2 按指定点偏移对象

使用【通过】方式偏移图形可以将图形以通过某个点的方式进行偏移，该方式需要指定偏移对象所要通过的点。

【练习 6-8】将线段以矩形的中点进行偏移。

(1) 使用【直线】和【矩形】命令绘制一条水平线段和一个矩形，如图 6-39 所示。

(2) 执行【偏移(O)】命令，根据系统提示【指定偏移距离或 [通过(T)/删除(E)/图层(L)]:】，输入 t 并按空格键，选择【通过(T)】选项，如图 6-40 所示。

图 6-39 绘制图形　　　　　　图 6-40 输入 t 并确定

(3) 选择水平线段作为偏移对象，根据系统提示【指定通过点或 [退出(E)/多个(M)/放弃(U)]:】，在矩形的中点处指定偏移对象通过的点，如图 6-41 所示，即可在矩形中点位置偏移线段。效果如图 6-42 所示。

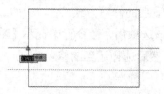

图 6-41 指定通过点　　　　　　图 6-42 偏移对象

6.4.3 按指定图层偏移对象

使用【图层】方式偏移图形可以将图形以指定的距离或通过指定的点进行偏移，并且偏移后的图形将存放于指定的图层中。

执行【偏移(O)】命令，当系统提示【指定偏移距离或 [通过(T)/删除(E)/图层(L)]:】时，输入 L 并按空格键，即可选择【图层(L)】选项，系统将继续提示【输入偏移对象的图层选项 [当前(C)/源(S)] :】信息，其中各选项的含义如下。

- 当前：用于将偏移对象创建在当前图层上。
- 源：用于将偏移对象创建在源对象所在的图层上。

6.5 修剪和延伸图形

在编辑图形对象时，可以使用【修剪】命令对线段图形以指定边界进行修剪，也可以使用【延伸】命令将线段图形延伸到指定的边界。

6.5.1 修剪图形

使用【修剪】命令可以通过指定的边界对图形对象进行修剪。运用该命令可以修剪的对象包括直线、圆、圆弧、射线、样条曲线、面域、尺寸、文本以及非封闭的 2D 或 3D 多段线等对象；作为修剪的边界可以是除图块、网格、三维面、轨迹线以外的任何对象。

执行【修剪】命令通常有以下 3 种方法。

- 选择 【修改】|【修剪】命令。
- 单击【修改】面板中的【修剪】按钮 。
- 执行 TRIM(TR)命令。

执行【修剪】命令，选择修剪边界后，系统将提示【选择要修剪的对象，或按住 Shift 键选择要延伸的对象，或[栏选(F)/窗交(C)/投影(P)/边(E)/删除(R)/放弃(U)]: 】，其中主要选项的含义如下。

- 栏选(F)：启用栏选的选择方式来选择对象。
- 窗交(C)：启用窗交的选择方式来选择对象。
- 投影(P)：确定命令执行的投影空间。执行该选项后，命令行中提示【输入投影选项 [无(N)/UCS(U)/视图(V)] <UCS>: 】，然后选择适当的修剪方式。
- 边(E)：该选项用来确定修剪边的方式。执行该选项后，命令行中提示【输入隐含边延伸模式 [延伸(E)/不延伸(N)] <不延伸>: 】，然后选择适当的修剪方式。
- 删除(R)：删除选择的对象。
- 放弃(U)：用于取消由 TRIM 命令最近所完成的操作。

【练习 6-9】以指定的边修剪圆形。

(1) 使用【圆】和【直线】命令绘制一个圆和一条线段作为操作对象，如图 6-43 所示。

(2) 执行 TRIM 命令，选择线段为修剪边界，如图 6-44 所示。

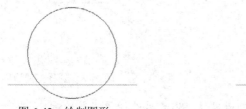

图 6-43　绘制图形　　　　　　　　　　　　　　图 6-44　选择修剪边界

(3) 系统提示【选择要修剪的对象，或按住 Shift 键选择要延伸的对象，或[栏选(F)/窗交(C)/投影(P)/边(E)/删除(R)/放弃(U)]:】时，在线段下方单击圆作为修剪对象，如图 6-45 所示。按空格键结束修剪操作，效果如图 6-46 所示。

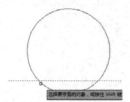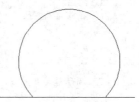

图 6-45　选择修剪对象　　　　　　　　　　　　图 6-46　修剪效果

 技巧

当 AutoCAD 提示选择剪切边时，如果不选择任何对象并按下空格键进行确定，在修剪对象时将以最靠近的候选对象作为剪切边。

6.5.2　延伸图形

使用【延伸】命令可以把直线、弧和多段线等图元对象的端点延长到指定的边界。延伸的对象包括圆弧、椭圆弧、直线、非封闭的 2D 和 3D 多段线等。

启动【延伸】命令通常有以下 3 种方法。

- ◉　选择【修改】|【延伸】命令。
- ◉　单击【修改】面板中的【延伸】按钮 。
- ◉　执行 EXTEND(EX)命令。

执行延伸操作时，系统提示中的各项含义与修剪操作中的命令相同。使用【延伸】命令延伸对象的过程中，可随时使用【放弃(U)】选项取消上一次的延伸操作。

【练习 6-10】以指定的边延伸线段。

(1) 使用【圆】和【直线】命令绘制一个圆和一条线段作为操作对象，如图 6-47 所示。

(2) 执行 EXTEND(EX)命令，选择圆作为延伸边界，如图 6-48 所示。

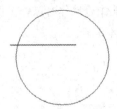

图 6-47　绘制图形　　　　　　　　　　图 6-48　选择延伸边界

(3) 系统提示【选择要延伸的对象，或按住 Shift 键选择要修剪的对象，或[栏选(F)/窗交(C)/投影(P)/边(E)/放弃(U)]:】时，选择如图 6-49 所示的线段作为延伸线段，然后按空格键进行确定，延伸后的效果如图 6-50 所示。

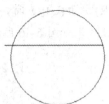

图 6-49　选择延伸对象　　　　　　　　图 6-50　延伸效果

技巧

执行【延伸(EX)】命令对图形进行延伸的过程中，按住 Shift 键，可以对图形进行修剪操作；执行【修剪(TR)】命令对图形进行修剪的过程中，按住 Shift 键，可以对图形进行延伸操作。

6.6　圆角和倒角图形

在编辑图形对象时，使用【圆角】命令可以对图形进行圆角编辑，使用【倒角】命令可以对图形进行倒角编辑。

6.6.1　圆角图形

使用【圆角】命令可以用一段指定半径的圆弧将两个对象连接在一起，还能将多段线的多个顶点一次性圆角。使用此命令应先设定圆弧半径，再进行圆角。

执行【圆角】命令通常有以下 3 种方法。

◉　选择【修改】|【圆角】命令。

◉　单击【修改】面板中的【圆角】按钮。

◉　执行 FILLET(F)命令。

执行 FILLET 命令，系统将提示【选择第一个对象或 [放弃(U)/多段线(P)/半径(R)/修剪(T)/

多个(M)]:】，其中各选项的含义如下。

- 选择第一个对象：在此提示下选择第一个对象，该对象是用来定义二维圆角的两个对象之一，或者是要加圆角的三维实体的边。
- 多段线(P)：在两条多段线相交的每个顶点处插入圆角弧。用户用点选的方法选中一条多段线后，会在多段线的各个顶点处进行圆角。
- 半径(R)：用于指定圆角的半径。
- 修剪(T)：控制 AutoCAD 是否修剪选定的边到圆角弧的端点。
- 多个(M)：可对多个对象进行重复修剪。

 技巧

执行【圆角(F)】命令，在对图形进行圆角的操作中，输入参数 P 并确定，选择【多段线(P)】选项，可以对多段线图形的所有边角进行一次性圆角操作。用【多边形(POL)】和【矩形(REC)】命令绘制的图形均属于多段线对象。

【练习 6-11】圆角处理矩形的一个角，设置圆角半径为 10。

(1) 使用【矩形(REC)】命令绘制一个长为 100、宽为 80 的矩形，如图 6-51 所示。

(2) 执行【圆角(F)】命令，根据系统提示输入 r 并确定，选择【半径(R)】选项，如图 6-52 所示。

图 6-51　绘制矩形

图 6-52　输入 r 并确定

(3) 根据系统提示输入圆角的半径为 10 并确定，如图 6-53 所示。

(4) 选择矩形的上方线段作为圆角的第一个对象，如图 6-54 所示。

图 6-53　设置圆角半径

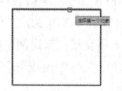

图 6-54　选择第一个对象

(5) 选择矩形的右方线段作为圆角的第二个对象，如图 6-55 所示，即可对矩形上方和右方线段进行圆角，效果如图 6-56 所示。

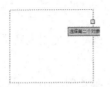

图 6-55 选择第二个对象　　　　　　　　　图 6-56 圆角效果

【练习 6-12】将矩形作为多段线进行圆角，设置圆角半径为 10。

(1) 使用【矩形(REC)】命令绘制一个长为 100、宽为 80 的矩形。

(2) 执行【圆角(F)】命令，设置圆角半径为 10，然后输入 p 并确定，选择【多段线(P)】选项，如图 6-57 所示。

(3) 选择矩形作为圆角的多段线对象，即可对矩形的所有边进行圆角，效果如图 6-58 所示。

图 6-57 输入 p 并确定　　　　　　　　　图 6-58 圆角效果

6.6.2 倒角图形

使用【倒角】命令可以通过延伸或修剪的方法，用一条斜线连接两个非平行的对象。使用该命令执行倒角操作时，应先设定倒角距离，再指定倒角线。

执行【倒角】命令通常有以下 3 种方法。

- 选择【修改】|【倒角】命令。
- 单击【修改】面板中的【倒角】按钮 ⌓ 。
- 执行 CHAMFER(CHA)命令。

执行 CHAMFER 命令，系统将提示【选择第一条直线或 [放弃(U)/多段线(P)/距离(D)/角度(A)/修剪(T)/方式(E)/多个(M)]:】，其中各选项的含义如下。

- 选择第一条直线：指定倒角所需的两条边中的第一条边或要倒角的二维实体的边。
- 多段线(P)：将对多段线每个顶点处的相交直线段作倒角处理，倒角将成为多段线新的组成部分。
- 距离(D)：设置选定边的倒角距离值。执行该选项后，系统继续提示指定第一个倒角距离和指定第二个倒角距离。
- 角度(A)：该选项通过第一条线的倒角距离和第二条线的倒角角度设定倒角距离。执行该选项后，命令行中提示指定第一条直线的倒角长度和指定第一条直线的倒角角度。
- 修剪(T)：该选项用来确定倒角时是否对相应的倒角边进行修剪。执行该选项后，命令行中提示输入并执行修剪模式选项【[修剪(T)/不修剪(N)] <修剪>】。
- 方式(T)：控制 AutoCAD 是用两个距离还是用一个距离和一个角度的方式来倒角。

● 多个(M)：可重复对多个图形进行倒角修改。

【练习6-13】对矩形左上角进行倒角，设置倒角 1 为 10、倒角 2 为 15。

(1) 使用【矩形(REC)】命令绘制一个长为 100、宽为 80 的矩形。

(2) 执行【倒角(CHA)】命令，输入 d 并确定，选择【距离(D)】选项，如图 6-59 所示。

(3) 系统提示【指定第一个倒角距离:】时，设置第一个倒角距离为 15，如图 6-60 所示。

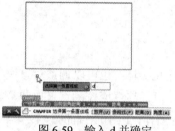

图 6-59　输入 d 并确定

图 6-60　设置第一个倒角

(4) 根据系统提示设置第二个倒角距离为 10，如图 6-61 所示。

(5) 根据系统提示选择矩形的左方线段作为倒角的第一个对象，如图 6-62 所示。

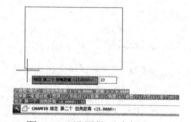

图 6-61　设置第二个倒角

图 6-62　选择第一个对象

(6) 根据系统提示选择矩形的上方线段作为倒角的第二个对象，如图 6-63 所示，即可对矩形进行倒角，效果如图 6-64 所示。

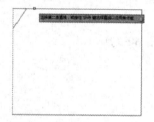

图 6-63　选择第二个对象

图 6-64　倒角效果

 技巧

执行【倒角(CHA)】命令，在对图形进行倒角的操作中，输入参数 P 并确定，选择【多段线(P)】选项，可以对多段线图形的所有边角进行一次性倒角操作。

计算机基础与实训教材系列

6.7 拉伸和缩放图形

在编辑图形对象时，使用【拉伸】命令可以对图形进行拉伸编辑，使用【缩放】命令可以对图形进行缩放编辑。

6.7.1 拉伸图形

使用【拉伸】命令可以按指定的方向和角度拉长或缩短实体，也可以调整对象大小，使其在一个方向上或是按比例增大或缩小；还可以通过移动端点、顶点或控制点来拉伸某些对象。使用【拉伸】命令可以拉伸线段、弧、多段线和轨迹线等实体，但不能拉伸圆、文本、块和点。

执行【拉伸】命令通常有以下 3 种方法。

- 选择【修改】|【拉伸】命令。
- 单击【修改】面板中的【拉伸】按钮🔲。
- 执行 STRETCH(S)命令。

> **提示**
>
> 执行【拉伸】命令改变对象的形状时，只能以窗选方式选择实体，与窗口相交的实体将被拉伸，窗口内的实体将随之移动。

【练习6-14】以线段为边界，对矩形进行拉伸。

(1) 使用【矩形】和【直线】命令绘制一个矩形和一条线段作为拉伸对象。

(2) 执行 STRETCH(S)命令，使用窗交选择的方式选择矩形的右侧部分图形并确定，如图 6-65 所示。

(3) 在矩形右上角端点处单击指定拉伸的基点，如图 6-66 所示。

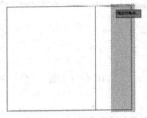

图 6-65 选择图形

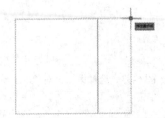

图 6-66 指定拉伸基点

(4) 根据系统提示向右移动光标捕捉线段与矩形的交点，以指定拉伸的第二个点，如图 6-67 所示。矩形拉伸后的效果如图 6-68 所示。

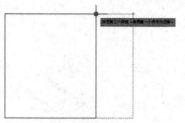

图 6-67　指定拉伸的第二个点

图 6-68　拉伸效果

6.7.2　缩放图形

使用【缩放】命令可以将对象按指定的比例因子改变实体的尺寸大小，从而改变对象的尺寸，但不改变其状态。在缩放图形时，可以把整个对象或者对象的一部分沿 X、Y、Z 方向以相同的比例放大或缩小，由于 3 个方向上的缩放率相同，因此保证了对象的形状不会发生变化。

执行【缩放】命令的常用方法有以下 3 种。

- ◉　选择【修改】|【缩放】命令。
- ◉　单击【修改】面板中的【缩放】按钮圖。
- ◉　执行 SCALE(SC)命令。

【练习 6-15】使用【缩放】命令将茶几图形缩小到原来的 1/2。

(1) 打开【沙发.dwg】素材文件。

(2) 执行 SCALE(SC)命令，选择图形文件中的茶几图形并确定，如图 6-69 所示。

(3) 根据系统提示【指定基点：】，在茶几的中心位置单击指定缩放基点，如图 6-70 所示。

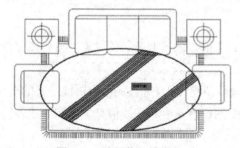

图 6-69　选择茶几并确定

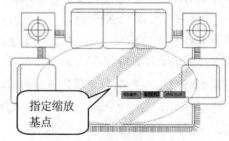

图 6-70　指定基点

(4) 输入缩放对象的比例为 0.5，如图 6-71 所示，按空格键进行确定，缩放后的效果如图 6-72 所示。

　提示

　　【缩放(SCALE)】命令与【缩放(ZOOM)】命令的区别在于：【缩放(SCALE)】可以改变实体的尺寸大小；【缩放(ZOOM)】是对视图进行整体缩放，且不会改变实体的尺寸值。

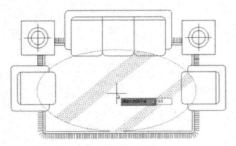

图 6-71　输入缩放比例

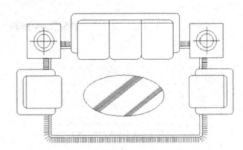

图 6-72　缩放图形后的效果

6.8　分解和删除图形

在编辑阵列、块、图案填充等特殊对象时，可以先使用【分解】命令将其分解，再进行编辑；对于多余的图形，可以使用【删除】命令将其删除。

6.8.1　分解图形

使用【分解】命令可以将多个组合实体分解为单独的图元对象，可以分解的对象包括矩形、多边形、多段线、图块、图案填充和标注等。

执行【分解】命令，通常有以下 3 种方法。

- 选择【修改】|【分解】命令。
- 单击【修改】面板中的【分解】按钮。
- 执行 EXPLODE(X)命令。

执行 EXPLODE(X)命令，系统提示【选择对象：】时，选择要分解的对象，然后按空格键进行确定，即可将其分解。

使用 EXPLODE(X)命令分解带属性的图块后，属性值将消失，并被还原为属性定义的选项，具有一定宽度的多段线被分解后，系统将放弃多段线的任何宽度和切线信息，分解后的多段线的宽度、线型、颜色将变为当前层的属性。

> **提示**
>
> 使用 MINSERT 命令插入的图块或外部参照对象，不能用 EXPLODE(X)命令分解。

6.8.2　删除图形

使用【删除】命令可以将选定的图形对象从绘图区中删除。执行【删除】命令的常用方法有以下 3 种。

- 选择【修改】|【删除】命令。
- 单击【修改】面板中的【删除】按钮 ✍。
- 执行 ERASE (E)命令。

执行【ERASE(E)】命令后，选择要删除的对象，按空格键进行确定，即可将其删除；如果在操作过程中，要取消删除操作，可以按 Esc 键退出删除操作。

 技巧 --

在绘图区选择对象后，按 Delete 键也可以将其删除。

6.9 上机实战

本小节练习绘制组合沙发和端盖图形，巩固所学的图形绘制与编辑知识，主要包括圆、矩形、复制、偏移和修剪等命令的应用。

6.9.1 绘制组合沙发

本例将结合前面所学的绘图和编辑命令绘制组合沙发图形，完成后的效果如图 6-73 所示。首先使用【矩形】、【圆角】和【修剪】命令绘制三人沙发，然后使用【矩形】、【直线】和【圆】命令绘制小茶几和台灯图形，并使用【复制】命令对其进行复制，最后绘制剩下的图形。

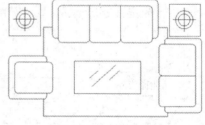

图 6-73 绘制组合沙发

绘制本例图形的具体操作步骤如下。

(1) 使用【矩形(REC)】命令绘制一个长为 2220、宽为 780、圆角半径为 80 的圆角矩形，如图 6-74 所示。

(2) 执行【矩形(REC)】命令，设置圆角半径为 0，然后输入 from 并确定，启用【捕捉自】功能，然后在如图 6-75 所示的端点处指定绘制矩形的基点。

图 6-74 绘制圆角矩形　　　　　　　　　图 6-75 指定基点

(3) 系统提示【<偏移>:】时，输入偏移基点的坐标为(@40,-120)，如图 6-76 所示。然后指定矩形另一个角点的坐标为(@660,-750)，绘制的矩形如图 6-77 所示。

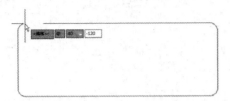

图 6-76　指定偏移距离

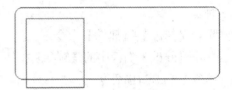

图 6-77　绘制矩形

提示

　　由于在上一次操作中绘制了圆角矩形，因此，在这里首先要重新设置圆角半径，否则，绘制的矩形仍然是圆角矩形，圆角半径与之前的相同。

　　(4) 执行【圆角(F)】命令，设置圆角半径为 80，对矩形的 3 个直角进行圆角处理，效果如图 6-78 所示。

　　(5) 参照如图 6-79 所示的效果，依次绘制两个矩形，并对其进行圆角处理。

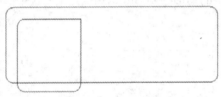

图 6-78　圆角矩形

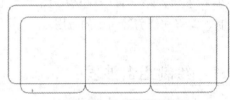

图 6-79　绘制并圆角矩形

　　(6) 执行【修剪(TR)】命令，选择左右两边的小矩形作为修剪边界，如图 6-80 所示，然后对大矩形下方的线段进行修剪，效果如图 6-81 所示。

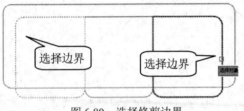

图 6-80　选择修剪边界

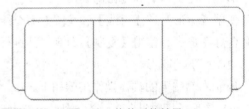

图 6-81　修剪后的效果

　　(7) 使用【矩形(REC)】命令绘制一个长度为 650 的正方形，如图 6-82 所示。

　　(8) 使用【圆(C)】命令在正方形中绘制两个半径分别为 120 和 180 的同心圆，如图 6-83 所示。

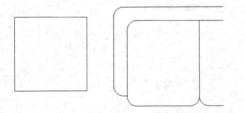

图 6-82　绘制正方形

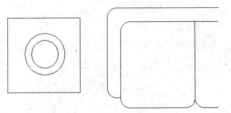

图 6-83　绘制两个圆

(9) 使用【直线(L)】命令从圆心向外绘制两条长度为 240 的直线，如图 6-84 所示。

(10) 执行【拉长(LEN)】命令，输入 DE 并确定，以选择【增量(DE)】选项，然后将线段反向拉长 240，绘制出台灯图形，如图 6-85 所示。

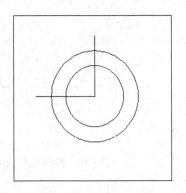

图 6-84 绘制线段

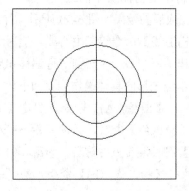

图 6-85 拉长线段

(11) 执行【复制(CO)】命令，将绘制的小茶几和台灯图形复制到沙发的右方，效果如图 6-86 所示。

(12) 使用前面绘制沙发的方法，继续绘制一组单人沙发和双人沙发，其尺寸和效果如图 6-87 所示。

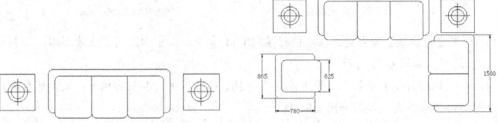

图 6-86 复制小茶几和灯具

图 6-87 绘制另外两组沙发

(13) 执行【矩形(REC)】命令，绘制一个长为 1400、宽为 650 的矩形和一个长为 2600、宽为 1400 的矩形，分别作为茶几和地毯的图形，如图 6-88 所示。

(14) 执行【修剪(TR)】命令，对地毯图形进行修剪，效果如图 6-89 所示。

(15) 执行【直线(L)】命令，在茶几图形中绘制多条斜线，完成组合沙发的绘制。

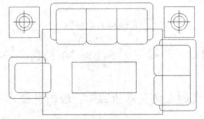

图 6-88 绘制地毯和茶几

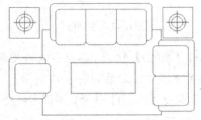

图 6-89 修剪图形

6.9.2 绘制端盖图形

本例将结合前面所学的绘图和编辑命令绘制端盖零
件图形，完成后的效果如图 6-90 所示。首先创建图层，然
后使用【构造线】命令绘制中心线，然后绘制圆，并使用
【偏移】和【复制】命令对圆进行偏移和复制。

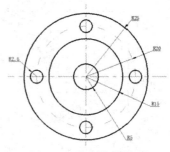

绘制本例图形的具体操作步骤如下。

(1) 执行【图层(LA)】命令，创建【中心线】、【轮
廓线】和【隐藏线】图层，并设置各个图层的属性，再将
【中心线】图层设置为当前层，如图 6-91 所示。

(2) 执行【构造线(XL)】命令，绘制一条水平构造线
和一条垂直构造线作为绘制中心线，效果如图 6-92 所示。

图 6-90　绘制端盖图形

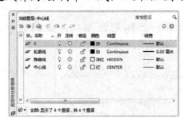

图 6-91　创建图层

图 6-92　绘制中心线

(3) 设置【轮廓线】为当前图层，执行【圆(C)】命令，以中心线的交点为圆心，绘制一个
半径为 25 的圆，如图 6-93 所示。

(4) 执行【偏移(O)】命令，设置偏移距离为 10，选择圆并将其向内偏移一次，然后继续将
偏移的圆向内偏移一次，效果如图 6-94 所示。

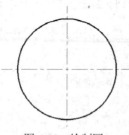

图 6-93　绘制圆

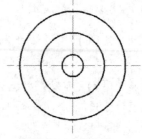

图 6-94　偏移圆

(5) 执行【圆(C)】命令，以中心线的交点为圆心，绘制一个半径为 20 的圆，并将该圆放
入【隐藏线】图层中，效果如图 6-95 所示。

(6) 重复执行【圆(C)】命令，以圆和水平中心线的左侧交点为圆心，绘制半径为 2.5 的圆。
效果如图 6-96 所示。

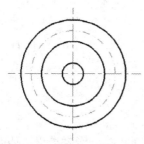

图 6-95 绘制半径为 20 的圆

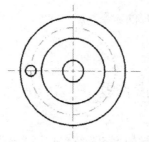

图 6-96 绘制半径为 2.5 的圆

(7) 执行【复制(CO)】命令，选择绘制的小圆，然后在该圆的圆心处指定复制的基点，如图 6-97 所示。

(8) 移动光标到半径为 20 的圆与垂直中心线的交点处指定复制的第二点，如图 6-98 所示。

(9) 继续在其他位置指定复制的第二点，对小圆进行复制，完成本例图形的绘制。

图 6-97 指定复制的基点

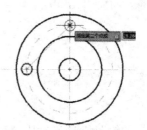

图 6-98 指定复制的第二点

6.10 思考与练习

6.10.1 填空题

1. 在选择对象的操作中，框选对象的方式包括_____和_____两种。

2. 绘制好图形后，发现某些图形超出了指定图形的范围，这时可以使用_____命令对其进行修改。

3. 绘制直角矩形后，可以使用_____命令将其转换为圆角矩形。

6.10.2 选择题

1. 对图形进行圆角处理的命令是(　　)。

  A. CHA   B. F   C. TR   D. EX

2. 对图形进行修剪的命令是(　　)。

  A. TR   B. F   C. ML   D. SPL

计算机基础与实训教材系列

3. 分解图形的命令是(   )。

　A. X　　　　　　　　B. E　　　　　　　　C. C　　　　　　　　D. H

⑥.10.3　操作题

1. 应用所学的绘图和编辑知识，参照如图 6-99 所示的浴缸尺寸和效果，使用【矩形】、【圆】、【直线】、【修剪】和【圆角】等命令绘制该图形。

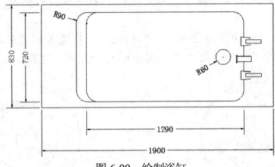

图 6-99　绘制浴缸

2. 应用所学的绘图和编辑知识，参照如图 6-100 所示的压盖尺寸和效果，使用【圆】、【直线】、【修剪】和【复制】等命令绘制该图形。

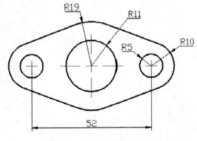

图 6-100　绘制压盖

第7章

编辑图形高级命令

学习目标

在前面的章节中，讲解了编辑图形的常用命令，本章将继续讲解编辑图形的其他命令，包括【镜像】、【阵列】、【打断】、【合并】等。这些命令在创建特定的图形时非常有用。例如，使用【阵列】命令，可以快速创建大量相同且有规律排列的图形。

本章重点

- ◉ 镜像图形
- ◉ 阵列图形
- ◉ 拉长图形
- ◉ 打断与合并图形
- ◉ 编辑特定图形
- ◉ 使用夹点功能编辑图形
- ◉ 参数化编辑图形

7.1 镜像图形

使用【镜像】命令可以将选定的图形对象以某一对称轴镜像到该对称轴的另一边，还可以使用镜像复制功能将图形以某一对称轴进行镜像复制，如图 7-1、图 7-2 和图 7-3 所示。

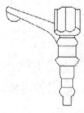

图 7-1 原图

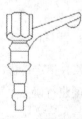

图 7-2 镜像效果

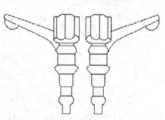

图 7-3 镜像复制效果

执行【镜像】命令的常用方法有以下 3 种。

◉ 选择【修改】|【镜像】命令。

◉ 单击【修改】面板中的【镜像】按钮 ⚎。

◉ 执行 MIRROR(MI)命令。

⑦.1.1 镜像源对象

执行【镜像(MI)】命令，选择要镜像的对象，指定镜像的轴线后，在系统提示【要删除源对象吗？[是(Y)/否(N)]:】时，输入 Y 并按空格键进行确定，即可将源对象镜像处理。

【练习 7-1】对圆弧进行镜像。

(1) 使用【多段线】命令绘制一条带圆弧和直线的多段线。

(2) 执行 MIRROR(MI)命令，选择多段线并确定，然后根据系统提示在线段的左端点指定镜像线的第一个点，如图 7-4 所示。

(3) 根据系统提示在线段的右端点处指定镜像线的第二个点，如图 7-5 所示。

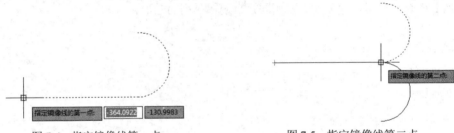

图 7-4 指定镜像线第一点   图 7-5 指定镜像线第二点

(4) 根据系统提示【要删除源对象吗？[是(Y)/否(N)]:】，输入 y 并确定，如图 7-6 所示，即可对圆弧进行镜像，效果如图 7-7 所示。

图 7-6 输入 y 并确定   图 7-7 镜像圆弧

⑦.1.2 镜像复制源对象

执行【镜像(MI)】命令，选择要镜像的对象。指定镜像的轴线后，在系统提示【要删除源对象吗？[是(Y)/否(N)]:】时，输入 N 并按空格键进行确定，可以保留源对象，即对源对象进行镜像并复制，如图 7-8 和图 7-9 所示。

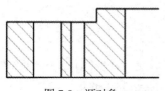

图 7-8　源对象

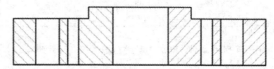

图 7-9　镜像复制源对象

 技巧

在绘制对称型机械剖视图时，通常可以在绘制好局部剖视图后，使用【镜像】命令对其进行镜像复制，从而快速完成图形的绘制。

7.2　阵列图形

使用【阵列】命令可以对选定的图形对象进行阵列操作，对图形进行阵列操作的方式包括矩形方式、路径方式和极轴(即环形)方式的排列复制。

执行【阵列】命令的常用方法有以下 3 种。

- 选择【修改】|【阵列】命令，然后选择其中的子命令。
- 单击【修改】面板中的【矩形阵列】下拉按钮 ⊞，然后选择子选项。
- 执行 ARRAY(AR)命令。

7.2.1　矩形阵列对象

矩形阵列图形是将阵列的图形按矩形的方式进行排列，用户可以根据需要设置阵列图形的行数和列数。

【练习 7-2】将正方形以 4 行 5 列的矩形方阵进行阵列。

(1) 绘制一个边长为 10 的正方形作为阵列操作对象。

(2) 单击【修改】面板中的【矩形阵列】按钮 ⊞，或执行 ARRAY(AR)命令，选择正方形作为阵列对象，在弹出的菜单中选择【矩形(R)】选项，如图 7-10 所示。

(3) 在系统提示下输入参数 cou 并确定，选择【计数(COU)】选项，如图 7-11 所示。

图 7-10　选择【矩形(R)】选项

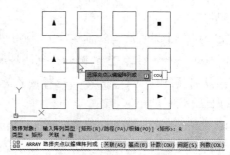

图 7-11　输入 cou 并确定

提示

矩形阵列对象时，默认参数的行数为3、列数为4，对象间的距离为原对象尺寸的1.5倍。如果阵列结果正好符合默认参数，可以在该操作步骤直接按空格键进行确定，完成矩形阵列操作。

(4) 根据系统提示输入阵列的列数为5并确定，如图7-12所示。

(5) 输入阵列的行数为4并确定，如图7-13所示。

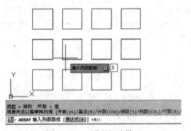
图7-12 设置列数

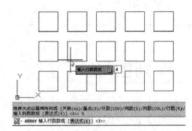
图7-13 设置行数

(6) 在系统提示下输入参数 s 并确定，选择【间距(S)】选项，如图7-14所示。

(7) 根据系统提示输入列间距和行间距为15并确定，然后按空格键结束阵列操作，效果如图7-15所示。

图7-14 输入 s 并确定

图7-15 矩形阵列效果

⑦.2.2 路径阵列对象

路径阵列图形是指将阵列的图形按指定的路径进行排列，用户可以根据需要设置阵列的总数和间距。

【练习7-3】以直线为阵列路径，对圆进行阵列。

(1) 绘制一个半径为25的圆和一条倾斜线段作为阵列操作对象。

(2) 执行【阵列(AR)】命令，选择圆作为阵列对象，在弹出的菜单中选择【路径(PA)】选项，如图7-16所示。

(3) 选择线段作为阵列的路径。然后根据系统提示输入参数 i 并确定，选择【项目(I)】选项，如图7-17所示。

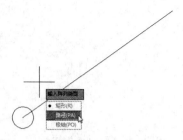

图 7-16 选择【路径(PA)】选项

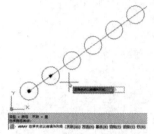

图 7-17 设置阵列的方式

(4) 在系统提示下输入项目之间的距离为 60 并确定，如图 7-18 所示，完成路径阵列操作，效果如图 7-19 所示。

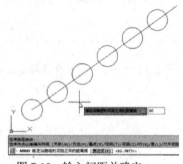

图 7-18 输入间距并确定

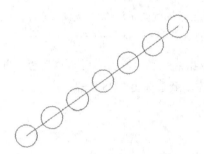

图 7-19 路径阵列效果

7.2.3 极轴阵列对象

极轴阵列(即环形阵列)图形是指将阵列的图形按环形进行排列，用户可以根据需要设置阵列的总数和填充的角度。

【练习 7-4】对图形进行环形阵列，设置阵列数量为 8。

(1) 使用【直线】和【圆】命令绘制如图 7-20 所示的图形作为阵列对象。

(2) 执行【阵列(AR)】命令，然后选择绘制的直线和圆并确定，在弹出的菜单中选择【极轴(PO)】选项，如图 7-21 所示。

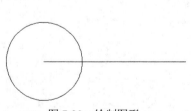

图 7-20 绘制图形

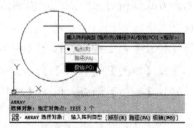

图 7-21 选择【极轴(PO)】选项

(3) 根据系统提示在线段的右端点处指定阵列的中心点，如图 7-22 所示。

(4) 根据系统提示输入 i 并确定，选择【项目(I)】选项，如图 7-23 所示。

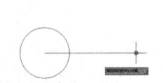

图 7-22　指定阵列的中心点

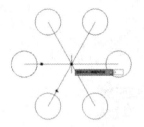

图 7-23　输入 i 并确定

> 💡 **提示** ┈┈
>
> 极轴阵列对象时，默认参数的阵列总数为 6。如果阵列结果正好符合默认参数，可以在指定阵列中心点后直接按空格键进行确定，完成极轴阵列操作。

(5) 根据系统提示输入阵列的总数为 8 并确定，如图 7-24 所示。然后进行确定，完成环形阵列的操作，效果如图 7-25 所示。

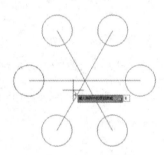

图 7-24　设置阵列的数目

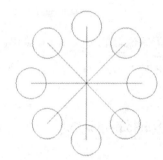

图 7-25　环形阵列效果

7.3　拉长图形

使用【拉长】命令可以延伸和缩短直线，或改变圆弧的圆心角。使用该命令执行拉长操作，允许以动态方式拖拉对象终点，可以通过输入增量值、百分比值或输入对象总长的方法来改变对象的长度。

执行【拉长】命令通常有以下 3 种方法。

- ◉　选择【修改】|【拉长】命令。
- ◉　展开【修改】面板，单击【拉长】按钮 。
- ◉　执行 LENGTHEN(LEN)命令。

执行 LENGTHEN(LEN)命令，系统将提示【选择对象或 [增量(DE)/百分数(P)/总计(T)/动态(DY)]:】，其中各选项的含义如下。

- ◉　增量(DE)：将选定图形对象的长度增加一定的数值量。

- ● 百分数(P)：通过指定对象总长度的百分数设置对象长度。百分数也按照圆弧总包含角的指定百分比修改圆弧角度。执行该选项后，系统继续提示【输入长度百分数<当前>：】，这里需要输入非零正数值。
- ● 总计(T)：通过指定从固定端点测量的总长度的绝对值来设置选定对象的长度。【总计(T)】选项也按照指定的总角度设置选定圆弧的包含角。执行该选项后，系统继续提示【指定总长度或 [角度(A)]：】，这里可以指定距离、输入非零正值、输入 a 或按 Enter 键。
- ● 动态(DY)：打开动态拖动模式。通过拖动选定对象的端点之一来改变其长度。其他端点保持不变。执行该选项后，系统继续提示【选择要修改的对象或[放弃(U)]：】，这里可以选择一个对象或输入放弃命令 U。

7.3.1　以指定增量拉长对象

执行 LENGTHEN(LEN)命令，根据系统提示输入 de 并确定，以选择【增量(DE)】选项，可以将图形以指定增量进行拉长。

【练习 7-5】将线段的长度增加 30。

(1) 使用【直线(L)】命令绘制两条长度为 100 的 A、B 两条线段，如图 7-26 所示。

(2) 执行【拉长(LEN)】命令，根据系统提示输入 de 并确定，选择【增量(DE)】选项，如图 7-27 所示。

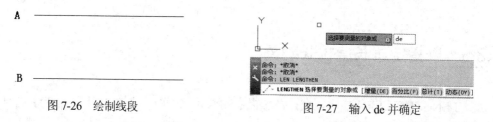

图 7-26　绘制线段

图 7-27　输入 de 并确定

(3) 当系统提示【输入长度增量或 [角度(A)]：】时，设置增量值为 30，然后选择线段 B 作为要拉长的对象，如图 7-28 所示。按空格键进行确定，拉长线段 B 的效果如图 7-29 所示。

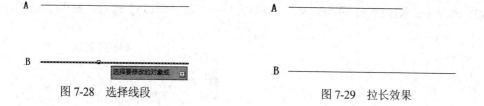

图 7-28　选择线段

图 7-29　拉长效果

7.3.2　以指定百分数拉长对象

执行 LENGTHEN(LEN)命令，根据系统提示输入 P 并确定，以选择【百分数(P)】选项，可以将图形以指定百分数进行拉长。

【练习7-6】将线段拉长为原来的两倍。

(1) 使用【圆弧】命令绘制一段角度为 90 的弧线，如图 7-30 所示。

(2) 执行【拉长(LEN)】命令，然后输入 p 并确定，选择【百分数(P)】选项，如图 7-31 所示。

图 7-30　绘制圆弧　　　　　　　　　　图 7-31　输入 p 并确定

(3) 设置长度百分数为 200，如图 7-32 所示，然后选择绘制的圆弧并确定，拉长圆弧后的效果如图 7-33 所示。

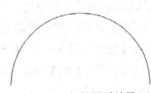

图 7-32　设置长度百分数　　　　　　　　图 7-33　拉长圆弧效果

⑦.3.3　以指定总长度拉长对象

执行 LENGTHEN(LEN)命令，根据系统提示输入 T 并确定，以选择【总计(T)】选项，可以将图形以指定总长度进行拉长。

【练习7-7】将线段的总长度拉长为 50。

(1) 使用【直线(L)】命令绘制两条长度为 100 的线段，如图 7-34 所示。

(2) 执行【拉长(LEN)】命令，输入 t 并确定，选择【总计(T)】选项，如图 7-35 所示。

图 7-34　绘制线段　　　　　　　　　　图 7-35　输入 t 并确定

(3) 系统提示【指定总长度或 [角度(A)]:】时，设置总长度为 50，然后选择要修改的线段 A，如图 7-36 所示。按空格键进行确定，拉长后的效果如图 7-37 所示。

图 7-36 选择线段　　　　　　　　　　图 7-37 拉长后的效果

7.3.4 使用动态方式拉长对象

执行 LENGTHEN(LEN)命令，根据系统提示输入 DY 并确定，以选择【动态(DY)】选项，可以将图形以动态方式进行拉长。

【练习 7-8】使用鼠标拉长对象。

(1) 使用【圆弧(A)】命令绘制一段角度为 90 的弧线，如图 7-38 所示。

(2) 执行【拉长(LEN)】命令，然后输入 dy 并确定，选择【动态(DY)】选项，如图 7-39 所示。

图 7-38 绘制圆弧　　　　　　　　　图 7-39 输入 dy 并确定

(3) 选择绘制的圆弧图形，系统提示【指定新端点:】时，移动光标指定圆弧的新端点，如图 7-40 所示。单击进行确定，拉长后的效果如图 7-41 所示。

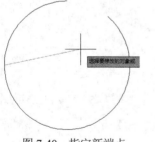

图 7-40 指定新端点　　　　　　　　图 7-41 拉长圆弧的效果

7.4 打断与合并图形

在 AutoCAD 中，可以将线型图形打断，也可以将相似的图形连接在一起，下面分别讲解打断与合并图形的具体操作。

⑦.4.1　打断图形

使用【打断】命令可以将对象从某一点处断开，从而将其分成两个独立的对象，该命令常用于剪断图形，但不删除对象，可以打断的对象包括直线、圆、弧、多段线、样条线、构造线等。

执行【打断】命令的方法有以下 3 种。

⦿　选择【修改】|【打断】命令。

⦿　单击【修改】面板中的【打断】按钮 。

⦿　执行 BREAK(BR)命令。

【练习 7-9】将圆弧打断成两段圆弧。

(1)　使用【圆弧(A)】命令绘制一段圆弧作为操作对象，如图 7-42 所示。

(2)　执行【打断(BR)】命令，选择圆弧作为要打断的对象，如图 7-43 所示。

图 7-42　绘制圆弧

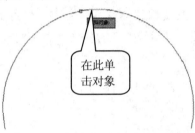

图 7-43　选择对象

(3)　系统提示【指定第二个打断点或 [第一点(F)]: 】时，指定要打断对象的第二个点，如图 7-44 所示，即可以第一次选择点和指定的第二点将圆弧打断。效果如图 7-45 所示。

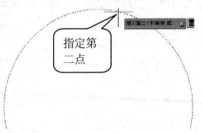

图 7-44　选择第二个点

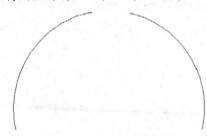

图 7-45　打断圆弧后的效果

 技巧

打断图形的过程中，系统提示【指定第二个打断点或 [第一点(F)]: 】时，直接输入@并确定，则第一断开点与第二断开点是同一个点。如果输入 F 并确定，则可以重新指定第一个断开点。

⑦.4.2 合并图形

使用【合并】命令可以将相似的对象合并以形成一个完整的对象。执行【合并】命令通常有以下 3 种方法。

- ◉ 选择【修改】|【合并】命令。
- ◉ 单击【修改】面板中的【合并】按钮 。
- ◉ 执行 JOIN 命令并确定。

使用【合并(JOIN)】命令进行合并操作，可以合并的对象包括直线、多段线、圆弧、椭圆弧、样条曲线，但是要合并的对象必须是相似的对象，且位于相同的平面上，每种类型的对象均有附加限制，其附加限制如下。

- ◉ 直线：直线对象必须共线，即位于同一无限长的直线上，但是它们之间可以有间隙，如图 7-46 和图 7-47 所示。

图 7-46 合并前的两条直线　　　　　　图 7-47 合并直线效果

- ◉ 多段线：对象可以是直线、多段线或圆弧。对象之间不能有间隙，并且必须位于与 UCS 的 XY 平面平行的同一平面上。
- ◉ 圆弧：圆弧对象必须位于同一假想的圆上，但是它们之间可以有间隙，使用【闭合(C)】选项可将圆弧转换成圆，如图 7-48 和图 7-49 所示。

图 7-48 合并前的两条弧线　　　　　　图 7-49 合并弧线效果

- ◉ 椭圆弧：椭圆弧必须位于同一椭圆上，但是它们之间可以有间隙。使用【闭合(C)】选项可将源椭圆弧闭合成完整的椭圆。
- ◉ 样条曲线：样条曲线和螺旋对象必须相接(端点对端点)，合并样条曲线的结果是单个样条曲线。

【练习 7-10】将圆弧打断成两段圆弧。

(1) 使用【直线】命令绘制如图 7-50 所示的图形，上方两条线段处于同一水平线上。

(2) 执行【合并(JOIN)】命令，选择左上方的线段作为源对象，如图 7-51 所示。

图 7-50 绘制图形　　　　　　　　图 7-51 选择源对象

(3) 系统提示【选择要合并的对象:】时，选择右上方的线段作为要合并的另一个对象，如图 7-52 所示。按空格键结束【合并】命令，效果如图 7-53 所示。

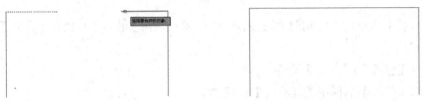

<table>
<tr><td style="text-align:center">图 7-52   选择合并的对象</td><td style="text-align:center">图 7-53   合并效果</td></tr>
</table>

7.5　编辑特定图形

除了可以使用各种编辑命令对图形进行修改外，也可以采用特殊的方式对特定的图形进行编辑，如编辑多段线、样条曲线、阵列对象等。

7.5.1　编辑多段线

选择【修改】|【对象】|【多段线】命令，或执行 PEDIT 命令，可以对绘制的多段线进行编辑修改。

执行 PEDIT 命令，选择要修改的多段线，系统将提示【输入选项 [闭合(C) /合并(J)/宽度(W)/编辑顶点(E)/拟合(F)/样条曲线(S)/非曲线化(D)/线型生成(L)/反转(R)/放弃(U)]:】，其中主要选项的含义如下。

- 闭合(C)：用于创建封闭的多段线。
- 合并(J)：将直线段、圆弧或其他多段线连接到指定的多段线。
- 宽度(W)：用于设置多段线的宽度。
- 编辑顶点(E)：用于编辑多段线的顶点。
- 拟合(F)：可以将多段线转换为通过顶点的拟合曲线。
- 样条曲线(S)：可以使用样条曲线拟合多段线。
- 非曲线化(D)：删除在拟合曲线或样条曲线时插入的多余顶点，并拉直多段线的所有线段。保留指定给多段线顶点的切向信息，用于随后的曲线拟合。
- 线型生成(L)：可以将通过多段线顶点的线设置成连续线型。
- 反转(R)：用于反转多段线的方向，使起点和终点互换。
- 放弃(U)：用于放弃上一次操作。

【练习 7-11】拟合编辑多段线。

(1) 使用【多段线(PL)】命令绘制一条多段线作为编辑对象。

(2) 执行 PEDIT 命令，选择绘制的多段线，在弹出的菜单列表中选择【拟合(F)】选项，如

图 7-54 所示,

(3) 按空格键进行确定,拟合编辑多段线的效果如图 7-55 所示。

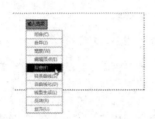

图 7-54　选择【拟合(F)】选项

图 7-55　拟合多段线效果

7.5.2　编辑样条曲线

选择【修改】|【对象】|【样条曲线】命令,或者执行 SPLINEDIT 命令,可以对样条曲线进行编辑,包括定义样条曲线的拟合点、移动拟合点,以及闭合开放的样条曲线等。

执行 SPLINEDIT 命令,选择编辑的样条曲线后,系统将提示【输入选项 [闭合(C)/合并(J)/拟合数据(F)/编辑顶点(E)/转换为多段线(P)/反转(R)/放弃(U)/退出(X)]:】,其中主要选项的含义如下。

- 闭合(C):如果选择打开的样条曲线,则闭合该样条曲线,使其在端点处切向连续(平滑)。如果选择闭合的样条曲线,则打开该样条曲线。
- 拟合数据(F):用于编辑定义样条曲线的拟合点数据。
- 编辑顶点(M):用于移动样条曲线的控制顶点并且清理拟合点。
- 反转(R):用于反转样条曲线的方向,使起点和终点互换。
- 放弃(U):用于放弃上一次操作。
- 退出(X):退出编辑操作。

【练习 7-12】编辑样条曲线的顶点。

(1) 使用【样条曲线(SPL)】命令绘制一条样条曲线作为编辑对象。

(2) 执行 SPLINEDIT 命令,选择绘制的曲线,在弹出的下拉菜单中选择【编辑顶点(E)】选项,如图 7-56 所示。

(3) 在继续弹出的下拉菜单中选择【移动(M)】选项,如图 7-57 所示。

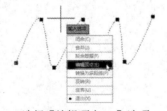

图 7-56　选择【编辑顶点(E)】选项

图 7-57　选择【移动(M)】选项

(4) 拖动鼠标移动样条曲线的顶点,如图 7-58 所示。

（5）当系统提示【指定新位置或 [下一个(N)/上一个(P)/选择点(S)/退出(X)]:】时，输入 x 并确定，选择【退出(X)】选项，结束样条曲线的编辑，效果如图 7-59 所示。

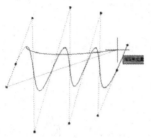 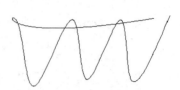

图 7-58　移动顶点　　　　　　　　　　　　　　图 7-59　编辑效果

⑦.5.3　编辑阵列对象

在 AutoCAD 中，阵列的对象为一个整体对象，可以选择【修改】|【对象】|【阵列】命令，或者执行 ARRAYEDIT 命令并确定，对关联阵列对象及其源对象进行编辑。

【练习 7-13】修改阵列对象的行数。

（1）绘制一个半径为 10 的圆，然后使用【阵列(AR)】命令对圆进行矩形阵列，设置行数为 3，列数为 4，行、列间的间距为 30，阵列效果如图 7-60 所示。

（2）选择【修改】|【对象】|【阵列】命令，或者执行 ARRAYEDIT 命令，选择阵列图形作为编辑的对象，然后在弹出的下拉菜单中选择【行(R)】选项，如图 7-61 所示。

（3）根据系统提示重新输入阵列的行数为 4，如图 7-62 所示。

（4）保持默认的行间距并确定，然后在弹出的下拉菜单中选择【退出(X)】选项，完成阵列图形的编辑，效果如图 7-63 所示。

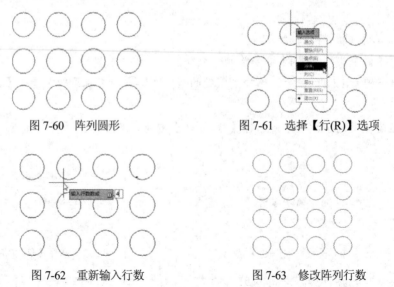

图 7-60　阵列圆形　　　　　　　　　　　　图 7-61　选择【行(R)】选项

图 7-62　重新输入行数　　　　　　　　　　图 7-63　修改阵列行数

7.6 使用夹点编辑图形

在编辑图形的操作中，可以通过拖动夹点的方式，改变图形的形状和大小。在拖动夹点时，可以根据系统提示对图形进行移动、复制等操作。

7.6.1 使用夹点编辑直线

在命令提示处于等待状态下，选择直线型线段，将显示对象的夹点，如图 7-64 所示。选择端点处的夹点，然后拖动该夹点即可调整线段的长度和方向，如图 7-65 所示。

图 7-64 显示对象的夹点

图 7-65 拖动夹点

7.6.2 使用夹点编辑圆弧

在命令提示处于等待状态下，选择弧线型线段，将显示对象的夹点，然后选择并拖动端点处的夹点，即可调整弧线的弧长和大小，如图 7-66 所示；选择并拖动弧线中间的夹点，将改变弧线的弧度大小，如图 7-67 所示。

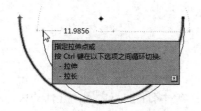

图 7-66 拖动端点处的夹点

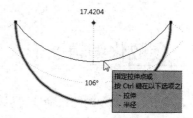

图 7-67 拖动中间的夹点

7.6.3 使用夹点编辑多边形

在命令提示处于等待状态下，选择多边形图形，将显示对象的夹点，然后选择并拖动端点处的夹点，如图 7-68 所示，即可调整多边形的形状，效果如图 7-69 所示。

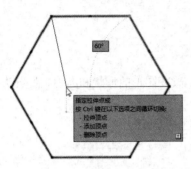

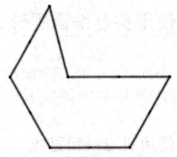

图 7-68　拖动端点处的夹点　　　　　　　图 7-69　调整多边形的形状

7.6.4　使用夹点编辑圆

在命令提示处于等待状态下，选择圆形，将显示对象的夹点，选择并拖动圆上的夹点，将改变圆的大小，如图 7-70 所示；选择并拖动圆心处的夹点，将调整圆的位置，效果如图 7-71 所示。

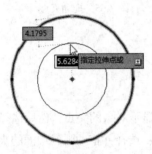

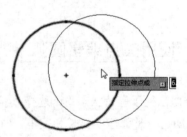

图 7-70　拖动圆上的夹点　　　　　　　　图 7-71　调整圆位置的效果

7.7　参数化编辑图形

运用【参数】菜单中的约束命令可以指定二维对象或对象上的点之间的几何约束，对图形进行编辑，如图 7-72 所示。编辑受约束的图形时将保留约束。

例如，在如图 7-73 所示中为图形应用了以下约束。

图 7-72　【参数】菜单　　　　　　　　　　图 7-73　约束图形

- 每个端点都约束为与每个相邻对象的端点保持重合，这些约束显示为夹点。
- 垂直线约束为保持相互平行且长度相等。
- 右侧的垂直线被约束为与水平线保持垂直。
- 水平线被约束为保持水平。
- 圆和水平线的位置约束为保持固定距离，这些固定约束显示为锁定图标。

【练习 7-14】使用【相切】约束编辑圆与直线。

(1) 绘制两个同心圆和一条水平线段作为操作对象，如图 7-74 所示。

(2) 选择【参数】|【几何约束】|【相切】命令，系统提示【选择第一个对象:】时，选择大圆，如图 7-75 所示。

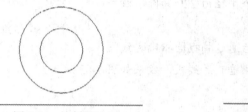

图 7-74 绘制图形   图 7-75 选择第一个对象

(3) 根据系统提示选择直线作为相切的第二个对象，如图 7-76 所示，即可将直线与圆相切，如图 7-77 所示。

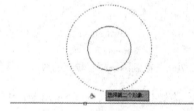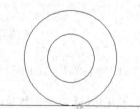

图 7-76 选择第二个对象   图 7-77 相切效果

(4) 拖动直线右方的夹点，调整直线的形状，如图 7-78 所示。调整直线后，圆始终与直线保持相切，效果如图 7-79 所示。

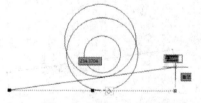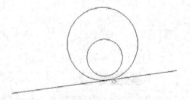

图 7-78 调整直线的形状   图 7-79 圆与直线保持相切

7.8 上机实战

本小节练习绘制灯具和球轴承图形，巩固所学的图形绘制与编辑知识，主要包括【圆】、【矩形】、【复制】、【修剪】、【阵列】、【拉长】等命令的应用。

7.8.1 绘制灯具图形

本例将结合前面所学的绘图和编辑命令绘制灯具图形，完成后的效果如图 7-80 所示。首先使用【圆】、【直线】和【拉长】命令绘制灯具轮廓，然后使用【圆】、【直线】、【拉长】、【偏移】和【修剪】命令绘制装饰小灯图形，最后使用【环形阵列】命令对小灯进行阵列。

绘制本例图形的具体操作步骤如下。

(1) 执行【圆(C)】命令绘制一个半径为 220 的圆，效果如图 7-81 所示。

(2) 执行【直线(L)】命令，然后通过捕捉圆心确定线段的起点，绘制两条长度为 320 且互相垂直的线段，效果如图 7-82 所示。

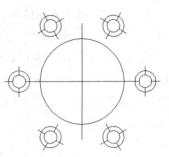

图 7-80　绘制灯具图形

图 7-81　绘制半径为 200 的圆

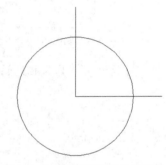

图 7-82　绘制两条相互垂直的线段

(3) 执行【拉长(LEN)】命令，然后输入 DE 并按空格键进行确定，选择【增量(DE)】选项，设置拉长的增量值为 320，如图 7-83 所示。

(4) 在垂直线段的下方位置单击，如图 7-84 所示。将该线段向下拉长 320，拉长线段后的效果如图 7-85 所示。

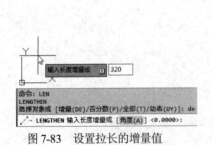

图 7-83　设置拉长的增量值

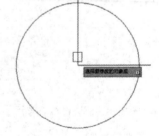

图 7-84　选择拉长对象

(5) 重复执行【拉长(LEN)】命令，将水平线段向左拉长 320 个单位，效果如图 7-86 所示。

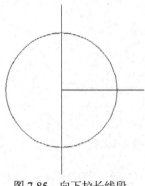

图 7-85　向下拉长线段　　　　　　　图 7-86　向左拉长线段

(6) 执行【圆(C)】命令，以水平线段的左端点为圆心绘制一个半径为 50 的圆，效果如图 7-87 所示。

(7) 执行【直线(L)】命令，通过捕捉小圆的圆心，绘制两条长为 70 且相互垂直的线段，效果如图 7-88 所示。

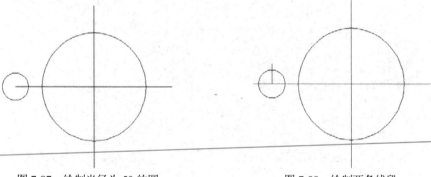

图 7-87　绘制半径为 50 的圆　　　　　图 7-88　绘制两条线段

(8) 执行【拉长(LEN)】命令，将刚绘制的线段反向拉长 70 个单位，效果如图 7-89 所示。

(9) 执行【偏移(O)】命令，设置偏移距离为 20，选择小圆并将其向内偏移一次，效果如图 7-90 所示。

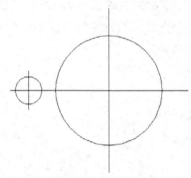
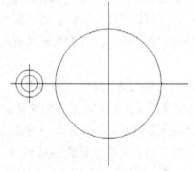

图 7-89　反向拉长线段　　　　　　　图 7-90　将小圆向内偏移 20

(10) 执行【修剪(TR)】命令，选择小圆为修剪边界，如图7-91所示。然后对小圆内的线段进行修剪，效果如图7-92所示。

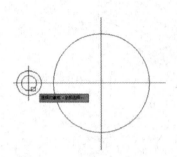

图 7-91　选择修剪边界

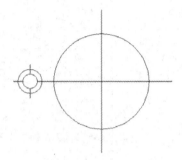

图 7-92　修剪线段后的效果

(11) 选择【修改】|【阵列】|【环形阵列】命令，使用窗口选择方式在绘图区中选择如图 7-93 所示的图形并确定。

(12) 根据系统提示在大圆的圆心处指定阵列的中心点，系统将默认环形阵列 6 个对象，如图 7-94 所示。然后按下空格键直接进行确定，即可完成本例图形的绘制。

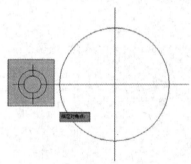

图 7-93　窗口选择阵列对象

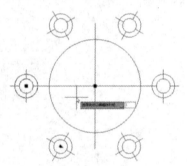

图 7-94　默认阵列数量

7.8.2　绘制球轴承

本例将结合前面所学的绘图和编辑命令绘制球轴承图形，完成后的效果如图 7-95 所示。首先创建图层，然后使用【构造线】和【偏移】命令绘制辅助线，然后参照辅助线绘制各个圆，再使用【修剪】和【环形阵列】命令对滚珠图形进行修剪和阵列。

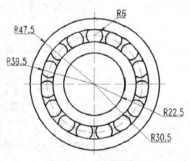

图 7-95　绘制球轴承

绘制本例图形的具体操作步骤如下。

(1) 执行【图层(LA)】命令，创建【中心线】、【轮廓线】和【隐藏线】图层，并设置各个图层的属性，再将【中心线】图层设置为当前层，如图 7-96 所示。

(2) 执行【构造线(XL)】命令，绘制一条水平构造线。

(3) 执行【偏移(O)】命令，将构造线向上偏移 6 次，偏移距离依次为 35、22.5、8、4.5、4.5、8，效果如图 7-97 所示。

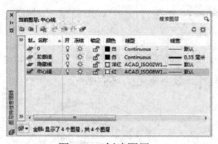

图 7-96　创建图层

图 7-97　偏移构造线

技巧

在使用【偏移】命令进行多次偏移图形的操作中，为了操作方便，通常是在前一次偏移的结果上继续进行下一次偏移。因此偏移的距离通常是指两个偏移对象之间的距离，而不是与第一次偏移对象的距离。

(4) 执行【构造线(XL)】命令，绘制一条垂直构造线，效果如图 7-98 所示。

(5) 设置【轮廓线】为当前图层，执行【圆(C)】命令，参照如图 7-99 所示的效果，以 O 点为圆心，以线段 OL 为半径绘制一个圆。

图 7-98　绘制垂直构造线

图 7-99　绘制圆

(6) 执行【圆(C)】命令，仍以 O 点为圆心，依次绘制如图 7-100 所示的各个圆。

(7) 执行【圆(C)】命令，以圆和垂直构造线的交点为圆心，绘制半径为 6mm 的圆，作为滚珠轮廓线，效果如图 7-101 所示。

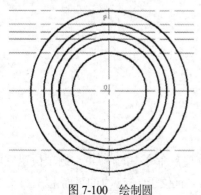

图 7-100　绘制圆

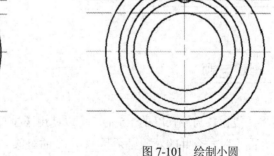

图 7-101　绘制小圆

(8) 执行【修剪(TR)】命令，参照如图 7-102 所示的效果，以圆 1 和圆 2 为修剪边界，对刚绘制的小圆进行修剪。

(9) 选择【修改】|【阵列】|【环形阵列】命令，选择修剪后的两段圆弧，以圆心为阵列中心点，设置项目数为 15，对选择的圆弧进行环形阵列，效果如图 7-103 所示。

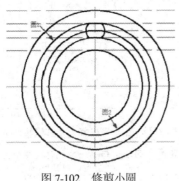

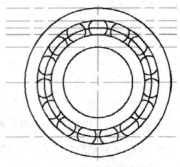

图 7-102　修剪小圆　　　　　　　　　图 7-103　环形阵列小圆

(10) 执行【删除(E)】命令，删除掉不需要的构造线。然后执行【修剪(TR)】命令，对构造线进行修剪，效果如图 7-104 所示。

(11) 选择半径为 35 的圆，然后将其放入【隐藏线】图层中，效果如图 7-105 所示。

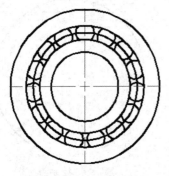

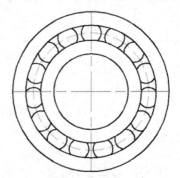

图 7-104　删除和修剪构造线　　　　　　图 7-105　修改圆所在的图层

(12) 执行【拉长(LEN)】命令，将两条中心线的两端拉长 5 个单位，完成本例图形的绘制，效果如图 7-95 所示。

7.9　思考与练习

7.9.1　填空题

1. 要将线段拉长为原长度的 1.5 倍，可以使用【拉长】命令中的＿＿＿＿选项快速完成。

2. 合并图形时，合并的对象必须是＿＿＿＿的对象，且位于＿＿＿＿的平面上。

3. 如果要绘制大量相同且有规律矩形阵列排列或环形排列的对象,可以使用_____命令快速完成。

7.9.2 选择题

1. 对图形进行镜像的命令是( )。
   A. CHA   B. HI   C. TR   D. MI
2. 对图形进行阵列的命令是( )。
   A. AR   B. POL   C. ML   D. SPL
3. 打断图形的命令是( )。
   A. X   B. JION   C. BR   D. H

7.9.3 操作题

1. 应用所学的绘图和编辑知识,参照如图 7-106 所示的蝶形螺母尺寸和效果,使用【圆】、【直线】、【修剪】和【镜像】等命令绘制该图形。

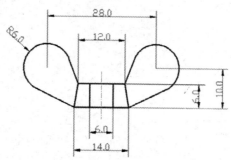

图 7-106　绘制蝶形螺母

2. 应用所学的绘图和编辑知识,参照如图 7-107 所示的圆螺母尺寸和效果,使用【构造线】、【圆】、【直线】、【打断】、【修剪】和【阵列】等命令绘制该图形。

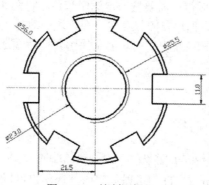

图 7-107　绘制圆螺母

第8章

应用图块快速绘图

学习目标

在绘图过程中经常会多次使用相同的对象，如果每次都进行重新绘制，将花费大量的时间和精力。因此，可以使用定义块和插入块的方法提高绘图效率。本章主要介绍 AutoCAD 中块对象的作用和使用方法。

本章重点

- ● 创建块
- ● 插入块
- ● 应用设计中心
- ● 修改块
- ● 应用属性块
- ● 应用动态块

8.1 认识块

块是一组图形实体的总称，是多个具有不同颜色、线型和线宽特性的对象的组合。块是一个独立的、完整的对象。用户可以根据需要按一定比例和角度将图块插入到任意指定位置。

尽管块总是在当前图层上，但块参照保存包含在该块中对象的有关原图层、颜色和线型特性的信息。用户可以根据需要选择控制块中的对象是保留其原特性还是继承当前的图层、颜色、线型或线宽设置。

8.2 创建块

在绘图过程中，多次使用相同的对象时，为了提高绘图效率，可以将这些对象创建为块对象，方便以后进行调用。在 AutoCAD 中可以创建内部块，也可以创建外部块。

8.2.1　创建内部块

　　创建内部块是将对象组合在一起，储存在当前图形文件内部，可以对其进行移动、复制、缩放或旋转等操作。

　　执行创建块的命令有以下 3 种方法。

- 选择【绘图】|【块】|【创建】命令。
- 单击【块】面板中的【创建】按钮 。
- 执行 BLOCK(B)命令。

　　执行 BLOCK(B)命令，将打开【块定义】对话框，如图 8-1 所示。在该对话框中可进行定义内部块操作，其中主要选项含义如下。

- 名称：在该框中输入将要定义的图块名。单击列表框右侧的下拉按钮 ，系统显示图形中已定义的图块名，如图 8-2 所示。
- 拾取点：在绘图中拾取一点作为图块插入基点。
- 选择对象：选取组成块的实体。
- 转换为块：创建块以后，将选定对象转换成图形中的块引用。
- 删除：生成块后将删除源实体。
- 快速选择 ：单击该按钮将打开【快速选择】对话框，可以定义选择集。
- 按统一比例缩放：选中该项，在对块进入缩放时将按统一的比例进行缩放。
- 允许分解：选中该项，可以对创建的块进行分解；如果取消该项，将不能对创建的块进行分解。

图 8-1　【块定义】对话框

图 8-2　已定义的图块

　　【练习 8-1】使用 BLOCK 命令将植物图形定义为块对象。

　　(1) 打开【竹子.dwg】素材图形，如图 8-3 所示。

　　(2) 执行 BLOCK(B)命令，打开【块定义】对话框，单击【选择对象】按钮 ，然后在绘图区选择所有的竹子图形并确定。

　　(3) 返回【块定义】对话框，然后在【名称】文本框中输入图块的名称"竹子"，然后单击【拾取点】按钮 ，如图 8-4 所示。

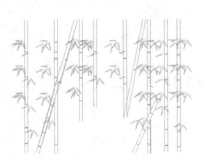

图 8-3　打开素材

单击【拾取点】按钮

图 8-4　【块定义】对话框

(4) 进入绘图区指定块的基点，如图 8-5 所示。

(5) 按空格键返回【块定义】对话框，单击【确定】按钮，完成块的创建。

(6) 将光标移到块对象上，将显示块的信息，如图 8-6 所示。

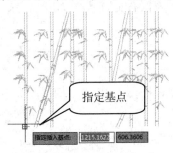

指定基点

图 8-5　指定基点

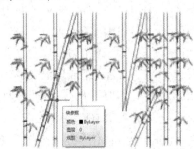

图 8-6　显示块的信息

 提示 -

　　通常情况下，都是选择块的中心点或左下角点为块的基点。块在插入过程中，可以围绕基点旋转。旋转角度为 0 的块，将根据创建时使用的 UCS 定向。如果输入的是一个三维基点，则按照指定标高插入块。如果忽略 Z 坐标数值，系统将使用当前标高。

8.2.2　创建外部块

　　执行【写块】命令WBLOCK(W)可以创建一个独立存在的图形文件，使用WBLOCK(W)命令定义的图块被称为外部块。其实外部块就是一个DWG图形文件，当使用WBLOCK(W)命令将图形文件中的整个图形定义成外部块写入一个新文件时，将自动删除文件中未用的层定义、块定义、线型定义等。

　　执行 WBLOCK(W)命令，将打开【写块】对话框，如图 8-7 所示。【写块】对话框中主要选项的含义如下。

　　⦿　块：指定要存为文件的现有图块。

　　⦿　整个图形：将整个图形写入外部块文件。

　　⦿　对象：指定存为文件的对象。

- ◉ 保留：将选定对象存为文件后，在当前图形中仍将它保留。
- ◉ 转换为块：将选定对象存为文件后，从当前图形中将它转换为块。
- ◉ 从图形中删除：将选定对象存为文件后，从当前图形中将它删除。
- ◉ 选择对象 ：选择一个或多个保存至该文件的对象。
- ◉ 文件名和路径：在列表框中可以指定保存块或对象的文件名。单击列表框右侧的浏览按钮 ，在打开的【浏览图形文件】对话框中可以选择合适的文件路径，如图 8-8 所示。
- ◉ 插入单位：指定新文件插入块时所使用的单位值。

图 8-7 【写块】对话框

图 8-8 【浏览图形文件】对话框

提示

所有的 DWG 图形文件都可以视为外部块插入到其他的图形文件中，不同的是，使用 WBLOCK 命令定义的外部块文件的插入基点是用户设置好的，而用 NEW 命令创建的图形文件，在插入其他图形中时将以坐标原点(0,0,0)作为其插入点。

【练习 8-2】使用 WBLOCK(W)命令，将图 8-9 所示中的坐便器图形定义为外部块。

(1) 打开【洁具.dwg】图形文件。

(2) 执行 WBLOCK(W)命令，打开【写块】对话框，单击【选择对象】按钮 ，如图 8-10 所示。

图 8-9 打开素材

图 8-10 【写块】对话框

计算机 基础与实训教材系列

(3) 在绘图区中选择要组成外部块的坐便器图形，如图 8-11 所示，然后按下空格键返回【写块】对话框。

(4) 单击【写块】对话框中文件名和路径列表框右方的【浏览】按钮，打开【浏览图形文件】对话框，设置好块的保存路径和块名称，如图 8-12 所示。

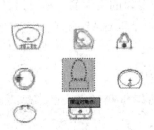

图 8-11　选择图形　　　　　　　图 8-12　设置块名和路径

(5) 单击【保存】按钮，返回【写块】对话框，单击【拾取点】按钮，进入绘图区指定外部块的基点位置，如图 8-13 所示。

(6) 返回【写块】对话框，设置插入单位为【英寸】，然后单击【确定】按钮，完成创建外部块的操作，如图 8-14 所示。

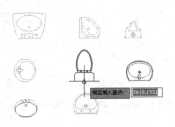

图 8-13　指定基点　　　　　　　图 8-14　设置插入单位

8.3　插入块

在绘图过程中，如果要多次使用相同的图块，可以使用插入块的方法提高绘图效率。通常可以使用【插入】命令和【设计中心】命令插入需要的块。

8.3.1　使用【插入】命令

用户可以根据需要，使用【插入】命令按一定比例和角度将需要的图块插入到指定位置。执行【插入】命令包括以下 3 种常用方法。

- 选择【插入】|【块】命令。
- 单击【块】面板中的【插入块】按钮。
- 执行 INSERT(I)命令。

执行【插入(I)】命令，将打开【插入】对话框，在该对话框中可以选择并设置插入的对象，如图 8-15 所示。对话框中主要选项的含义如下。

- ⊙ 名称：在该文本框中可以输入要插入的块名，或在其下拉列表框中选择要插入的块对象的名称。
- ⊙ 浏览：用于浏览文件。单击该按钮，将打开【选择图形文件】对话框，用户可在该对话框中选择要插入的外部块文件，如图 8-16 所示。
- ⊙ 路径：用于显示插入外部块的路径。

图 8-15　【插入】对话框

图 8-16　【选择图形文件】对话框

- ⊙ 统一比例：该复选框用于统一 3 个轴向上的缩放比例。当选中【统一比例】后，Y、Z 文本框呈灰色，在 X 轴文本框输入比例因子后，Y、Z 文本框中显示相同的值。
- ⊙ 角度：该文本框用于预先输入旋转角度值，预设值为 0。
- ⊙ 分解：该复选框确定是否将图块在插入时分解成原有组成实体。

外部块文件插入当前图形后，其内包含的所有块定义(外部嵌套块)也同时带入当前图形，并生成同名的内部块，以后在该图形中可以随时调用。当外部块文件中包含的块定义与当前图形中已有的块定义同名时，则当前图形中的块定义将自动覆盖外部块包含的块定义。

 技巧

当插入的是内部块时，可以直接输入块名；当插入的是外部块时，则需要指定块文件的路径。如果图块在插入时选中了【分解】复选框，插入图块会自动分解成单个的实体，其特性如颜色、线型等也将恢复为生成块之前实体具有的特性。

【练习8-3】在茶几中插入花瓶图形。

(1) 打开【沙发.dwg】图形文件，如图 8-17 所示。

(2) 执行【插入(I)】命令，打开【插入】对话框，单击【浏览】按钮，如图 8-18 所示。

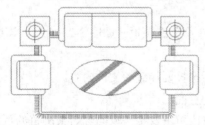

图 8-17　打开素材

图 8-18　单击【浏览】按钮

(3) 在打开的【选择图形文件】对话框中选择并打开【花瓶.dwg】图形文件，如图 8-19 所示。

(4) 返回到【插入】对话框中单击【确定】按钮，如图 8-20 所示。

图 8-19　打开图形文件

图 8-20　单击【确定】按钮

(5) 进入绘图区指定插入块的插入点位置，如图 8-21 所示，插入花瓶后的效果如图 8-22 所示。

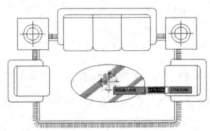
图 8-21　指定插入点

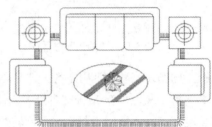
图 8-22　插入花瓶效果

提示

　　将图块作为一个实体插入当前图形的过程中，AutoCAD 将其作为一个整体的对象来操作，其中的实体，如线、面和三维实体等均具有相同的图层和线型等。

⑧.3.2　使用【设计中心】命令

AutoCAD 提供了许多常用的图块，其中主要包括建筑设施、机械零件和电子电路等图块，通过 AutoCAD 设计中心可以方便、快捷地将这些图块插入到绘图区中。

执行【设计中心】命令包括以下两种常用方法。

◉　选择【工具】|【选项板】|【设计中心】命令。

◉　执行 ADCENTER(ADC)命令。

执行【设计中心(ADC)】命令，将打开【设计中心】选项板，如图 8-23 所示。该选项板中主要选项的含义如下。

◉　🖻加载：可以打开【加载】对话框，然后选择要加载的文件内容。

◉　⇦上一页：单击该按钮进入上一次浏览的页面。

◉　⇨下一页：在选择浏览上一页操作后，可以单击该按钮返回到后来浏览的页面。

◉　🔁上一级目录：回到上级目录。

- 搜索：可以打开【搜索】对话框，然后搜索需要的图形内容，如图 8-24 所示。
- 预览：可以预览图形。
- 显示：控制图标显示形式，按下右侧的下拉按钮可调出 4 种方式，包括大图标、小图标、列表和详细内容。

图 8-23　【设计中心】选项板

图 8-24　搜索需要的图形

【练习 8-4】将设计中心的【双开门】图块插入到绘图区中。

(1) 执行【设计中心(ADC)】命令，打开【设计中心】选项板。

(2) 在【设计中心】选项板的【文件夹列表】中选择要插入图块文件的位置，并单击【块】选项，在右端的文件列表中双击 DR-69P 图标，如图 8-25 所示。

(3) 在打开的【插入】对话框中单击【确定】按钮，如图 8-26 所示。

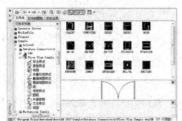

图 8-25　双击图标

图 8-26　单击【确定】按钮

(4) 进入绘图区指定图块的插入点，如图 8-27 所示，即可将指定的双开门图块插入到绘图区中，如图 8-28 所示。

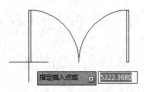

图 8-27　指定图块插入点

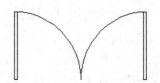

图 8-28　插入的双开门效果

 技巧

使用【设计中心】命令不仅可以插入 AutoCAD 自带的图块，也可以插入其他文件中的图块，在【设计中心】选项板中找到并展开要打开的图块，双击该图块打开【插入】对话框将其插入到绘图区中，也可以将图块从【设计中心】选项板中直接拖入绘图区。

⑧.3.3　定数等分插入块

定数等分插入块的方法与创建定数等分点的方法相同。执行【定数等分(DIVIDE)】命令，选择要定数等分的对象，然后根据系统提示【输入线段数目或 [块(B)]:】，输入 B 并确定，以选择【块】选项，系统将提示【输入要插入的块名】，此时输入要插入的块名并确定，再根据提示完成定数等分操作，即可按指定的数目对选择的对象进行等分。

⑧.3.4　定距等分插入块

定距等分插入块的方法与创建定距等分点的方法相同。执行【定距等分(MEASURE)】命令，选择要定数等分的对象，然后根据系统提示【指定线段长度或 [块(B)]:】，输入 B 并确定，以选择【块】选项，系统将提示【输入要插入的块名】，此时输入要插入的块名并确定，再根据提示完成定距等分操作，即可按指定的长度对选择的对象进行等分。

⑧.3.5　阵列插入块

需要同时插入多个具有规律的图块时，可使用阵列方式插入图块，可以快速完成绘图操作。使用【阵列插入块(MINSERT)】命令可以将图块以矩形阵列复制方式插入当前图形中，并将插入的矩形阵列视为一个实体。在建筑设计中常用此命令插入室内柱子和灯具等对象。

执行【阵列插入块(MINSERT)】命令后，可以根据系统提示输入要插入块的名称。系统将继续提示【指定插入点或 [基点(B)/比例(S)/X/Y/Z/旋转(R)]:】，其中各选项的含义如下。

- ⊙　指定插入点：指定以阵列方式插入图块的插入点。
- ⊙　基点：指定以阵列方式插入图块的基点。
- ⊙　比例：输入 X、Y、Z 轴方向的图块缩放比例因子。
- ⊙　旋转：指定插入图块的旋转角度，控制每个图块的插入方向，同时也控制所有矩形阵列的旋转方向。

在确定插入点、比例和旋转后，可以根据系统提示输入阵列的行数和列数。如果输入的行数大于一行，系统将提示【输入行间距或指定单位单元 (---):】，在该提示下可以输入矩形阵列行距；输入的列数大于一列，系统将提示【指定列间距 (|||):】，在该提示下可以输入矩形阵列列距。

【练习 8-5】使用阵列插入块创建 3 列、4 列的矩形阵列图块。

(1) 绘制一个边长为10的正方形，然后将其创建为块对象，块名为1 ，如图8-29所示。

(2) 输入 MINSERT 命令并确定，当系统提示【输入块名:】时，输入要插入的图块名称1，然后按 Enter 键进行确定，如图 8-30 所示。

图 8-29 创建块对象

图 8-30 输入块名

(3) 当系统提示【指定插入点或 [基点(B)/比例(S)/X/Y/Z/旋转(R)]:】时，指定插入图块的基点位置，如图 8-31 所示。

(4) 当系统提示【输入 X 比例因子，指定对角点，或 [角点(C)/XYZ(XYZ)] <当前>:】时，设置 X 比例因子为 1，如图 8-32 所示。

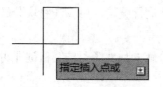

图 8-31 指定插入点

图 8-32 输入X比例因子

(5) 当系统提示【输入 Y 比例因子或 <使用 X 比例因子>:】时，直接进行确定，当系统提示【指定旋转角度 <0>:】时，设置插入图块的旋转角度为 15，如图 8-33 所示。

(6) 当系统提示【输入行数 (---)<1>:】时，设置行数为 3，如图 8-34 所示。

图 8-33 设置旋转角度

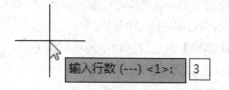

图 8-34 设置行数

(7) 当系统提示【输入列数 (|||)<1>:】时，输入列数为 4 并确定，如图 8-35 所示。

(8) 根据系统提示输入行间距为 15 并确定，如图 8-36 所示。

图 8-35 设置列数

图 8-36 设置行间距

(9) 根据系统提示输入列间距为 15，如图 8-37 所示。按空格键进行确定，完成阵列插入矩形图块的操作，效果如图 8-38 所示。

图 8-37 设置列间距

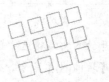

图 8-38 阵列图块

⑧.4 修改块

创建好块对象后，可以根据需要对块进行修改，包括重命名块、分解块，以及进行块编辑操作。

⑧.4.1 分解图块

块作为一个整体进行操作，用户可以对其进行移动、旋转、复制等操作，但不能直接对其进行缩放、修剪、延伸等操作。如果想对图块中的元素进行编辑，可以先将块分解，然后对其中的每一条线进行编辑。

执行【分解(X)】命令，在命令提示后选择要进行分解的块对象，按空格键即可将图块分解为多个图形对象。

⑧.4.2 编辑块

除了将图块分解，再对其进行编辑操作外，还可以直接更改图块内容，如更改图块的大小、拉伸图块以及修改图块中的线条等。

执行【块编辑】命令包括以下两种常用方法。

◉ 选择【工具】|【块编辑器】命令。

◉ 输入 Bedit(Be)命令并按空格键。

执行【块编辑器】命令，将打开【编辑块定义】对话框，在选择要编辑的块后，单击【确定】按钮，即可打开图块编辑区，在该区域中可对图形进行修改。

【练习 8-6】编辑栏杆图块中的长度。

(1) 打开【栏杆.dwg】素材文件，效果如图 8-39 所示。

(2) 输入 Be 并按空格键，打开【编辑块定义】对话框，在【要创建或编辑的块】列表中选择要编辑的图块，然后单击【确定】按钮，如图 8-40 所示。

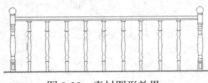

图 8-39　素材图形效果

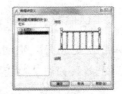

图 8-40　【编辑块定义】对话框

(3) 在打开的图块编辑区中删除图形中右方的 4 根栏杆。

(4) 执行【拉伸(S)】命令，使用窗交方式选择右方的图形，如图 8-41 所示。

(5) 将光标向左移动，输入拉伸图形的距离为 1100 并确定，如图 8-42 所示。

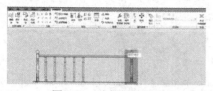

图 8-41　选择拉伸图形

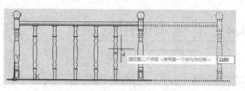

图 8-42　输入拉伸距离

(6) 单击图块编辑区的【关闭块编辑器】按钮，如图 8-43 所示。

(7) 在打开的【块-未保存更改】对话框中选择【将更改保存到栏杆(S)】选项，如图 8-44 所示，即可完成图块的编辑。

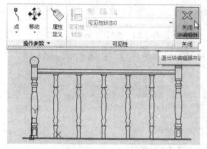

图 8-43　单击【关闭块编辑器】按钮

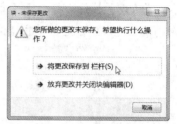

图 8-44　选择需要的选项

8.4.3　重命名块

使用【重命名】命令可以根据需要对图块的名称进行修改，更改名称后的图块不会影响图块的组成元素。执行【重命名】命令有以下两种常用方法。

⦿　选择【格式】|【重命名】命令。

⦿　输入 Rename 命令并确定。

【练习 8-7】修改块的名称。

(1) 打开【栏杆.dwg】素材文件。选择【格式】|【重命名】命令，打开【重命名】对话框。

(2) 在对话框的【命名对象】列表框中选择【块】选项，在【项数】列表中选择要更改的块名称，在【旧名称】选项中将显示选中块的名称，然后在【重命名为】按钮后的文本框中输入新的块名称，如图 8-45 所示。

(3) 单击【确定】按钮，即可修改指定块的名称，并在命令行显示已重命名的提示，如图 8-46 所示。

图 8-45　重命名图块

图 8-46　系统提示

8.4.4 清理未使用的块

绘制图形的过程中，如果当前图形文件中定义了某些图块，但是没有插入到当前图形中，可以将这些块清除。

【练习8-8】清理图形中未使用的块。

(1) 选择【文件】|【图形实用工具】|【清理】命令，打开【清理】对话框。

(2) 选中【查看能清理的项目】单选按钮，在【图形中未使用的项目】中展开【块】选项，就可以显示所有可以清理的块名称，如图8-47所示。

(3) 单击【清理】按钮，将打开【清理-确认清理】对话框，如图8-48所示，即可根据需要清除多余的块。完成清理后，单击【清理】对话框中的【关闭】按钮结束操作。

图8-47　【清理】对话框

图8-48　【清理-确认清理】对话框

8.5　应用属性块

将带属性的图形定义为块，在插入块的同时，即可为其指定相应的属性值，从而避免了为图块进行多次文字标注的操作。

8.5.1 定义图形属性

在 AutoCAD 中，为了增强图块的通用性，可以为图块增加一些文本信息，这些文本信息被称之为属性。属性是从属于块的文本信息，是块的组成部分。属性必须信赖于块而存在，当用户对块进行编辑时，包含在块中的属性也将被编辑。

执行【定义属性】命令有以下两种常用方法。

⦿ 选择【绘图】|【块】|【定义属性】命令。

⦿ 执行 ATTDEF(ATT)命令。

执行 ATTDEF(ATT)命令，将打开【属性定义】对话框，在该对话框中可定义块属性，如图8-49所示。

图8-49　【属性定义】对话框

【属性定义】对话框中主要选项的含义如下。

◉　不可见：选中该复选框后，属性将不在屏幕上显示。

◉　固定：选中该复选框则属性值被设置为常量。

◉　标记：可以输入所定义属性的标志。

◉　提示：在该文本框中输入插入属性块时要提示的内容。

◉　默认：可以输入块属性的默认值。

◉　对正：在该下拉列表框中设置文本的对齐方式。

◉　文字样式：在该下拉列表框中选择块文本的字体。

◉　文字高度：单击该按钮在绘图区中指定文本的高度，也可在左侧的文本框中输入高度值。

◉　旋转：单击该按钮在绘图区中指定文本的旋转角度，也可在左侧的文本框中输入旋转角度值。

【练习 8-9】为壁灯图形定义属性。

(1) 打开【壁灯.dwg】图形文件，如图 8-50 所示。

(2) 执行 ATTDEF(ATT)命令，在打开的【属性定义】对话框中设置标记值为 200，在【提示】文本框中输入【壁灯】，设置文字高度为 20 并确定，如图 8-51 所示。

图 8-50　打开图形

图 8-51　【属性定义】对话框

(3) 在绘图区中指定插入属性的位置，如图 8-52 所示，即可为图形创建属性信息，效果如图 8-53 所示。

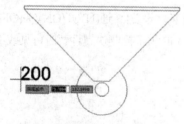

图 8-52　指定插入属性的位置

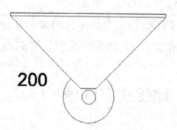

图 8-53　创建属性信息

⑧.5.2　创建带属性的块

要使用具有属性的块，必须首先对属性进行定义。然后使用 BLOCK 或 WBLOCK 命令将属性定义成块后，才能将其以指定的属性值插入到图形中。

【练习8-10】创建灯具属性块。

(1) 打开【壁灯.dwg】图形文件，参照前面的内容为图形创建属性信息。

(2) 执行【创建块(B)】命令，在打开的【块定义】对话框中设置块的名称为【壁灯】，然后单击【选择对象】按钮，如图8-54所示。

(3) 在绘图区中选择灯具和创建的属性对象并确定，如图8-55所示。

(4) 返回【块定义】对话框中进行确定，然后在打开的【编辑属性】对话框中对属性进行编辑，或直接单击【确定】按钮，即可完成属性块的创建，如图8-56所示。

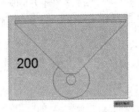

图8-54　为块命名　　　　图8-55　选择对象　　　　图8-56　编辑属性或进行确定

提示 ------

在块对象中，属性是包含文本信息的特殊实体，不能独立存在及使用，在块插入时才会出现。

⑧.5.3　显示块属性

在创建好属性块后，可以执行【属性显示】命令，控制属性的显示状态，执行【属性显示】命令有如下两种方法。

- 选择【视图】|【显示】|【属性显示】命令，然后选择其中的子命令。
- 执行 ATTDISP 命令。

执行 ATTDISP 命令，系统将提示【输入属性的可见性设置[普通(N)/开(ON)/关(OFF)]:】。其中，普通选项用于恢复属性定义时设置的可见性；ON/OFF 用于控制块属性暂时可见或不可见。

⑧.5.4　编辑块属性值

在 AutoCAD 中，每个图块都有自己的属性，如颜色、线型、线宽和层特性。执行【编辑属性】命令可以编辑块中的属性定义，可以通过增强属性编辑器修改属性值。

执行【编辑属性】命令包括以下两种常用方法。

- 选择【修改】|【对象】|【属性】|【单个】命令。
- 执行 EATTEDIT 命令并确定。

【练习 8-11】编辑块的属性值。

(1) 创建一个带属性的块对象，如前面介绍的灯具属性块。

(2) 选择【修改】|【对象】|【属性】|【单个】命令，然后选择创建的属性块，打开【增强属性编辑器】对话框，在【属性】列表框中选择要修改的属性项，在【值】文本框中输入新的属性值，或保留原属性值，如图 8-57 所示。

(3) 打开【文字选项】选项卡，在该选项卡中的【文字样式】下拉列表框中可重新选择文字样式，如图 8-58 所示。

图 8-57　修改属性值

图 8-58　修改文字参数

(4) 打开【特性】选项卡，可以重新设置对象的特性，如图 8-59 所示。单击【确定】按钮完成编辑，效果如图 8-60 所示。

图 8-59　修改特性

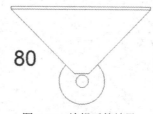

图 8-60　编辑后的效果

8.6　应用动态块

在绘图过程中，有很多经常使用且相互类似的块，而且会以各自不同的比例和角度插入这些块。例如，以不同角度插入各种尺寸的门，有时需要从左边打开，有时需要从右边打开，动态块就是一种智能且具有高灵活度的块，可以以各种方式插入的块。

8.6.1　添加动态参数

动态块可以让用户指定每个块的类型和各种变化量，可以使用【块编辑器】命令创建动态块，要使块变为动态块，必须包含至少一个参数，而每个参数通常又有关联的动作。

执行【块编辑器】命令有如下两种常用方法。

- ⊙　选择【工具】|【块编辑器】命令。
- ⊙　执行 BEDIT 命令。

【练习 8-12】为浴缸图块添加动态参数。

(1) 打开【浴缸.dwg】图形文件。

(2) 执行 BEDIT 命令，打开【编辑块定义】对话框，选择列表中的块或选择【浴缸】选项并确定，如图 8-61 所示。

(3) 在打开的块编写选项板中选择【参数】选项卡，然后单击【翻转】参数按钮 ，如图 8-62 所示。

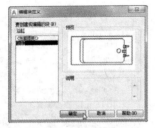

图 8-61　选择选项

图 8-62　单击【翻转】按钮

(4) 系统提示【指定投影线的基点或 [名称(N)/标签(L)/说明(D)/选项板(P)]:】时，拾取如图 8-63 所示的中点。

(5) 当系统提示【指定投影线的端点:】时，拾取浴缸下方的中点，如图 8-64 所示。

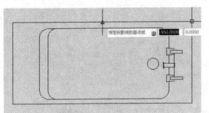

图 8-63　指定基点

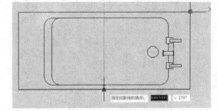

图 8-64　指定投影线端点

(6) 当系统提示【指定标签位置】时，向下移动鼠标到适合位置后单击，指定标签的位置，如图 8-65 所示。

(7) 为图形添加参数后的效果如图 8-66 所示，然后关闭块编写选项板，并对块参数进行保存。

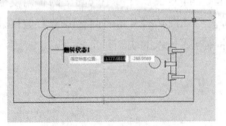

图 8-65　指定标签位置

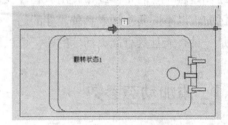

图 8-66　添加参数的效果

⑧.6.2　添加动态动作

动作定义了在图形中操作动态块参照时，该块参照中的几何图形将如何移动或更改。通常情况下，向动态块定义中添加动作后，必须将该动作与参数、参数上的关键点以及几何图形相关联。关键点是参数上的点，编辑参数时该点将会驱动与参数相关联的动作。与动作相关联的几何图形称为选择集。

添加参数后，就可以添加关联的动作了。在块编写选项板的【动作】选项卡中，列出了可以与各个参数关联的动作。

【练习 8-13】为浴缸图块添加动态动作。

(1) 打开前面已添加【翻转】动态参数的【浴缸.dwg】图形文件。

(2) 执行 BEDIT 命令，并在【编辑块定义】对话框中选择【浴缸】选项并确定。

(3) 在打开的块编写选项板中选择【动作】选项卡，然后单击【翻转】按钮，如图 8-67 所示。

(4) 当系统提示【选择参数:】时，选择添加的翻转参数，如图 8-68 所示。

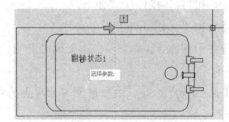

图 8-67　单击【翻转】按钮　　　　　　　图 8-68　选择翻转参数

(5) 系统提示【选择对象:】时，用窗口选择的方式选择整个图形并确定，然后保存添加的块动作并关闭块编写选项板。

(6) 选择图形，将显示添加动作的效果，如图 8-69 所示。

(7) 单击翻转点图标➡，可以将图块翻转，如图 8-70 所示。

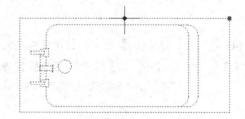

图 8-69　创建动作　　　　　　　　　　　图 8-70　翻转图块

8.7　上机实战

本小节练习在平面图中创建平开门图形和在立面图中绘制标高图形，巩固本章所学的块和属性块等知识。

8.7.1 绘制平面图的平开门

本例将结合前面所学的创建块和插入块命令，在如图 8-71 所示的平面图中绘制门图形，完成后的效果如图 8-72 所示。首先绘制一个平开门图形，然后将其创建为块对象，再使用【插入】命令将门图块插入到其他位置，并对其进行修改。

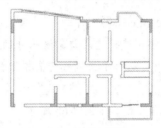

图 8-71 平面图素材

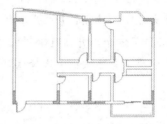

图 8-72 绘制门图形

绘制本例图形的具体操作步骤如下。

(1) 打开【室内平面图.dwg】图形文件。

(2) 执行【矩形(REC)】命令，在右上方的卧室内门洞处绘制一个长为 40、宽为 800 的矩形，如图 8-73 所示。

(3) 执行【圆弧(A)】命令，以矩形左下方端点为圆心，绘制一段圆弧，创建出平开门图形，如图 8-74 所示。

图 8-73 绘制矩形

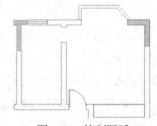

图 8-74 绘制圆弧

(4) 执行【创建块(B)】命令，打开【块定义】对话框，输入块名称【门800】，然后单击【选择对象】按钮，如图 8-75 所示。在绘图区中选择平开门，如图 8-76 所示。

图 8-75 【块定义】对话框

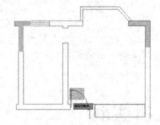

图 8-76 选择门图形

(5) 返回【块定义】对话框，单击【拾取点】按钮，在门的左下方端点处指定块的基点，如图 8-77 所示，然后进行确定，创建门图块。

(6) 执行【镜像(MI)】命令，对门图块进行两次镜像复制，效果如图 8-78 所示。

指定基点

图 8-77 指定基点   图 8-78 镜像复制平开门

(7) 使用【矩形(REC)】命令绘制一个长为 700、宽为 40 的矩形，再使用【圆弧(A)】命令绘制一段圆弧，在左下方的厨房门洞处创建出平开门，如图 8-79 所示。

(8) 执行【创建块(B)】命令，打开【块定义】对话框，输入块名称【门700】，然后单击【选择对象】按钮 ，如图 8-80 所示。

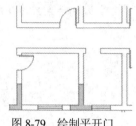

图 8-79 绘制平开门   图 8-80 【块定义】对话框

(9) 在绘图区中选择宽度为700的平开门并确定，返回【块定义】对话框，单击【拾取点】按钮 ，然后在门的左上方端点处指定块的基点，如图8-81所示，然后进行确定。

(10) 执行【插入(I)】命令，打开【插入】对话框，在【名称】下拉列表中选择【门700】选项，然后单击【确定】按钮，如图8-82所示。

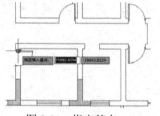

图 8-81 指定基点   图 8-82 选择图块

(11) 在绘图区卫生间门洞的中点处指定图块的插入点，如图 8-83 所示。

(12) 执行【镜像(MI)】命令，对插入的门图块进行镜像，效果如图 8-84 所示。

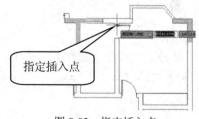

指定插入点

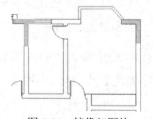

图 8-83 指定插入点   图 8-84 镜像门图块

(13) 执行【插入(I)】命令，将【门700】图块插入到下方次卫生间的门洞中，效果如图 8-85 所示。

(14) 执行【旋转(RO)】命令，将刚插入的门图块旋转 90 度，再执行【镜像(MI)】命令，将旋转的门图块镜像一次，效果如图 8-86 所示。

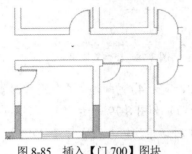

图 8-85　插入【门 700】图块

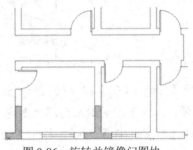

图 8-86　旋转并镜像门图块

(15) 使用【矩形(REC)】和【圆弧(A)】命令在进户门处绘制一个宽度为 900 的平开门，完成本例图形的绘制。效果如图 8-72 所示。

8.7.2　使用属性块快速绘制建筑标高

本例将结合前面所学的创建属性块和插入块命令，在如图 8-87 所示的建筑剖面图中绘制标高图形，完成后的效果如图 8-88 所示。首先绘制一个标高图形，然后将其创建为属性块，再使用【插入】命令将标高属性块插入到各层对应的位置，并对其属性值进行修改。

绘制本例图形的具体操作步骤如下。

(1) 打开【建筑剖面图.dwg】素材图形。

(2) 执行【直线(L)】命令，绘制一条长度为 2000 的线段，然后绘制两条斜线作为标高符号，效果如图 8-89 所示。

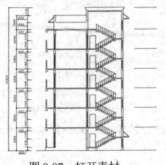

图 8-87　打开素材

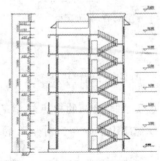

图 8-88　绘制标高

(3) 执行 ATTDEF(ATT)命令，打开【属性定义】对话框，设置【标记】为 0.000、【提示】为【标高】、【文字高度】为 200，如图 8-90 所示，然后单击【确定】按钮。

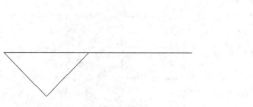

图 8-89　创建标高符号

图 8-90　设置属性参数

(4) 进入绘图区指定创建图形属性的位置，如图 8-91 所示。

(5) 执行【创建块(B)】命令，在打开的【块定义】对话框中设置块的名称为【标高】，然后单击【选择对象】按钮，如图 8-92 所示。

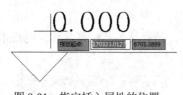

图 8-91　指定插入属性的位置

图 8-92　单击【选择对象】按钮

(6) 在绘图区中选择绘制的标高和属性对象并确定，如图 8-93 所示。

(7) 返回【块定义】对话框，单击【拾取点】按钮，然后指定标高图块的基点位置，如图 8-94 所示，返回【块定义】对话框进行确定，创建带属性的标高块。

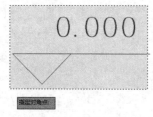

图 8-93　选择灯具图形

图 8-94　指定基点位置

(8) 执行【插入(I)】命令，打开【插入】对话框，选择【标高】图块，然后单击【确定】按钮，如图 8-95 所示。

(9) 在一楼地平线右方指定插入标高属性块的位置，如图 8-96 所示。

图 8-95　【插入】对话框

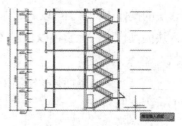

图 8-96　插入标高属性块

(10) 在打开的【编辑属性】对话框中输入此处的标高 0.000，然后单击【确定】按钮，如图 8-97 所示。修改标高值的效果如图 8-98 所示。

图 8-97　设置属性值

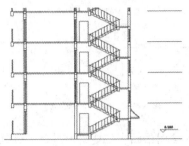

图 8-98　修改标高值

(11) 按空格键重复执行【插入(I)】命令，在打开的【插入】对话框中选择【标高】图块并确定，然后在二楼右方的水平线上指定插入块的位置，如图 8-99 所示。

(12) 在打开的【编辑属性】对话框中输入此处的标高 3.500，然后单击【确定】按钮，如图 8-100 所示。

(13) 使用相同的方法，在各层中插入标高属性块，并修改各层的标高值，完成本例的绘制。效果如图 8-88 所示。

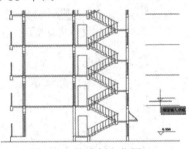

图 8-99　指定插入位置

图 8-100　设置标高

⑧.8　思考与练习

⑧.8.1　填空题

1. 在创建块的操作中，除了可以定义内部块对象外，还可以使用＿＿＿＿＿命令定义外部块。

2. 在插入块的操作中，除了可以使用【插入】命令插入块对象外，还可以使用＿＿＿＿＿命令插入块对象。

3. 在＿＿＿＿＿＿对话框选择要编辑的块后，单击【确定】按钮，即可打开图块编辑区，在该区域中可对图形进行修改。

8.8.2 选择题

1. 执行插入的命令是( )。

    A. In   B. I   C. B   D. W

2. 执行块定义的命令是( )。

    A. UNI   B. BE   C. W   D. B

3. 执行写块的命令是( )。

    A. X   B. B   C. C   D. W

4. 执行块编辑器的命令是( )。

    A. W   B. BE   C. WE   D. WB

8.8.3 操作题

1. 打开【电视墙.dwg】素材图形，如图 8-101 所示。应用所学的块知识，在电视墙图形的基础上插入【立面图库.dwg】中的图块，并对隐藏线进行修剪，最终效果如图 8-102 所示。

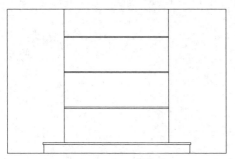

    图 8-101   电视墙素材图形   图 8-102   插入电视墙立面图块

2. 打开【感应器详图.dwg】素材图形，如图 8-103 所示。应用所学的块知识，执行【设计中心】命令，在【设计中心】选项板中依次展开 Sample\zh-CN\DesignCenter\Fasteners-US.dwg 文件中的图块，将六角螺母图块插入到当前图形中，最终效果如图 8-104 所示。

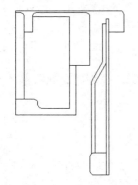
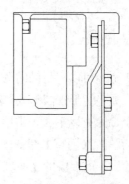

      图 8-103   感应器详图素材   图 8-104   插入六角螺母

图案与渐变色填充

学习目标

本章将学习图案与渐变色填充的相关知识。为了区别不同形体的各个组成部分，在绘图过程中经常需要使用图案和渐变色填充图形，如建筑体和机械零件的剖切面。图案填充对象为块对象。

本章重点

- 应用面域
- 填充图案与渐变色
- 编辑填充对象

9.1 应用面域

在 AutoCAD 中，面域是由封闭区域所形成的二维实体对象，其边界可以由直线、多段线、圆、圆弧或椭圆等对象形成。用户可以对面域进行布尔运算，创建出各种各样的形状。在填充复杂图形的图案时，可以通过创建面域，快速确定填充图案的边界。

9.1.1 建立面域

使用【面域】命令可以将封闭的图形创建为面域对象。在创建面域对象之前，首先要确定存在封闭的图形，如多边形、圆形或椭圆等。

执行【面域】命令有以下 3 种常用方法。

- 选择【绘图】|【面域】命令。
- 单击【绘图】面板中的【面域】按钮 。
- 执行 REGION(REG)命令。

【练习 9-1】将矩形创建为面域对象。

(1) 使用【矩形(REC)】命令绘制一个矩形。

(2) 执行【面域(REG)】命令，选择矩形作为创建面域的对象，如图 9-1 所示。

(3) 按空格键进行确定，即可将选择的对象转换为面域对象，将鼠标指针移向面域对象时，将显示该面域的属性，如图 9-2 所示。

图 9-1　选择图形

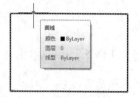

图 9-2　显示面域属性

9.1.2　运算面域

在 AutoCAD 中，可以对面域进行并集、差集和交集这 3 种布尔运算。并可以通过不同的组合来创建复杂的新面域。

1. 并集运算

并集运算是将多个面域对象相加合并成一个对象。在 AutoCAD 中，执行【并集】运算命令有以下两种常用方法。

- 选择【修改】|【实体编辑】|【并集】命令。
- 执行 UNION(UNI)命令。

【练习 9-2】对面域对象进行并集运算。

(1) 绘制一个矩形和一个圆，然后将其创建为面域对象，如图 9-3 所示。

(2) 执行【并集(UNION)】命令，然后选择创建好的两个面域对象并确定，即可将两个面域进行并集运算，并集效果如图 9-4 所示。

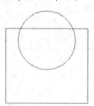

图 9-3　创建面域

图 9-4　并集效果

2. 差集运算

差集运算是在一个面域中减去其他与之相交面域的部分。执行面域的差集运算命令有以下两种常用方法。

- 选择【修改】|【实体编辑】|【差集】命令。
- 执行 SUBTRACT(SU)命令。

【练习9-3】对面域对象进行差集运算。

(1) 绘制一个矩形和一个圆，然后将其创建为面域对象，如图9-5所示。

(2) 执行【差集(SU)】命令，选择矩形面域作为差集运算的源对象，如图9-6所示。

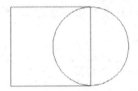 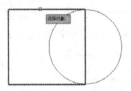

图9-5 创建面域   图9-6 选择源对象

(3) 选择圆面域作为要减去的对象，如图 9-7 所示。然后按空格键进行确定，差集运算面域的效果如图9-8所示。

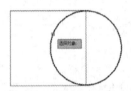

图9-7 选择减去的对象   图9-8 差集效果

3. 交集运算

交集运算是保留多个面域相交的公共部分，而除去其他部分的运算方式。执行面域的交集运算命令有以下两种常用方法。

- ◉ 选择【修改】|【实体编辑】|【交集】命令。
- ◉ 执行 INTERSECT(IN)命令。

【练习9-4】对面域对象进行交集运算。

(1) 绘制一个矩形和一个圆，然后将其创建为面域对象，如图9-9所示。

(2) 执行【交集(IN)】命令，选择创建的两个面域并确定，即可对其进行交集运算，效果如图9-10所示。

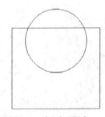 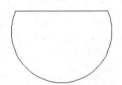

图9-9 创建面域   图9-10 交集效果

9.2 填充图案与渐变色

在 AutoCAD 制图操作中，可以对图形进行图案和渐变色填充，使图形看起来更加清晰，更加具有表现力。

9.2.1 填充图案

在建筑或机械制图中，图案填充通常用来区分工程的部件或用来表现组成对象的材质，通常可以使用以下 3 种方法执行【图案填充】命令。

- ◉ 选择【绘图】|【图案填充】命令。
- ◉ 单击【绘图】面板中的【图案填充】按钮 。
- ◉ 执行 HATCH(H)命令。

执行【图案填充】命令，将打开【图案填充创建】功能区，在该功能区中可以设置填充的边界和填充的图案等参数，如图 9-11 所示。其中，各选项的作用与【图案填充和渐变色】对话框中对应的选项相同。

图 9-11 【图案填充创建】功能区

1．认识图案填充

执行【图案填充(H)】命令，系统将提示【拾取内部点或 [选择对象(S)/放弃(U)/设置(T)]:】，输入 T 并确定。启用【设置】选项，可以打开【图案填充和渐变色】对话框。单击对话框右下方的【更多】按钮，将展开【孤岛】、【边界保留】等更多选项栏的选项，如图 9-12 所示。

图 9-12 【图案填充和渐变色】对话框

- ◉ 类型：在该下拉列表中可以选择图案的类型。其中，用户定义的图案基于图形中的当前线型。自定义图案是在任何自定义 PAT 文件中定义的图案，这些文件已添加到搜索路径中，可以控制任何图案的角度和比例。
- ◉ 图案：单击【图案】选项右方的下拉按钮，可以在弹出的下拉列表中选择需要的图案，如图 9-13 所示；单击【图案】选项右方的 按钮，将打开【填充图案选项板】对话框，在此显示各种预置的图案及效果有助于用户做出选择，如图 9-14 所示。

图 9-13 选择图案   图 9-14 【填充图案选项板】对话框

- 颜色：单击【颜色】选项的颜色下拉按钮，可以在弹出的下拉列表中选择需要的图案的颜色。
- 样例：在该显示框中显示了当前使用的图案效果。单击该显示框，可以打开【填充图案选项板】对话框。

在【角度和比例】选项组中可以指定填充图案的角度和比例，其中主要选项的含义如下。

- 角度：在该下拉列表中可以设置图案填充的角度。
- 比例：在该下拉列表中可以设置图案填充的比例。
- 双向：当使用【用户定义】方式填充图案时，此选项才可用。选择该项可自动创建两个方向相反并互成 90 度的图样。
- 间距：指定用户定义图案中的直线间距。

【边界】选项组中主要选项的含义如下。

- 【添加：拾取点】按钮：在一个封闭区域内部任意拾取一点，AutoCAD 将自动搜索包含该点的区域边界，并将其边界以虚线显示。
- 【添加：选择对象】按钮：用于选择实体，单击该按钮可以选择组成填充区域边界的实体。
- 【删除边界】按钮：用于取消边界，边界即为在一个大的封闭区域内存在的一个独立的小区域。

【孤岛】选项组中主要选项的含义如下。

- 普通：用普通填充方式填充图形时，是从最外层的外边界向内边界填充，即第一层填充，第二层则不填充，如此交替进行填充，直到选定边界填充完毕，如图 9-15 所示。

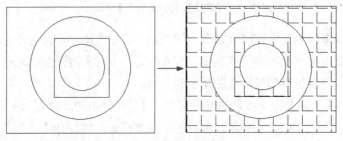

图 9-15 普通填充方式

● 外部：该方式只填充从最外边界向内第一边界之间的区域，如图 9-16 所示。

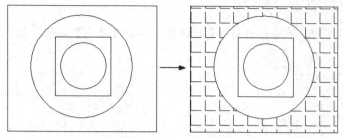

图 9-16　外部填充方式

● 忽略：该方式将忽略最外层边界包含的其他任何边界，从最外层边界向内填充全部图形，如图 9-17 所示。

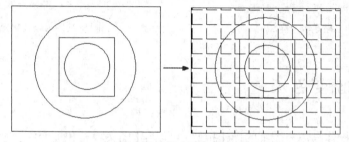

图 9-17　忽略填充方式

2. 填充图形图案

执行 HATCH(H)命令，打开【图案填充和渐变色】对话框，设置好图案参数后，指定要填充的区域，单击【预览】按钮可以预览填充的效果，单击【确定】按钮完成填充操作。

【练习 9-5】为沙发茶几填充玻璃纹路图案。

(1) 打开【组合沙发.dwg】图形文件，如图 9-18 所示。

(2) 执行 HATCH(H)命令，输入 T 并确定，打开【图案填充和渐变色】对话框，然后选择 AR- RROOF 图案，设置图案角度为 45 度，比例为 400，如图 9-19 所示。

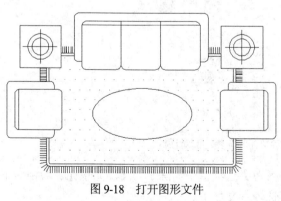

图 9-18　打开图形文件

图 9-19　设置图案参数

(3) 单击【添加：拾取点】按钮 ⊞，在沙发的椭圆茶几内指定填充图案的区域，如图 9-20 所示。

(4) 确定后返回【图案填充和渐变色】对话框，单击【确定】按钮，为茶几填充图案后的效果如图 9-21 所示。

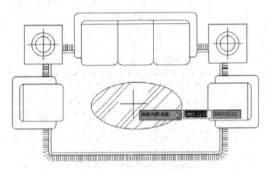
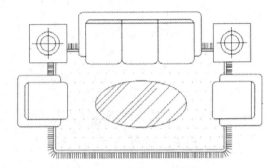

图 9-20　指定填充区域　　　　　　　　　　图 9-21　为茶几填充图案

⑨.2.2　填充渐变色

填充渐变色的操作与填充图案的操作相似，可以在【图案填充和渐变色】对话框中选择【渐变色】选项卡，对渐变色参数进行设置，也可以直接执行【渐变色】命令设置渐变色参数。

通常可以使用以下 3 种方法执行【渐变色】命令。

- ◉　选择【绘图】|【渐变色】命令。
- ◉　单击【绘图】面板中的【渐变色】按钮 ▤。
- ◉　执行 GRADIENT 命令。

执行【渐变色(GRADIENT)】命令，将打开【图案填充创建】功能区。根据系统提示【拾取内部点或[选择对象(S)/放弃(U)/设置(T)]:】，输入 T 并确定，将打开【图案填充和渐变色】对话框，在此可以设置渐变色的参数，如图 9-22 所示。

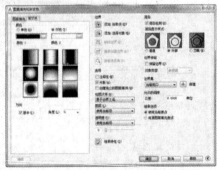

图 9-22　【图案填充和渐变色】对话框

在【图案填充和渐变色】对话框的【渐变色】选项卡中，除了与【图案填充】选项卡中相同的选项外，还包括一些独特的选项，主要选项含义如下。

- 单色：选中此单选按钮，渐变的颜色将从单色到透明进行过渡，效果如图 9-23 所示。
- 双色：选中此单选按钮，渐变的颜色将从第一种色到第二种色进行过渡，效果如图 9-24 所示。
- 颜色样本：用于快速指定渐变填充的颜色。单击浏览按钮 ⬚⬚⬚ 以显示【选择颜色】对话框，从中可以选择 AutoCAD 索引(ACI)颜色、真彩色或配色系统颜色。显示的默认颜色为图形的当前颜色。
- 居中：选中该复选框，颜色将从中心开始渐变，效果如图 9-25 所示；取消该选项，颜色将呈不对称渐变，效果如图 9-26 所示。
- 角度：用于设置渐变色填充的角度。

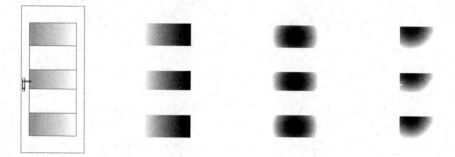

图 9-23　单色渐变　　　图 9-24　双色渐变　　　图 9-25　从中心渐变　　　图 9-26　不对称渐变

【练习 9-6】为壁灯填充渐变色。

(1) 打开【壁灯.dwg】图形文件，如图 9-27 所示。

(2) 执行 GRADIENT 命令，输入 T 并确定。打开【图案填充和渐变色】对话框，在【渐变色】选项卡中选中【单色】单选按钮，然后单击选项下方的 ⬚⬚⬚ 按钮，如图 9-28 所示。

(3) 在打开的【选择颜色】对话框中选择索引颜色为 8 的浅灰色，如图 9-29 所示，然后单击【确定】按钮。

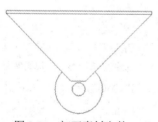

图 9-27　打开素材文件

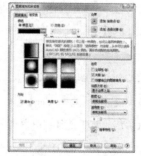

图 9-28　选中【单色】单选按钮

(4) 返回【图案填充和渐变色】对话框，选择对称渐变样式，如图 9-30 所示。

(5) 单击【拾取一个内部点】按钮 ⊞，进入绘图区中指定填充渐变色的区域，如图 9-31 所示。

(6) 按空格键进行确定，返回【图案填充和渐变色】对话框，然后单击【确定】按钮，完成渐变色的填充，效果如图 9-32 所示。

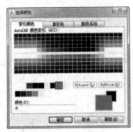

图 9-29　设置颜色

图 9-30　设置渐变样式

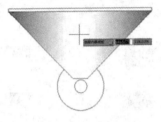

图 9-31　指定填充区域

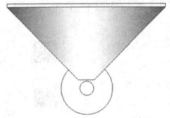

图 9-32　渐变色填充效果

⑨.3　编辑填充对象

对图形进行图案填充后，可以对图案进行编辑，如控制填充图案的可见性和关联图案填充编辑等。

⑨.3.1　控制填充图案的可见性

执行 FILL 命令可以控制填充图案的可见性。当 FILL 命令设为【开(ON)】时，填充图案可见，设为【关(OFF)】时，填充图案则不可见。

　提示

更改 FILL 命令设置后，需要执行【重生成(REGEN)】命令重新生成图形，才能更新填充图案的可见性。系统变量 FILLMODE 也可用来控制图案填充的可见性。当 FILLMODE=0 时，FILL 值为【关(OFF)】；FILLMODE=1 时，FILL 值为【开(ON)】。

⑨.3.2　关联图案填充编辑

选择【修改】|【对象】|【图案填充】命令，或执行 HATCHEDIT 命令，然后选择图案对象，在打开的【图案填充编辑】对话框中即可对图案进行编辑，如图 9-33 所示。另外，双击要

编辑的图案，在打开的【图案填充】选项板中也可以对图案进行编辑，如图 9-34 所示。

图 9-33　【图案填充编辑】对话框

图案填充	
颜色	■ ByLayer
图层	0
类型	预定义
图案名	ANGLE
注释性	否
角度	0
比例	1
关联	是
背景色	□ 无

图 9-34　【图案填充】选项板

提示

使用编辑命令修改填充边界后，如果其填充边界继续保持封闭，则图案填充区域自动更新，并保持关联性；如果边界不再保持封闭，则消失其关联性。

【练习 9-7】编辑被单图案。

(1) 打开【双人床.dwg】图形文件。

(2) 执行【编辑图案填充(HATCHEDIT)】命令，根据系统提示选择图形中的填充图案，如图 9-35 所示。

(3) 在打开的【图案填充和渐变色】对话框中设置图案的颜色为【颜色 8】、比例为 2.5，如图 9-36 所示。

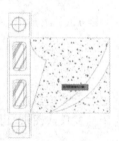

图 9-35　选择填充图案

图 9-36　设置图案参数

(4) 单击【确定】按钮，完成图案参数的编辑，效果如图 9-37 所示。

(5) 重复执行【编辑图案填充(HATCHEDIT)】命令，选择图形中的填充图案，重新选择图案为 CROSS，并设置比例为 30，编辑图案后的效果如图 9-38 所示。

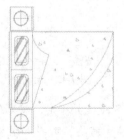

图 9-37　修改参数后的效果

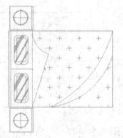

图 9-38　修改图案后的效果

9.4 上机实战

本节练习填充室内地面材质和灯具的渐变色，巩固所学的图案和渐变色填充知识。

9.4.1 填充室内地面材质

本例将结合前面所学的图案填充命令，在如图 9-39 所示室内平面布局图中填充室内地面材质，完成后的效果如图 9-40 所示。首先使用【多段线】命令绘制填充的区域，可以结合【面域】和【差集】命令快速创建复杂的填充区域，然后执行【图案填充】命令，设置填充图案的参数，再对指定区域进行图案填充。

图 9-39 室内平面布局图

图 9-40 填充室内地面材质

填充本例图形的具体操作步骤如下。

(1) 打开【室内平面布局图.dwg】素材图形。

(2) 执行【多段线(PL)】命令，沿客厅、餐厅边缘绘制一条多段线，如图 9-41 所示。

(3) 重复执行【多段线(PL)】命令，通过绘制 3 个封闭的多段线图形，框选电视柜、沙发和餐桌对象，如图 9-42 所示。

图 9-41 绘制多段线

图 9-42 绘制封闭多段线

(4) 选择【绘图】|【面域】命令，然后选择创建的多段线并确定，将多段线转换为面域。

(5) 执行【差集(SU)】命令，将 3 个小面域从大面域中减去，效果如图 9-43 所示。

(6) 执行【图案填充(H)】命令，打开【图案填充和渐变色】对话框。选择【用户定义】类型

计算机基础与实训教材系列

选项，选中【角度和比例】选项组中的【双向】选项，设置间距为600，然后单击【添加：选择对象】按钮 ，如图9-44所示。

图 9-43　创建面域

图 9-44　设置填充参数

(7) 选择创建的面域对象并确定，返回【图案填充和渐变色】对话框，单击【确定】按钮，填充的效果如图9-45所示。

(8) 执行【删除(E)】命令，将面域对象删除。

(9) 使用【直线(L)】命令在各个门洞处绘制一条线段，效果如图9-46所示。

图 9-45　填充效果

图 9-46　连接门洞

(10) 执行【多段线(PL)】命令，在书房中绘制一条多段线，如图9-47所示。

(11) 执行【图案填充(H)】命令，打开【图案填充和渐变色】对话框，选择【预定义】类型选项，然后选择DOLMIT图案，设置比例为800，如图9-48所示。

图 9-47　绘制多段线

图 9-48　设置填充参数

(12) 单击【添加：选择对象】按钮 ，选择绘制的多段线并进行确定，完成书房地板的填充，然后将多段线删除，效果如图 9-49 所示。

(13) 使用同样的方法，对两个卧室的地面进行地板图案的填充。

(14) 执行【多段线(PL)】命令在厨房内绘制一条多段线，如图 9-50 所示。

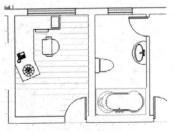
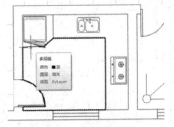

图 9-49　填充地板图案　　　　　　图 9-50　绘制多段线

(15) 执行【图案填充(H)】命令，打开【图案填充和渐变色】对话框，选择 ANGIE 图案，设置比例为 1200，然后单击【添加：选择对象】按钮，如图 9-51 所示。

(16) 选择绘制的多段线，然后进行确定，填充的厨房防滑地砖效果如图 9-52 所示。

选择图案 ANGIE

设置比例

图 9-51　设置填充参数　　　　　　图 9-52　填充效果

(17) 使用同样的方法，对卫生间和阳台进行防滑地砖图案的填充，完成地面材质的填充，效果如图 9-40 所示。

⑨.4.2　填充灯具渐变色

本例将结合前面所学的渐变色填充命令，对如图 9-53 所示的灯具图形进行渐变色填充，完成后的效果如图 9-54 所示。首先执行【渐变色】命令，设置填充渐变色的参数，然后对指定区域进行渐变色填充。

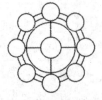
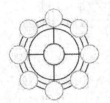

图 9-53　灯具素材图形　　　　　　图 9-54　填充渐变色

填充本例图形的具体操作步骤如下。

(1) 打开【灯具.dwg】素材图形文件。

(2) 执行【渐变色(GRADIENT)】命令，打开【图案填充和渐变色】对话框，选中【单色】单选按钮，然后单击选项下方的 ⬚ 按钮，如图 9-55 所示。

(3) 在打开的【选择颜色】对话框中选择红色并确定，如图 9-56 所示。

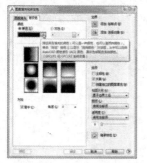

图 9-55　选中【单色】单选按钮

图 9-56　设置颜色

(4) 返回【图案填充和渐变色】对话框，选择径向渐变样式，然后单击【添加：拾取点】按钮 ⊞，如图 9-57 所示。

(5) 进入绘图区，在灯具中间的圆内指定填充渐变色的区域，如图 9-58 所示。

图 9-57　设置渐变色效果

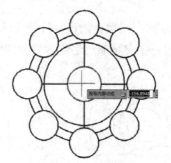

图 9-58　指定填充区域

(6) 按空格键返回【图案填充和渐变色】对话框，然后单击【确定】按钮。

(7) 依次填充图形中的其他圆，完成本例图形的填充。

⑨.5　思考与练习

⑨.5.1　填空题

1. 在 AutoCAD 中，可以对面域进行_____、_____和_____这 3 种布尔运算，通过不同的组合来创建复杂的新面域。

2. 执行【图案填充】命令，在打开的对话框中可以设置_____和_____选项卡中的参数内容。

⑨.5.2 选择题

1. 执行并集的命令是(　　)。
 A. UNI　　　　　　B. UN　　　　　　C. SU　　　　　　D. H
2. 执行差集运算的命令是(　　)。
 A. UNI　　　　　　B. TR　　　　　　C. SU　　　　　　D. C
3. 执行图案填充的命令是(　　)。
 A. X　　　　　　　B. E　　　　　　　C. C　　　　　　　D. H
4. 控制填充图案显示的命令是(　　)。
 A. Fill　　　　　　B. F　　　　　　　C. H　　　　　　　D. SPL

⑨.5.3 操作题

1. 应用所学的图案填充知识，打开【法兰盘.dwg】素材图形，在如图 9-59 所示的法兰盘图形的基础上进行图案填充。最终效果如图 9-60 所示。

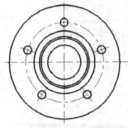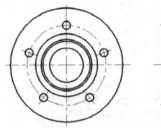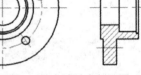

图 9-59　法兰盘素材图形　　　　　　图 9-60　填充法兰盘剖视图

2. 应用所学的图案填充知识，打开【坐便器.dwg】素材图形，在如图 9-61 所示的坐便器图形的基础上进行渐变色填充。最终效果如图 9-62 所示。

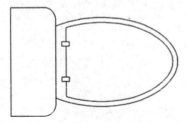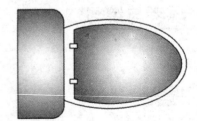

图 9-61　坐便器素材图形　　　　　　图 9-62　填充渐变色

文字注释与表格

学习目标

在 AutoCAD 中，文字与表格是重要的内容之一。在各种绘图设计中，常常需要对图形进行文字标注说明，如建筑结构的说明、建筑体的空间标注，以及机械的加工要求、零部件的名称等。

本章重点

- ⊙ 设置文字样式
- ⊙ 创建文字
- ⊙ 编辑文字
- ⊙ 创建表格

⑩.1 创建文字注释

在创建文字注释的操作中，包括创建多行文字和单行文字。当输入文字对象时，将使用默认的文字样式，用户也可以在创建文字之前，对文字样式进行设置。

⑩.1.1 设置文字样式

AutoCAD 的文字拥有相应的文字样式。文字样式是用来控制文字基本形状的一组设置，包括文字的字体、字型和文字的大小。

执行【文字样式】对话框有以下 3 种方法。

- ⊙ 选择【格式】|【文字样式】命令。
- ⊙ 在【默认】功能区展开【注释】面板，单击【文字样式】按钮，如图 10-1 所示。
- ⊙ 执行 DDSTYLE 命令。

【练习10-1】新建并设置文字样式。

(1) 执行【文字样式(DDSTYLE)】命令，打开【文字样式】对话框。

(2) 单击【文字样式】对话框中的【新建】按钮，打开【新建】对话框，在【样式名】文本框中输入新建文字样式的名称，如图10-2所示。

图10-1　单击【文字样式】按钮

图10-2　输入文字样式名称

 提示

在【样式名】文本框中输入的新建文字样式的名称，不能与已经存在的样式名称重复。

(3) 单击【确定】按钮，即可创建新的文字样式。在样式名称列表框中将显示新建的文字样式，单击【字体名】列表框，在弹出的下拉列表中选择文字的字体，如图10-3所示。

(4) 在【大小】选项组中的【高度】文本框中输入文字的高度，如图10-4所示。在【效果】选项组中可以修改字体的【效果】、【宽度因子】、【倾斜角度】等，然后单击【应用】按钮。

图10-3　设置文字字体

图10-4　设置文字高度

【文字样式】对话框中主要选项的含义如下。

- 置为当前：将选择的文字样式设置为当前样式，在创建文字时，将使用该样式。
- 新建：创建新的文字样式。
- 删除：将选择的文字样式删除，但不能删除默认的 Standard 样式和正在使用的样式。
- 字体名：列出所有注册的中文字体和其他语言的字体名。
- 字体样式：在该列表中可以选择其他的字体样式。
- 高度：根据输入的值设置文字高度。如果输入 0.0，则每次用该样式输入文字时，文字默认值为 0.2 高度。输入大于 0.0 的高度值则为该样式设置固定的文字高度。
- 颠倒：选中此复选框，在用该文字样式来标注文字时，文字将被垂直翻转，如图10-5所示。

◉　宽度因子：在【宽度比例】文本框中可以输入作为文字宽度与高度的比例值。系统在标注文字时，会以该文字样式的高度值与宽度因子相乘来确定文字的高度。当宽度因子为 1 时，文字的高度与宽度相等；当宽度因子小于 1 时，文字将变得细长；当宽度因子大于 1 时，文字将变得粗短。

◉　反向：选中此复选框，可以将文字水平翻转，使其呈镜像显示，如图 10-6 所示。

图 10-5　颠倒文字 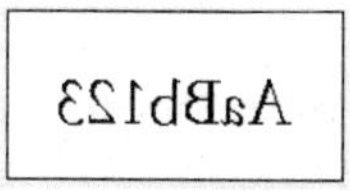　　　　　　　　　　　图 10-6　反向文字

◉　垂直：选中此复选框，标注文字将沿竖直方向显示，如图 10-7 所示。该选项只有当字体支持双重定向时才可用，并且不能用于 TrueType 类型的字体。

◉　倾斜角度：在【倾斜角度】文本框中输入的数值将作为文字旋转的角度，如图 10-8 所示。设置此数值为 0 时，文字将处于水平方向。文字的旋转方向为顺时针方向，也就是说当输入一个正值时，文字将会向右方倾斜。

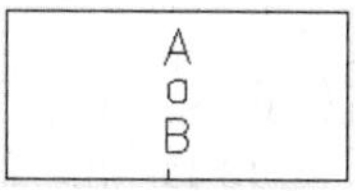

图 10-7　垂直排列 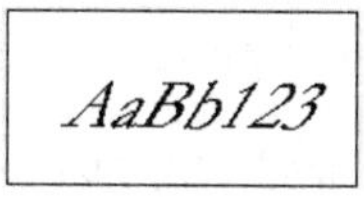　　　　　　　　　　　图 10-8　倾斜文字

10.1.2　书写单行文字

在 AutoCAD 中，单行文字主要用于制作不需要使用多种字体的简短内容，可以对单行文字进行样式、大小、旋转、对正等设置。

执行【单行文字】命令有以下 3 种常用方法。

◉　选择【绘图】|【文字】|【单行文字】命令。

◉　单击【注释】面板中的【多行文字】下拉按钮，选择【单行文字】工具 A，如图 10-9 所示。

◉　执行 TEXT(DT)命令。

图 10-9　选择【单行文字】工具

执行 TEXT(DT 命令，系统将提示【指定文字的起点或[对正(J)/样式(S)]：】，其中的【对正】选项用于设置标注文本的对齐方式；【样式】选项用于设置标注文本的样式。

选择【对正】选项后，系统将提示：【[左(L)/居中(C)/右(R)/对齐(A)/中间(M)/布满(F)/左上(TL)/中上(TC)/右上(TR)/左中(ML)/正中(MC)/右中(MR)/左下(BL)/中下(BC)/右下(BR)]:】。其中主要选项的含义如下。

◉　居中：从基线的水平中心对齐文字，此基线是由用户给出的点指定的。

◉　对齐：通过指定基线端点来指定文字的高度和方向。

◉ 中间：文字在基线的水平中点和指定高度的垂直中点上对齐。

【练习 10-2】使用【单行文字】命令书写【技术要求】文字。

(1) 执行 TEXT(DT 命令，在绘图区单击鼠标确定输入文字的起点，如图 10-10 所示。

(2) 当系统提示【指定高度 ◇:】时，输入文字的高度为 20 并确定，如图 10-11 所示。

图 10-10　指定文字的起点　　　　　　　　图 10-11　输入文字的高度

(3) 当系统提示【指定文字的旋转角度 ◇:】时，输入文字的旋转角度为 0 并确定，如图 10-12 所示，此时将出现闪烁的光标，如图 10-13 所示。

图 10-12　指定文字角度　　　　　　　　图 10-13　出现闪烁的光标

(4) 输入单行文字内容【技术要求】，如图 10-14 所示。

(5) 连续两次按下 Enter 键，或在文字区域外单击，即可完成单行文字的创建，如图 10-15 所示。

图 10-14　输入文字　　　　　　　　图 10-15　创建单行文字

⑩.1.3　书写多行文字

在 AutoCAD 中，多行文字是由沿垂直方向任意数目的文字行或段落构成，可以指定文字行段落的水平宽度，主要用于制作一些复杂的说明性文字。

执行【多行文字】命令有以下 3 种常用方法。

◉ 选择【绘图】|【文字】|【多行文字】命令。

◉ 单击【注释】面板中的【多行文字】按钮**A**。

◉ 执行 MTEXT(T)命令。

执行【多行文字(T)】命令，然后进行拖动在绘图区指定一个文字区域，系统将弹出设置文字格式的【文字编辑器】功能区，如图 10-16 所示。

图 10-16　文字编辑器

在【文字编辑器】功能区中，主要选项的含义如下。

- 样式列表：用于设置当前使用的文本样式，可以从下拉列表框中选取一种已设置好的文本样式作为当前样式。
- 文字高度：用于设置当前使用的字体高度。可以在下拉列表框中选取一种合适的高度，也可直接输入数值。
- 字体：在该下拉列表中可以选择当前使用的字体类型。
- B、I、U、Ō：用于设置标注文本是否加粗、倾斜、加下划线、加上划线。反复单击这些按钮，可以在打开与关闭相应功能之间进行切换。
- 颜色：在下拉列表中可以选择当前使用的文字颜色。
- 多行文字对正：显示【多行文字对正】列表选项，有 9 个对齐选项可用，如图 10-17 所示。
- 默认、左对齐、居中、右对齐、对正和分布：设置当前段落或选定段落的默认、左、中或右文字边界的对正和对齐方式。包含在一行的末尾输入的空格，并且这些空格会影响行的对正。
- 项目符号和编号：显示【项目符号和编号】菜单，显示用于创建列表的选项。
- 行距：显示建议的行距选项，用于在当前段落或选定段落中设置行距。
- 【查找和替换】按钮：单击该按钮，将打开【查找和替换】对话框，在该对话框中可以进行查找和替换文本的操作。
- 标尺：单击该按钮，将在文字编辑框顶部显示标尺。拖动标尺末尾的箭头可更改多行文字对象的宽度，如图 10-18 所示。

图 10-17　【对正】菜单

图 10-18　显示标尺

- 撤销：单击该按钮用于撤销上一步操作。
- 恢复：单击该按钮用于恢复上一步操作。

提示

　　使用 MTXET 创建的文本，无论是多少行，都将作为一个实体，可以对它进行整体选择和编辑；而使用 TEXT 命令输入多行文字时，每一行都是一个独立的实体，只能单独对每行进行选择和编辑。

【练习 10-3】使用【多行文字】命令创建段落文字。

(1) 执行 MTEXT(T)命令，在绘图区指定文字区域的第一个角点，如图 10-19 所示，然后进行拖动指定对角点，确定创建文字的区域，如图 10-20 所示。

图 10-19　指定第一个角点　　　　图 10-20　指定输入文字区域

(2) 在【文字编辑器】功能区中设置文字的字体、高度和颜色等参数，如图 10-21 所示。

图 10-21　设置字体参数

(3) 在文字输入窗口中输入文字内容，如图 10-22 所示，然后单击【文字编辑器】功能区中的【关闭】按钮，完成多行文字的创建。

图 10-22　输入文字内容

10.1.4　书写特殊字符

在文本标注的过程中，有时需要输入一些控制码和专用字符，AutoCAD 根据用户的需要提供了一些特殊字符的输入方法。AutoCAD 提供的特殊字符内容如表 10-1 所示。

表 10-1　特殊字符

特 殊 字 符	输 入 方 式	字 符 说 明
±	%%p	公差符号
‾	%%o	上划线
_	%%u	下划线
%	%%%	百分比符号
Φ	%%c	直径符号
°	%%d	度

10.2　编辑文字

用户在书写文字内容时，难免会出现一些错误，或者后期对于文字的参数进行修改时，都需要对文字进行编辑操作。

10.2.1　编辑文字内容

选择【修改】|【对象】|【文字】命令，或者执行 DDEDIT(ED)命令，可以增加或替换字符，以实现修改文本内容的目的。

【练习 10-4】将【机械】文字改为【法兰盘】。

(1) 创建一个内容为【机械】的单行文字。

(2) 执行 DDEDIT 命令，选择要编辑的文本【机械】，如图 10-23 所示。

(3) 在激活文字内容【机械】后，进行拖动选择【机械】文字，如图 10-24 所示。

图 10-23　选择对象

图 10-24　选取文字

(4) 输入新的文字内容【法兰盘】，如图 10-25 所示。

(5) 连续两次按下 Enter 键进行确定，完成文字的修改，效果如图 10-26 所示。

图 10-25　修改文字内容

图 10-26　修改后的效果

10.2.2　编辑文字特性

使用【多行文字】命令创建的文字对象，可以通过执行 DDEDIT(ED)命令，在打开的【文字编辑器】功能区中修改文字的特性。但是 DDEDIT 命令不能修改单行文字的特性，单行文字的特性需要在【特性】选项板中进行修改。

打开【特性】选项板可以使用以下两种方法。

◉　选择【修改】|【特性】命令。

⊙ 执行 PROPERTIES(PR)命令。

【练习 10-5】将【技术要求】单行文字旋转 15 度、高度设置为 50。

(1) 使用【单行文字(DT)】命令创建【技术要求】文字内容，设置文字的高度为 30，如图 10-27 所示。

(2) 执行 PROPERTIES(PR)命令，打开【特性】选项板，选择创建的文字，在该选项板中将显示文字的特性，如图 10-28 所示。

图 10-27　创建文字

图 10-28　【特性】选项板

(3) 在【特性】选项板中设置文字旋转角度为 15°、文字高度为 50，如图 10-29 所示。修改后的文字效果如图 10-30 所示。

图 10-29　设置文字特性

图 10-30　修改后的效果

10.2.3　查找和替换文字

在 AutoCAD 中可以对文本内容进行查找和替换操作。执行【查找】命令有如下两种常用方法。

⊙ 选择【编辑】|【查找】命令。

⊙ 执行 FIND 命令。

【练习 10-6】查找【机械】文字内容，并将其替换为【建筑】文字。

(1) 使用【多行文字(MT)】命令创建一段如图 10-31 所示的文字内容。

(2) 执行 FIND 命令，打开【查找和替换】对话框，在【查找内容】文本框中输入【机械】文字，然后在【替换为】文本框中输入【建筑】文字，如图 10-32 所示。

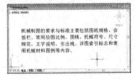

图 10-31　创建文字内容

图 10-32　输入查找与替换内容

(3) 单击【查找】按钮，将查找到图形中的第一个文字对象，并在窗口正中间显示该文字，如图 10-33 所示。

(4) 单击【全部替换】按钮，可以将【机械】文字全部替换为【建筑】文字，单击【完成】按钮，结束查找和替换操作，如图 10-34 所示。

图 10-33　选择对象

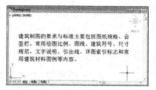

图 10-34　替换后的文字

 提示

在【查找和替换】对话框中单击【更多】按钮 ⊙，可以展示的更多选项内容，可以应用【区分大小写】、【使用通配符】和【半/全角】等选项。

⑩.3　创建表格

表格是在行和列中包含数据的复合对象，可用于绘制图纸中的标题栏和装配图明细栏。用户可以通过空的表格或表格样式创建表格对象。

⑩.3.1　表格样式

在创建表格之前可以先根据需要设置表格的样式，执行【表格样式】命令的常用方法有如下 3 种。

- ◉ 选择【格式】|【表格样式】命令。
- ◉ 单击【注释】面板中的【表格样式】按钮 📝。
- ◉ 执行 TABLESTYLE 命令。

执行【表格样式(TABLESTYLE)】命令，打开【表格样式】对话框。在该对话框中可以修改当前表格样式，也可以新建和删除表格样式，如图 10-35 所示。

【表格样式】对话框中主要选项的含义如下。

- ◉ 当前表格样式：显示应用于所创建表格的表格样式的名称，STANDARD 为默认的表格样式。
- ◉ 样式：显示表格样式列表格，当前样式被亮显。

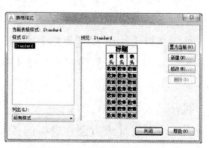

图 10-35　【表格样式】对话框

● 置为当前：将【样式】列表格中选定的表格样式设置为当前样式，所有新表格都将使用此表格样式创建。

● 新建：单击该按钮，将打开【创建新的表格样式】对话框，从中可以定义新的表格样式。

● 修改：单击该按钮，将打开【修改表格样式】对话框，从中可以修改表格样式。

● 删除：单击该按钮，将删除【样式】列表格中选定的表格样式，但不能删除图形中正在使用的样式。

【练习 10-7】新建【虎钳装配明细】表格样式。

(1) 执行【表格样式(TABLESTYLE)】命令，打开【表格样式】对话框，单击【新建】按钮。

(2) 在打开的【创建新的表格样式】对话框中输入新的表格样式名称【虎钳装配明细】，然后单击【继续】按钮，如图 10-36 所示。

(3) 打开的【新建表格样式】对话框，该对话框用于设置新表格样式的参数，如图 10-37 所示。设置好新样式的参数后，单击【确定】按钮，即可创建新的表格样式。

图 10-36　新建表格样式

图 10-37　设置表格样式

10.3.2　表格的创建

用户可以从空表格或表格样式创建表格对象。完成表格的创建后，用户可以单击该表格上的任意网格线选中该表格，然后通过【特性】选项板或夹点编辑修改该表格对象。

执行【表格】命令通常有以下 3 种常用方法。

● 选择【绘图】|【表格】命令。

● 单击【注释】面板中的【表格】按钮。

● 执行 TABLE 命令。

执行【表格(TABLE)】命令，打开【插入表格】对话框，可以在此设置创建表格的参数，如图 10-38 所示。

图 10-38　【插入表格】对话框

【插入表格】对话框中主要选项的含义如下。

● 表格样式：选择表格样式。通过单击下拉列表旁边的按钮，用户可以创建新的表格样式。

● 从空表格开始：创建可以手动填充数据的空表格。

● 自数据链接：通过外部电子表格中的数据创建表格。

- 插入方式: 指定表格位置。
- 指定插入点: 指定表格左上角的位置。可以使用定点设备, 也可以在命令提示下输入坐标值。
- 指定窗口: 指定表格的大小和位置。
- 列和行设置: 设置列和行的数目和大小。
- 列数: 选定【指定窗口】选项并指定列宽时, 【自动】选项将被选定, 且列数由表格的宽度控制。
- 列宽: 指定列的宽度。
- 数据行数: 选定【指定窗口】选项并指定行高时, 则选定了【自动】选项, 且行数由表格的高度控制。带有标题行和表格头行的表格样式最少应有三行。最小行高为一个文字行。如果已指定包含起始表格的表格样式, 则可以选择要添加到此起始表格的其他数据行的数量。
- 行高: 按照行数指定行高。文字行高基于文字高度和单元边距, 这两项均在表格样式中设置。
- 设置单元样式: 对于那些不包含起始表格的表格样式, 可以指定新表格中行的单元格式。
- 第一行单元样式: 指定表格中第一行的单元样式。在默认情况下, 将使用标题单元样式。
- 第二行单元样式: 指定表格中第二行的单元样式。在默认情况下, 将使用表头单元样式。
- 所有其他行单元样式: 指定表格中所有其他行的单元样式。默认情况下, 使用数据单元样式。
- 标题: 保留新插入表格中的起始表格表头或标题行中的文字。
- 表格: 对于包含起始表格的表格样式, 从插入时保留的起始表格中指定表格元素。
- 数据: 保留新插入表格中的起始表格数据行中的文字。

【练习 10-8】绘制装修材料表格。

(1) 选择【绘图】|【表格】命令, 打开【插入表格】对话框, 设置列数为 2、数据行数为 3, 然后单击【确定】按钮, 如图 10-39 所示。

(2) 在绘图区指定插入表格的位置, 即可创建一个表格, 如图 10-40 所示。

图 10-39 设置表格参数

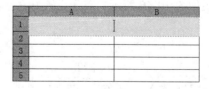

图 10-40 插入表格

 提示

在【插入表格】对话框中虽设置的数据行数为 3, 但是第一行和第二行分别为标题和表头对象。因此, 加上 3 行数据行, 插入的表格拥有 5 行对象。

(3) 输入标题内容【基层材料】，然后在表格以外的区域进行单击，完成插入表格的操作，效果如图 10-41 所示。

(4) 单击表格中的单元格将其选中，如图 10-42 所示。

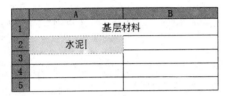

基层材料	

图 10-41　输入标题内容

	A	B
1	基层材料	
2		
3		
4		
5		

图 10-42　选中单元格

(5) 在选中的单元格中直接输入需要的文字【水泥】，如图 10-43 所示。然后在表格以外的地方单击，即可结束表格文字的输入操作。

(6) 继续在其他单元格中输入其他相应的文字，完成后的表格效果如图 10-44 所示。

	A	B
1	基层材料	
2	水泥	
3		
4		
5		

图 10-43　输入数据内容

基层材料	
水泥	10 包
河沙	3 吨
腻子	10 包
乳胶漆	2 桶

图 10-44　创建表格

10.4　上机实战

本小节练习创建法兰盘图形中的技术要求文字和创建变压器产品明细表，巩固所学的文字和表格知识。

10.4.1　创建法兰盘技术要求文字

本例将结合前面所学的文字内容，在如图 10-45 所示法兰盘图形中书写技术要求的文字，完成后的效果如图 10-46 所示。首先设置好文字样式，然后使用【多行文字】命令书写技术要求文字内容。

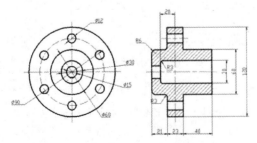

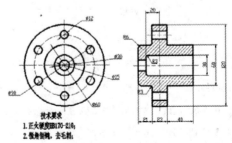

图 10-45　法兰盘

图 10-46　书写文字

绘制本例图形的具体操作步骤如下。

(1) 打开【法兰盘.dwg】文件。

(2) 选择【格式】|【文字样式】命令，打开【文字样式】对话框，单击【新建】按钮，如图 10-47 所示。

(3) 在打开的【新建文字样式】对话框中输入"技术要求"，然后单击【确定】按钮，如图 10-48 所示。

图 10-47　单击【新建】按钮

图 10-48　新建文字样式

(4) 返回【文字样式】对话框，在【字体】选项组的【字体名】下拉列表中选择【仿宋】选项，在【大小】选项组的【高度】文本框中输入 8.0，然后单击【应用】按钮，如图 10-49 所示。再关闭【文字样式】对话框。

(5) 执行【多行文字(T)】命令，在绘图区中拾取一点，指定多行文字的起点，如图 10-50 所示。

图 10-49　设置文字样式格式

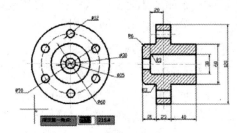

图 10-50　指定多行文字起点

(6) 将十字光标向右下方移动，指定文字区域的对角点，如图 10-51 所示。打开【文字编辑器】功能区和多行文字编辑框。

(7) 在文字编辑框中书写技术要求的文字内容，如图 10-52 所示。

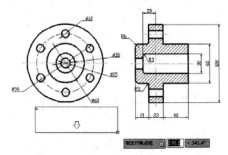

图 10-51　指定多行文字对角点

图 10-52　输入文字内容

(8) 选择【技术要求】标题内容，单击【文字编辑器】功能区中的【居中】按钮，将标题文字居中显示，如图 10-53 所示。

(9) 在多行文字编辑框中选择技术要求的文字内容，再单击【文字编辑器】功能区中的【段落】按钮，打开【段落】对话框。在【左缩进】选项组的【悬挂】文本框中输入8，如图10-54所示。

(10) 返回【文字编辑器】功能区和多行文字编辑框，在【文字编辑器】功能区中单击【关闭】按钮，结束多行文字的创建，完成法兰盘零件技术要求的书写操作，效果如图 10-46 所示。

图 10-53　将标题居中显示

图 10-54　设置悬挂

10.4.2　创建变压器产品明细表

本例将结合前面所学的表格知识，创建变压器产品明细表，完成后的效果如图 10-55 所示。首先设置表格的样式，然后插入表格，最后创建表格的文字内容。

绘制本例图形的具体操作步骤如下。

(1) 选择【格式】|【表格样式】命令，打开【表格样式】对话框，单击【新建】按钮，如图 10-56 所示。

(2) 在打开的【创建新的表格样式】对话框中输入【变压器】样式名，然后单击【继续】按钮，如图 10-57 所示。

变压器产品明细表			
序号	名称	型号	数量
1	矿用隔爆型干式变压器	KBSG-100/6	
2	矿用隔爆型干式变压器	KBSG-100/10	
3	矿用隔爆型干式变压器	KBSG-200/6	
4	矿用隔爆型干式变压器	KBSG-200/10	
5	矿用隔爆型干式变压器	KBSG-315/6	
6	矿用隔爆型干式变压器	KBSG-315/10	
7	矿用隔爆型干式变压器	KBSG-400/6	
8	矿用隔爆型干式变压器	KBSG-400/10	
9	矿用隔爆型干式变压器	KBSG-630/6	
10	矿用隔爆型干式变压器	KBSG-630/10	

图 10-55　变压器产品明细表

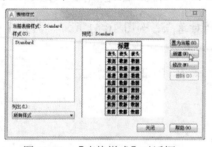

图 10-56　【表格样式】对话框

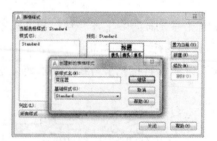

图 10-57　输入新样式名

(3) 打开【新建表格样式：变压器】对话框，在【单元格式】下拉列表中选择【标题】选项，如图 10-58 所示。

(4) 单击【常规】选项卡，在【对齐】选项后的下拉列表中选择【正中】选项，如图 10-59 所示。

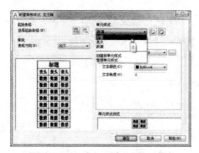

图 10-58　选择【标题】选项

图 10-59　设置标题对齐方式

(5) 单击【文字】选项卡，在【文字高度】文本框中输入 6，如图 10-60 所示。

(6) 单击【边框】选项卡，在【线宽】选项后的下拉列表框中选择 0.30mm 选项，并单击【所有边框】按钮，如图 10-61 所示。

图 10-60　设置标题文字高度

图 10-61　设置标题边框

(7) 在【单元样式】栏中选择【表头】选项，并打开【文字】选项卡，在【文字高度】文本框中输入 5，如图 10-62 所示。

(8) 打开【边框】选项卡，在【线宽】选项后的下拉列表框中选择 0.25mm 选项，并单击【所有边框】按钮，如图 10-63 所示。

图 10-62　设置表头文字高度

图 10-63　设置表头边框

(9) 在【单元样式】栏中选择【数据】选项，并打开【文字】选项卡，在【文字高度】文本框中输入 4，如图 10-64 所示。

(10) 打开【边框】选项卡，在【线宽】选项后的下拉列表框中选择 0.09mm，单击【所有边框】按钮，如图 10-65 所示。然后单击【确定】按钮，返回【表格样式】对话框。

(11) 在【表格样式】对话框中单击【关闭】按钮，结束表格样式的创建。

(12) 选择【绘图】|【表格】命令，打开【插入表格】对话框。设置【列】为 4、【列宽】

计算机基础与实训教材系列

为 28、【数据行】为 10、【行高】为 1，如图 10-66 所示。

图 10-64 设置数据文字高度   图 10-65 设置数据边框

(13) 单击【确定】按钮，在绘图区中拾取一点，指定表格插入点，如图 10-67 所示。

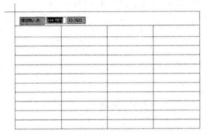

图 10-66 设置插入表格参数   图 10-67 指定表格插入位置

(14) 在标题栏中输入【变压器产品明细表】，如图 10-68 所示。

(15) 按键盘上的方向键将光标切换到其余要输入文字的单元格，如图 10-69 所示。

(16) 在各个单元格中输入相应的文字，然后单击【文字编辑器】功能区中的【关闭】按钮，完成变压器产品明细表的绘制，效果如图 10-55 所示。

图 10-68 输入标题文字   图 10-69 切换单元格

⑩.5 思考与练习

⑩.5.1 填空题

1. 在 AutoCAD 中，_____是用来控制文字基本形状的一组设置，包括文字的字体、字型和文字的大小。

2. _____主要用于制作不需要使用多种字体的简短内容，可以对单行文字进行样式、大小、旋转、对正等设置。

3. _____是由沿垂直方向任意数目的文字行或段落构成，可以指定文字行段落的水平宽度，主要用于制作一些复杂的说明性文字。

10.5.2　选择题

1. 执行【单行文字】命令的是(　　)。
  A. T   B. DT   C. TABLE   D. W

2. 执行【多行文字】命令的是(　　)。
  A. TEXT   B. DT   C. TABLE   D. T

3. 执行【表格】命令的是(　　)。
  A. TABLE   B. S   C. C   D. H

10.5.3　操作题

1. 应用所学的文字知识，打开【图纸框.dwg】素材图形，在如图 10-70 所示的图纸框基础上书写施工说明文字，最终效果如图 10-71 所示。

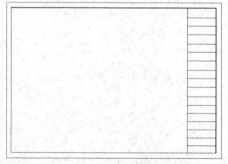

图 10-70　图纸框素材图形

图 10-71　书写施工说明文字

2. 应用所学的表格知识，通过设置表格样式、插入表格和输入表格文字操作，创建如图 10-72 所示的灯具规格表。

灯具规格表	
吸顶灯	90-100
筒灯	45-50
射灯	30-35
吊灯	规格不定

图 10-72　灯具规格表

第11章

标注图形尺寸

学习目标

在 AutoCAD 制图中，只绘制图形是不够的，还需要对图形进行具体的尺寸标注，才能让人看懂图形需要表达的内容。尺寸标注是制图中非常重要的一个环节，通过尺寸标注，能准确地反映物体的形状、大小和相互关系，它是识别图形和现场施工的主要依据。

本章重点

- ◉ 设置标注样式
- ◉ 创建标注
- ◉ 图形标注技巧
- ◉ 编辑标注
- ◉ 创建引线标注

11.1 设置标注样式

尺寸标注样式决定着尺寸各组成部分的外观形式。在没有改变尺寸标注格式时，当前尺寸标注格式将作为预设的标注格式。系统预设标注格式为 STANDARD，有时可以根据实际情况重新建立并设置尺寸标注样式。

11.1.1 标注的组成

一般情况下，尺寸标注由尺寸线、尺寸界线、尺寸箭头、尺寸文本和圆心标记组成，如图 11-1 所示。

- ◉ 尺寸线：在图纸中使用尺寸来标注距离或角度。在预设状态下，尺寸线位于两个尺寸界线之间，尺寸线的两端有两个箭头，尺寸文本沿着尺寸线显示。

● 尺寸界线：这是由测量点引出的延伸线。
通常尺寸界线用于直线型及角度型尺寸
的标注。在预设状态下，尺寸界线与尺寸
线是互相垂直的，用户也可以将它改变到
自己所需的角度。AutoCAD 可以将尺寸界
线隐藏起来。

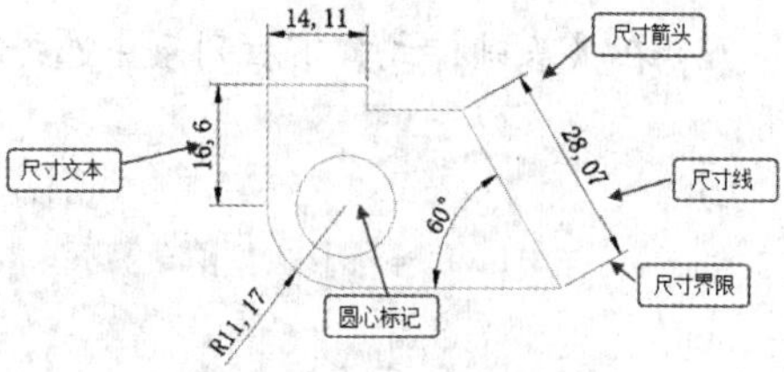

图 11-1　尺寸标注的组成

● 尺寸箭头：箭头位于尺寸线与尺寸界线相
交处，表示尺寸线的终止端。在不同的情况使用不同样式的箭头符号来表示。

● 尺寸文本：这是来标明图纸中的距离或角度等数值及说明文字。标注时可以使用
AutoCAD 中自动给出的尺寸文本，也可以自己输入新的文本。

● 圆心标记：其通常用来标示圆或圆弧的中心，它由两条相互垂直的短线组成。

11.1.2　创建标注样式

AutoCAD 默认的标注格式是 STANDARD，用户可以根据有关规定及所标注图形的具体要
求，使用【标注样式】命令新建标注样式。

执行【标注样式】命令有以下 3 种常用方法。

● 选择【格式】|【标注样式】命令。

● 展开【注释】面板，单击【标注样式】按钮 。

● 执行 DIMSTYLE(D) 命令。

执行【标注样式(D)】命令后，打开【标注样式管理器】对话框，如图 11-2 所示。在该对
话框中可以新建一种标注格式，还可以对原有的标注格
式进行修改。

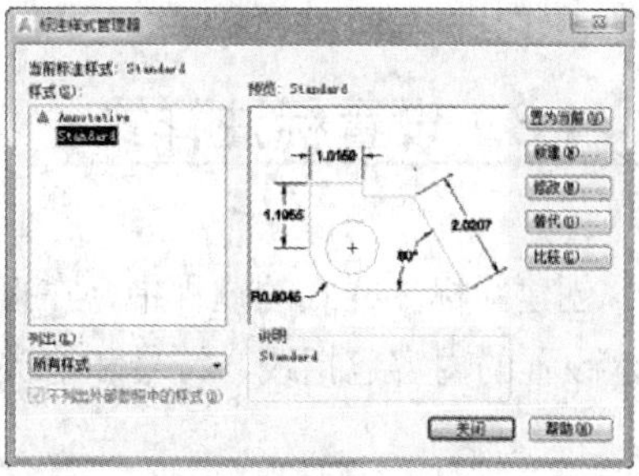

【标注样式管理器】对话框中主要选项的作用如下。

● 置为当前：单击该按钮，可以将选定的标注样
式设置为当前标注样式。

● 新建：单击该按钮，将打开【创建新标注样式】
对话框，用户可以在该对话框中创建新的标注
样式。

图 11-2　【标注样式管理器】对话框

● 修改：单击该按钮，将打开【修改当前样式】
对话框，用户可以在该对话框中修改标注样式。

● 替代：单击该按钮，将打开【替代当前样式】对话框，用户可以在该对话框中设置标
注样式的临时替代。

【练习 11-1】创建建筑标注样式。

(1) 新建一个 acadiso 模板图形文档。

(2) 执行 DIMSTYLE(D) 命令，打开【标注样式管理器】对话框，单击【新建】按钮，在

打开的【创建新标注样式】对话框中输入新标注样式名"建筑",如图11-3所示。

  (3) 在【基础样式】下拉列表中选择ISO-25选项,然后单击【继续】按钮,如图11-4所示。

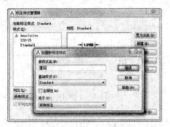
图11-3　输入新样式名

图11-4　选择基础样式

技巧

  在【基础样式】下拉列表中选择一种基础样式,可以在该样式的基础上进行修改,从而建立新样式。

  (4) 在打开的【新建标注样式:建筑】对话框中设置样式效果,如图11-5所示。

  (5) 单击【确定】按钮,即可新建一个【建筑】标注样式,该样式将显示在【标注样式管理器】对话框中,如图11-6所示。

图11-5　设置标注样式

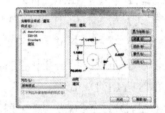
图11-6　新建的建筑标注样式

⑪.1.3　设置标注样式

  创建新标注样式的过程中,在打开的【新建标注样式】对话框中可以设置新的尺寸标注样式,设置的内容包括线、符号和箭头、文字、调整、主单位、换算单位以及公差等。

提示

  在【标注样式管理器】对话框中选择要修改的样式,单击【修改】按钮,可以在【修改标注样式】对话框中修改尺寸标注样式,其参数与【新建标注样式】对话框相同。

1. 设置标注尺寸线

  在【线】选项卡中,可以设置尺寸线和尺寸界线的颜色、线型、线宽以及超出尺寸线的距离、起点偏移量的距离等内容，其中主要选项的含义如下。

◉ 颜色：单击【颜色】列表框右侧的下拉按钮 ，可以在打开的【颜色】列表中选择尺寸线的颜色。

◉ 线型：在【线型】下拉列表中，可以选择尺寸线的线型样式。

◉ 线宽：在【线宽】下拉列表中，可以选择尺寸线的线宽。

◉ 超出标记：当使用箭头倾斜、建筑标记、积分标记或无箭头标记时，使用该文本框可以设置尺寸线超出尺寸界线的长度。如图 11-7 所示的是没有超出标记的样式，如图 11-8 所示的是超出标记长度为 3 个单位的样式。

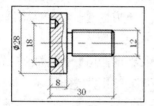
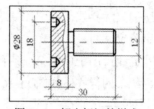

图 11-7　没有超出标记的样式　　　　图 11-8　超出标记的样式

◉ 基线间距：设置在进行基线标注时尺寸线之间的间距。

◉ 隐藏尺寸线：用于控制第 1 条和第 2 条尺寸线的隐藏状态。如图 11-9 所示的是隐藏尺寸线 1 的样式，如图 11-10 所示的是隐藏所有尺寸线的样式。

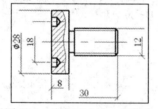
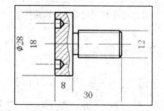

图 11-9　隐藏尺寸线 1 的样式　　　　图 11-10　隐藏所有尺寸线的样式

在【尺寸界线】选项组中可以设置尺寸界线的颜色、线型和线宽等，也可以隐藏某条尺寸界线，其中主要选项的含义如下。

◉ 颜色：在该下拉列表中，可以选择尺寸界线的颜色。

◉ 尺寸界线 1 的线型：可以在相应下拉列表中选择第 1 条尺寸界线的线型。

◉ 尺寸界线 2 的线型：可以在相应下拉列表中选择第 2 条尺寸界线的线型。

◉ 线宽：在该下拉列表中，可以选择尺寸界线的线宽。

◉ 超出尺寸线：用于设置尺寸界线伸出尺寸的长度。如图 11-11 所示是超出尺寸线长度为 2 个单位的样式，如图 11-12 所示是超出尺寸线长度为 5 个单位的样式。

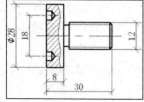
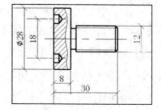

图 11-11　超出 2 个单位　　　　图 11-12　超出 5 个单位

● 起点偏移量：设置标注点到尺寸界线起点的偏移距离。如图 11-13 所示是起点偏移量为 2 个单位的样式，如图 11-14 所示是起点偏移量为 5 个单位的样式。

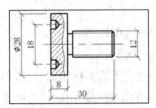 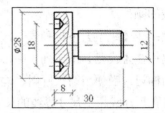

图 11-13　起点偏移量为 2 个单位的样式　　　图 11-14　起点偏移量为 5 个单位的样式

● 固定长度的尺寸界线：选中该复选框后，可以在下方的【长度】文本框中设置尺寸界线的固定长度。

● 隐藏尺寸界线：用于控制第一条和第二条尺寸界线的隐藏状态。如图 11-15 所示是隐藏尺寸界线 1 的样式，如图 11-16 所示是隐藏两条尺寸界线的样式。

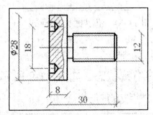 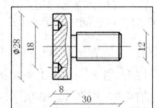

图 11-15　隐藏尺寸界线 1 的样式　　　　图 11-16　隐藏两条尺寸界线的样式

2. 设置标注符号和箭头

选择【符号和箭头】选项卡，可以设置符号和箭头样式与大小、圆心标记的大小、弧长符号以及半径与线性折弯标注等，如图 11-17 所示。

【符号和箭头】选项卡中主要选项的含义如下。

● 第一个：在该下拉列表中选择第一条尺寸线的箭头样式。在改变第一个箭头的样式时，第二个箭头将自动改变成与第一个箭头相匹配的箭头样式。

● 第二个：在该下拉列表中，可以选择第二条尺寸线的箭头样式。

● 引线：在该下拉列表中，可以选择引线的箭头样式。

● 箭头大小：用于设置箭头的大小。

● 【圆心标记】选项组：用于控制直径标注和半径标注的圆心标记以及中心线的外观。

● 【折断标注】选项组：用于控制折断标注的间距宽度。

3. 设置标注文字

选择【文字】选项卡，可以设置文字的外观、位置和对齐方式，如图 11-18 所示。

在【文字外观】选项组中主要选项含义如下。

● 文字样式：在该下拉列表中，可以选择标注文字的样式。单击右侧的 按钮，打开【文字样式】对话框，可以在该对话框中设置文字样式。

图 11-17 【符号和箭头】选项卡 　　　　图 11-18 【文字】选项卡

● 文字颜色：在该下拉列表中，可以选择标注文字的颜色。

● 填充颜色：在该下拉列表中，可以选择标注中文字背景的颜色。

● 文字高度：设置标注文字的高度。

● 分数高度比例：设置相对于标注文字的分数比例，只有当选择了【主单位】选项卡中的【分数】作为【单位格式】时，此选项才可用。

【文字位置】选项组用于控制标注文字的位置，其中主要选项的含义如下。

● 垂直：在该下拉列表中，可以选择标注文字相对尺寸线的垂直位置，如图 11-19 所示。

● 水平：在该下拉列表中，可以选择标注文字相对于尺寸线和尺寸界线的水平位置，如图 11-20 所示。

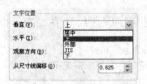 

图 11-19 选择垂直位置 　　　　图 11-20 设置水平位置

● 从尺寸线偏移：设置标注文字与尺寸线的距离。如图 11-21 所示的是文字从尺寸线偏移 1 个单位的样式，如图 11-22 所示的是文字从尺寸线偏移 4 个单位的样式。

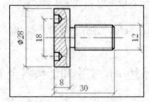 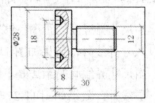

图 11-21 文字从尺寸线偏移 1 个单位 　　　　图 11-22 文字从尺寸线偏移 4 个单位

提示

在对图形进行尺寸标注时，注意设置一定的文字偏移距离，这样能够更清楚地显示文字内容。

【文字对齐】选项组用于控制标注文字放在尺寸界线外边或里边时的方向是保持水平还是与尺寸界线平行，其中各选项的含义如下。

● 水平：水平放置文字。

● 与尺寸线对齐：文字与尺寸线对齐。

● ISO 标准：当文字在尺寸界线内时，文字与尺寸线对齐，当文字在尺寸界线外时，文字水平排列。

4. 调整尺寸样式

选择【调整】选项卡，可以在该选项卡中设置尺寸的尺寸线与箭头的位置、尺寸线与文字的位置、标注特征比例以及优化等内容，如图 11-23 所示。

图 11-23　【调整】选项卡

【调整选项】选项组中各选项含义如下。

● 文字或箭头(最佳效果)：选中该单选按钮按照最佳布局移动文字或箭头，包括当尺寸界线间的距离足够放置文字和箭头时、当尺寸界线间的距离仅够容纳文字时、当尺寸界线间的距离仅够容纳箭头时和当尺寸界线间的距离既不够放文字又不够放箭头时这 4 种布局情况，各种布局情况的含义如下。

⊙ 当尺寸界线间的距离足够放置文字和箭头时，文字和箭头都将放在尺寸界线内，效果如图 11-24 所示。

⊙ 当尺寸界线间的距离仅够容纳文字时，则将文字放在尺寸界线内，而将箭头放在尺寸界线外，效果如图 11-25 所示。

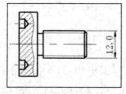
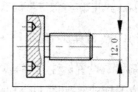

图 11-24　足够放置文字和箭头的效果　　　　图 11-25　仅够容纳文字的效果

⊙ 当尺寸界线间的距离仅够容纳箭头时，则将箭头放在尺寸界线内，而将文字放在尺寸界线外，效果如图 11-26 所示。

⊙ 当尺寸界线间的距离既不够放文字又不够放箭头时，文字和箭头将全部放在尺寸界线外，效果如图 11-27 所示。

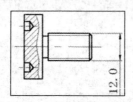
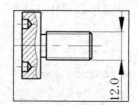

图 11-26　仅够容纳箭头的效果　　　　图 11-27　文字或箭头都不够放的效果

● 箭头：指定当尺寸界线间距离不足以放下箭头时，箭头都放在尺寸界线外。

- 文字和箭头：当尺寸界线间距离不足以放下文字和箭头时，文字和箭头都放在尺寸界线外。

- 文字始终保持在尺寸界线之间：始终将文字放在尺寸界线之间。

- 若箭头不能放在尺寸界线内，则将其消除：当尺寸界线内没有足够空间时，将自动隐藏箭头。

【文字位置】选项组用于设置特殊尺寸文本的摆放位置。当标注文字不能按【调整选项】选项组中选项所规定位置摆放时，可以通过以下的选项来确定其位置。

- 尺寸线旁边：选中该单选按钮，可以将标注文字放在尺寸线旁边。

- 尺寸线上方，带引线：选中该单选按钮，可以将标注文字放在尺寸线上方，并加上引线。

- 尺寸线上方，不带引线：选中该单选按钮，可以将标注文字放在尺寸线上方，但不加引线。

5. 设置尺寸主单位

选择【主单位】选项卡，在该选项卡中可以设置线性标注和角度标注。线性标注包括单位格式、精度、舍入、测量单位比例和消零等内容。角度标注包括单位格式、精度和消零，如图 11-28 所示。

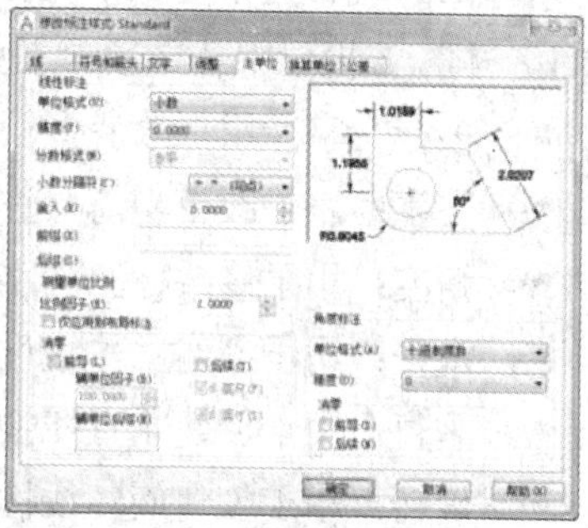

图 11-28　【主单位】选

【主单位】选项卡中常用选项的含义如下。

- 单位格式：在该下拉列表中，可以选择标注的单位格式，如图 11-29 所示。

- 精度：在该下拉列表中，可以选择标注文字中的小数位数，如图 11-30 所示。

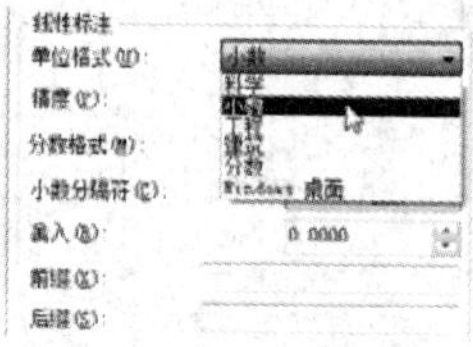

图 11-29　选择单位格式

图 11-30　选择小数位数

提示

在设置标注样式时，应根据行业标准设置小数的位数。在没有特定要求的情况下，可以将主单位的精度设置在一位小数内。这样有利于在标注中更清楚地查看数字内容。

11.2　标注图形对象

在 AutoCAD 制图中，针对不同的图形，可以使用不同的标注命令，其中包括线性标注、对齐标注、基线标注、连续标注、半径标注、角度标注和折弯标注等。

11.2.1 线性标注

使用线性标注可以标注长度类型的尺寸，用于标注垂直、水平和旋转的线性尺寸，线性标注可以水平、垂直或对齐放置。创建线性标注时，可以修改文字内容、文字角度或尺寸线的角度。

执行【线性】标注命令有以下 3 种常用方法。

⊙ 选择【标注】|【线性】命令。

⊙ 单击【注释】面板中的【线性】按钮 。

⊙ 执行 DIMLINEAR(DLI)命令。

执行 DIMLINEAR(DLI)命令，系统将提示【指定第一条尺寸界线原点或<选择对象>：】，选择对象后系统将提示【指定尺寸线位置或[多行文字(M)/文字(T)/角度(A)/水平(H)/垂直(V)/旋转(R)]：】，该提示中各选项含义如下。

⊙ 多行文字：用于改变多行标注文字，或者给多行标注文字添加前缀、后缀。

⊙ 文字：用于改变当前标注文字，或者给标注文字添加前缀、后缀。

⊙ 角度：用于修改标注文字的角度。

⊙ 水平：用于创建水平线性标注。

⊙ 垂直：用于创建垂直线性标注。

⊙ 旋转：用于创建旋转线性标注。

【练习 11-2】使用【线性】命令标注矩形的长度。

(1) 绘制一个长度为 500 的矩形作为标注对象。

(2) 执行 DIMLINEAR(DLI)命令，在标注的对象上选择第一个原点，如图 11-31 所示。

(3) 继续指定标注对象的第二个原点，如图 11-32 所示。

图 11-31　选择第一个原点　　　　图 11-32　指定第二个原点

(4) 拖动指定尺寸标注线的位置，如图 11-33 所示，然后单击，即可完成线性标注，如图 11-34 所示。

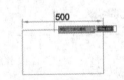　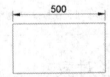

图 11-33　指定标注线的位置　　　　图 11-34　完成线性标注

11.2.2 对齐标注

对齐标注是线性标注的一种形式，尺寸线始终与标注对象保持平行，若标注的对象是圆弧，则对齐尺寸标注的尺寸线与圆弧的两个端点所连接的弦保持平行。

执行【对齐】标注命令有以下 3 种常用方法。

- ⦿ 选择【标注】|【对齐】命令。
- ⦿ 单击【注释】面板中的标注下拉按钮 ，在下拉列表中单击【对齐】按钮 。
- ⦿ 执行 DIMALIGNED(DAL)命令。

【练习 11-3】使用【对齐】命令标注三角形的斜边长度。

(1) 绘制一个三角形作为标注的对象。

(2) 执行 DIMALIGNED(DAL)命令，指定第一条尺寸界线原点，如图 11-35 所示。

(3) 当系统提示【指定第二条尺寸界线原点:】时，继续指定第二条尺寸界线原点，如图 11-36 所示。

(4) 当系统提示【指定尺寸线位置或】时，指定尺寸标注线的位置，如图 11-37 所示。单击结束标注操作，效果如图 11-38 所示。

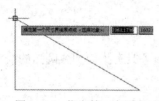

图 11-35　指定第一个原点

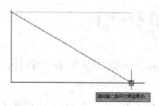

图 11-36　指定第二个原点

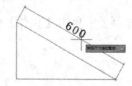

图 11-37　指定标注线位置

图 11-38　完成标注的效果

11.2.3　半径标注

使用【半径】命令可以根据圆和圆弧的半径大小、标注样式的选项设置以及光标的位置来绘制不同类型的半径标注。标注样式控制圆心标记和中心线。当尺寸线画在圆弧或圆内部时，AutoCAD 不绘制圆心标记或中心线。

执行【半径】标注命令有以下 3 种常用方法。

- ⦿ 选择【标注】|【半径】命令。
- ⦿ 单击【注释】面板中的标注下拉按钮 ，在下拉列表中单击【半径】按钮 。
- ⦿ 执行 DIMRADIUS(DRA)命令。

【练习 11-4】使用【半径】命令标注圆的半径。

(1) 绘制一个圆作为标注对象。

(2) 执行【DIMRADIUS(DRA)】命令，选择绘制的圆作为半径标注对象。

(3) 指定尺寸标注线的位置，如图 11-39 所示，系统将根据测量值自动标注圆的半径，效果如图 11-40 所示。

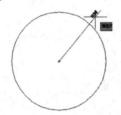　　　　　

图 11-39　指定标注线位置　　　　　图 11-40　半径标注效果

 技巧 --

　　进行尺寸样式的设置时，可设置一个只用于半径尺寸标注的附属格式，以满足半径尺寸标注的要求。

⑪.2.4　直径标注

直径标注用于标注圆或圆弧的直径，直径标注是由一条具有指向圆或圆弧的箭头的直径尺寸线组成。

执行【直径】标注命令有以下 3 种常用方法。

- 选择【标注】|【直径】命令。
- 单击【注释】面板中的标注下拉按钮▼，在下拉列表中单击【直径】按钮⬚。
- 执行 DIMDIAMETER(DDI)命令。

【练习 11-5】使用【直径】命令标注圆弧的直径。

(1) 绘制一段圆弧作为标注对象。

(2) 执行【直径(DDI)】命令，选择绘制的圆弧作为直径标注对象。

(3) 指定尺寸标注线的位置，如图 11-41 所示，系统将根据测量值自动标注圆弧的直径，效果如图 11-42 所示。

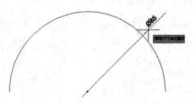　　　　　

图 11-41　指定标注线位置　　　　　图 11-42　直径标注效果

⑪.2.5　角度标注

使用【角度】命令可以准确地标注对象之间的夹角或圆弧的弧度，如图 11-43 和图 11-44 所示。

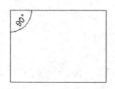

图 11-43 角度标注

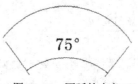

图 11-44 圆弧的夹角

执行【角度】标注命令有以下 3 种常用方法。

◉ 选择【标注】|【角度】命令。

◉ 单击【注释】面板中的标注下拉按钮▼，在下拉列表中单击【角度】按钮△。

◉ 执行 DIMANGULAR(DAN)命令。

【练习 11-6】使用【角度】命令标注三角形的夹角。

(1) 绘制一个三角形作为标注对象。

(2) 执行【角度(DAN)】命令，选择标注角度图形的第一条边，如图 11-45 所示。

(3) 根据提示选择标注角度图形的第二条边，如图 11-46 所示。

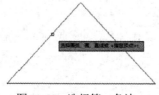

图 11-45 选择第一条边

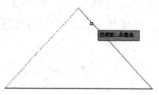

图 11-46 选择第二条边

(4) 指定标注弧线的位置，如图 11-47 所示，标注夹角角度的效果如图 11-48 所示。

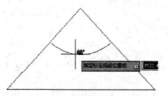

图 11-47 指定标注的位置

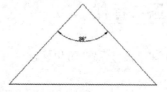

图 11-48 角度标注

【练习 11-7】使用【角度】命令标注圆弧的弧度。

(1) 绘制一段圆弧作为标注对象。

(2) 执行【角度(DAN)】命令，选择绘制的圆弧作为标注对象。

(3) 指定尺寸标注线的位置，如图 11-49 所示，系统将根据测量值自动标注圆弧的弧度，效果如图 11-50 所示。

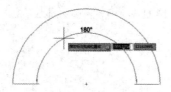

图 11-49 指定标注线位置

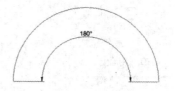

图 11-50 弧度标注效果

11.2.6 弧长标注

【弧长】标注用于测量圆弧或多段线圆弧上的距离。弧长标注的尺寸界线可以是正交或径向。在标注文字的上方或前面将显示圆弧符号。

执行【弧长】标注命令有以下 3 种常用方法。

- ● 选择【标注】|【弧长】命令。
- ● 单击【注释】面板中的标注下拉按钮▼，在下拉列表中单击【弧长】按钮 ⌒。
- ● 执行 DIMARC(DAR)命令。

【练习 11-8】使用【弧长】命令标注圆弧的弧长。

(1) 绘制一个圆弧作为标注对象。

(2) 执行 DIMARC(DAR)命令，选择圆弧作为标注的对象。

(3) 当系统提示【指定弧长标注位置或 [多行文字(M)/文字(T)/角度(A)/部分(P)/引线(L)]:】时，指定弧长标注位置，如图 11-51 所示。

(4) 单击结束弧长标注操作，效果如图 11-52 所示。

图 11-51　指定弧长标注位置　　　　　图 11-52　弧长标注效果

11.2.7 圆心标注

使用【圆心标记】命令可以标注圆或圆弧的圆心点，执行【圆心标记】命令有以下两种常用方法。

- ● 选择【标注】|【圆心标记】 菜单命令。
- ● 执行 DIMCENTER(DCE)命令。

执行【圆心标记(DCE)】命令后，系统将提示【选择圆或圆弧:】，然后选择要标注的圆或圆弧，即可标注出圆或圆弧的圆心，如图 11-53 和图 11-54 所示。

图 11-53　标注圆形的圆心　　　　　图 11-54　标注圆弧的圆心

11.2.8 折弯标注

使用【折弯】命令可以创建折弯半径标注。当圆弧的中心位置位于布局外，并且无法在其实际位置显示时，可以使用折弯半径标注来标注。

执行【折弯】标注命令有以下 3 种常用方法。

- ⊙ 选择【标注】|【折弯】命令。
- ⊙ 单击【注释】面板中的标注下拉按钮 ，在下拉列表中单击【折弯】按钮 。
- ⊙ 执行 DIMJOGGED (DJO)命令。

【练习 11-9】对圆弧进行折弯标注。

(1) 绘制一段圆弧作为标注对象，如图 11-55 所示。

(2) 执行【折弯标注(DIMJOGGED)】命令，然后选择圆弧，如图 11-56 所示。

(3) 将十字光标向左下方移动，然后在绘图区中拾取一点，指定图示中心的位置，如图 11-57 所示。

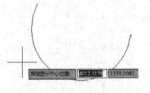

图 11-55　绘制圆弧　　　　图 11-56　选择标注对象　　　　图 11-57　指定图示中心位置

(4) 将十字光标向左上方移动，并在绘图区中拾取一点，指定尺寸线位置，如图 11-58 所示。

(5) 移动十字光标到合适的点，并单击，指定折弯位置，如图 11-59 所示，创建的折弯标注如图 11-60 所示。

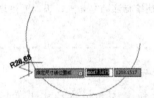
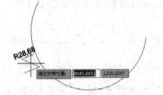

图 11-58　指定尺寸线位置　　　　图 11-59　指定折弯位置　　　　图 11-60　标注折弯半径

11.3　使用图形标注技巧

在标注图形的操作中，AutoCAD 提供了一些标注技巧，应用这些技巧可以更容易地标注特殊图形，并提高标注的速度。下面具体介绍这些标注的使用。

11.3.1　连续标注

连续标注用于标注在同一方向上连续的线型或角度尺寸。执行【连续】命令，可以从上一个或选定标注的第二尺寸界线处创建线性、角度或坐标的连续标注。

执行【连续】标注命令有以下 3 种常用方法。

- 选择【标注】|【连续】命令。
- 在功能区中选择【注释】选项卡，然后单击【标注】面板中的【连续】按钮 ⊢⊢⊢。
- 执行 DIMCONTINUE(DCO)命令。

【练习 11-10】使用【线性】和【连续】命令标注衣柜的尺寸。

(1) 打开【衣柜立面.dwg】图形文件。

(2) 执行【线性(DII)】命令，然后对衣柜左方的柜体宽度进行线性标注，如图 11-61
所示。

(3) 执行【连续(DCO)】命令，在系统提示下指定连续标注的第二条尺寸界线，如图 11-62
所示。

图 11-61　线性标注对象

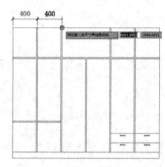

图 11-62　指定连续标注的界线

 提示

在进行连续标注图形之前，需要对图形进行一次标注操作，以确定连续标注的起始点，否则无法进行连续标注。

(4) 继续向右指定连续标注的第二条尺寸界线，如图 11-63 所示。

(5) 根据系统提示依次指定连续标注的第二条尺寸界线，对衣柜上方的柜体尺寸进行标注，效果如图 11-64 所示。

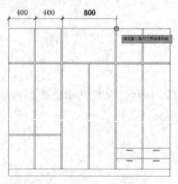

图 11-63　指定连续标注的界线

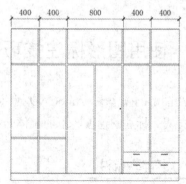

图 11-64　连续标注的效果

11.3.2 基线标注

【基线标注】命令用于标注图形中有一个共同基准的线型或角度尺寸。基线标注是以某一点、线、面作为基准，其他尺寸按照该基准进行定位。因此，在使用【基线】标注之前，需要对图形进行一次标注操作，以确定基线标注的基准点，否则无法进行基线标注。

执行【基线标注】命令有以下 3 种常用方法。

- ◉ 选择【标注】|【基线】命令。
- ◉ 在功能区中选择【注释】选项卡，然后在【标注】面板中单击【连续】下拉按钮，在弹出的列表中单击【基线】按钮 。
- ◉ 执行 DIMBASELINE(DBA)命令。

【练习 11-11】使用【线性】和【基线】命令标注图形。

(1) 参照如图 11-65 所示的效果绘制图形，并使用【线性(DLI)】命令为对象进行线性标注。

(2) 执行【基线(DBA)】命令，当系统提示【指定第二条尺寸界线原点或 [放弃(U)/选择(S)]:】时，输入 S 并确定，启用【选择(S)】选项，如图 11-66 所示。

(3) 当系统提示【选择基准标注:】时，选择前面创建的线性标注作为基准标注，如图 11-67 所示。

图 11-65 进行线性标注

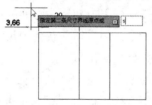
图 11-66 输入 S 并确定

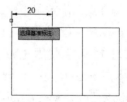
图 11-67 选择基准标注

(4) 当系统提示【指定第二条尺寸界线原点或 [放弃(U)/选择(S)]:】时，指定第二条尺寸界线的原点，如图 11-68 所示。

(5) 继续指定下一个尺寸界线的原点，如图 11-69 所示。然后接下空格键进行确定，结束基线标注操作，效果如图 11-70 所示。

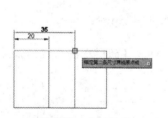
图 11-68 指定第二个标注点

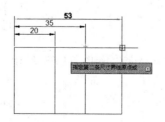
图 11-69 指定下一个原点

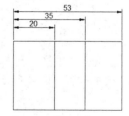
图 11-70 基线标注效果

 提示

对图形进行基线标注时，如果基线标注间的距离太近，将无法正常显示标注的内容。用户可以在【修改标注样式】对话框的【线】选项卡中重新设置基线的间距，以调整各个基线标注间的间距。

11.3.3 快速标注

快速标注用于快速创建标注，其中包含了创建基线标注、连续尺寸标注、半径标注和直径标注等。执行【快速标注】命令有以下 3 种常用方法。

- ◉ 选择【标注】|【快速标注】命令。
- ◉ 在功能区中选择【注释】选项卡，然后单击【标注】面板中的【快速】按钮。
- ◉ 执行 QDIM 命令。

执行【快速标注(QDIM)】命令，系统将提示【选择要标注的几何图形：】，在此提示下选择标注图样，系统将提示【指定尺寸线位置或[连续/并列/基线/坐标/半径/直径/基准点/编辑]<>：】，该提示中各选项含义如下。

- ◉ 连续：用于创建连续标注。
- ◉ 并列：用于创建交错标注。
- ◉ 基线：用于创建基线标注。
- ◉ 坐标：以一基点为准，标注其他端点相对于基点的相对坐标。
- ◉ 半径：用于创建半径标注。
- ◉ 直径：用于创建直径标注。
- ◉ 基准点：确定用【基线】和【坐标】方式标注时的基点。
- ◉ 编辑：启动尺寸标注的编辑命令，用于增加或减少尺寸标注中尺寸界线的端点数。

【练习 11-12】使用【快速标注】命令标注图形。

(1) 参照如图 11-71 所示的效果绘制将要进行快速标注的图形。

(2) 执行【快速标注(QDIM)】命令，然后使用窗口选择方式选择所有的图形，如图 11-72 所示。

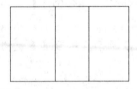

图 11-71　绘制标注对象

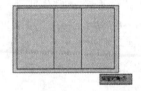

图 11-72　选择标注对象

(3) 根据系统提示指定尺寸线位置，如图 11-73 所示，即可对选择的所有图形进行快速标注，效果如图 11-74 所示。

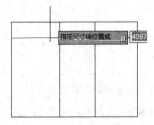

图 11-73　指定尺寸线位置

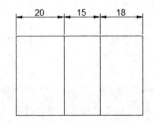

图 11-74　快速标注效果

11.4　编辑标注

当创建尺寸标注后，如果需要对其进行修改，可以使用标注样式对所有标注进行修改，也可以单独修改图形中的部分标注对象。

11.4.1　修改标注样式

在进行尺寸标注的过程中，可以先设置好尺寸标注的样式，也可以在创建好标注后，对标注的样式进行修改，以适合标注的图形。

【练习 11-13】修改标注的样式。

(1) 选择【标注】|【样式】命令，在打开的【标注样式管理器】对话框中选中需要修改的样式，然后单击【修改】按钮，如图 11-75 所示。

(2) 在打开的【修改标注样式】对话框中即可根据需要对标注的各部分样式进行修改，修改好标注样式后，进行确定即可，如图 11-76 所示。

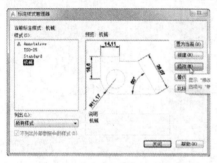

图 11-75　标注样式管理器　　　　图 11-76　修改标注样式

11.4.2　编辑尺寸界线

使用 DIMEDIT 命令可以修改一个或多个标注对象上的文字标注和尺寸界线。执行 DIMEDIT 命令后，系统将提示【输入标注编辑类型 [默认(H)/新建(N)/旋转(R)/倾斜(O)]<默认>:】，其中各选项的含义如下。

- 默认(H)：将旋转标注文字移回默认位置。
- 新建(N)：使用【多行文字编辑器】编辑标注文字。
- 旋转(R)：旋转标注文字。
- 倾斜(O)：调整线性标注尺寸界线的倾斜角度。

【练习 11-14】将标注中的尺寸界线倾斜 30 度。

(1) 打开【浴缸.dwg】图形文件，然后使用【线性】命令对图形进行标注，如图 11-77 所示。

(2) 执行 DIMEDIT 命令，在弹出的菜单中选择【倾斜】选项，如图 11-78 所示，然后选择创建的线性标注并确定。

图 11-77　标注图形

图 11-78　选择【倾斜】选项

(3) 根据系统提示输入倾斜的角度为 30 并确定，如图 11-79 所示，倾斜尺寸界线后的效果如图 11-80 所示。

图 11-79　输入倾斜角度

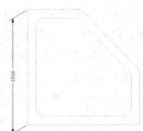

图 11-80　倾斜效果

11.4.3　编辑标注文字

使用 DIMTEDIT 命令可以移动和旋转标注文字。执行 DIMTEDIT 命令，选择要编辑的标注后，系统将提示【指定标注文字的新位置或 [左对齐(L)/右对齐(R)/居中(C)/默认(H)/角度(A)]:】。其中各选项的含义如下。

- 新位置：拖动时动态更新标注文字的位置。
- 左对齐(L)：沿尺寸线左对正标注文字。
- 右对齐(R)：沿尺寸线右对正标注文字。
- 居中(C)：将标注文字放在尺寸线的中间。
- 默认(H)：将标注文字移回默认位置。
- 角度(A)：修改标注文字的角度。

【练习 11-15】将标注中的文字旋转 30 度。

(1) 打开【浴缸.dwg】图形文件，然后使用【线性】命令对图形进行标注，如图 11-81 所示。

(2) 执行 DIMTEDIT 命令，选择创建的线性标注并确定，如图 11-82 所示。然后输入字母 a 并确定，启用旋转文字选项。

图 11-81　标注图形

图 11-82　选择创建的线性标注

(3) 系统提示【指定标注文字的角度:】时，输入旋转的角度为 30 并确定，如图 11-83 所示。旋转标注文字后的效果如图 11-84 所示。

图 11-83　输入旋转角度

图 11-84　旋转文字的效果

⑪.4.4　折弯标注

执行【折弯线性】命令，可以在线性标注或对齐标注中添加或删除折弯线。执行【折弯线性】命令的常用方法有以下 3 种。

- ◉　选择【标注】|【折弯线性】命令。
- ◉　单击【标注】面板中的【折弯标注】按钮。
- ◉　执行 DIMJOGLINE(DJL)命令。

【练习 11-16】折弯标注中的尺寸线。

(1) 打开【栏杆.dwg】图形文件，如图 11-85 所示。

(2) 执行 DIMJOGLINE 命令(DJL)，选择其中的线性标注，如图 11-86 所示。

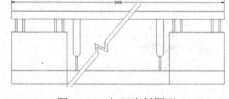

图 11-85　打开素材图形

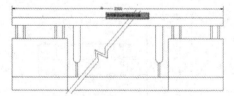

图 11-86　选择标注对象

(3) 根据系统提示指定折弯的位置，如图 11-87 所示，创建的折弯线性效果如图 11-88

计算机 基础与实训教材系列

所示。

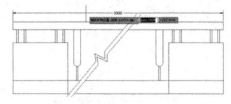

图 11-87　指定折弯的位置

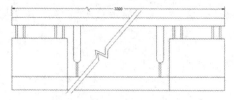

图 11-88　折弯线性效果

11.4.5　打断标注

使用【标注打断】命令可以将标注对象以某一对象为参照点或以指定点打断，执行【标注打断】命令的常用方法有以下 3 种。

- 选择【标注】|【标注打断】命令。
- 单击【标注】面板中的【折断标注】按钮 ⊥。
- 执行 DIMBREAK 命令。

执行 DIMBREAK 命令，选择要打断的一个或多个标注对象，然后进行确定，系统将提示【选择要打断标注的对象或 [自动(A)/恢复(R)/手动(M)]◇:】。用户可以根据提示设置打断标注的方式。

- 选择要打断标注的对象：直接选择要打断标注的对象，或者相应的选项并按下空格键进行确定。
- 自动：自动将折断标注放置在与选定标注相交的对象的所有交点处。修改标注或相交对象时，会自动更新使用此选项创建的所有折断标注。
- 恢复：从选定的标注中删除所有折断标注。
- 手动：使用手动方式为打断位置指定标注或尺寸界线上的两点。如果修改标注或相交对象，则不会更新使用此选项创建的任何折断标注。使用此选项，一次仅可以放置一个手动折断标注。

【练习 11-17】折断标注中的尺寸线。

(1) 打开【螺钉.dwg】图形文件，如图 11-89 所示。

(2) 执行 DIMBREAK 命令，然后选择图形左侧的线性标注，如图 11-90 所示。

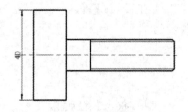

图 11-89　打开图像文件

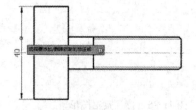

图 11-90　选择标注

(3) 根据系统提示选择点划线作为要折断标注的对象，如图 11-91 所示。系统即可自动在点划线的位置折断标注，如图 11-92 所示。

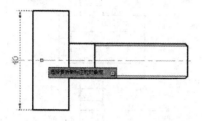
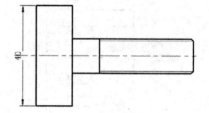

图 11-91 选择折断标注的对象   图 11-92 折断标注

11.4.6 标注间距

执行【标注间距】命令，可以调整线性标注或角度标注之间的间距。该命令仅适用于平行的线性标注或共用一个顶点的角度标注。

执行【标注间距】命令的常用方法有以下 3 种。

- ◎ 选择【标注】|【标注间距】命令。
- ◎ 单击【标注】面板中的【等距标注】按钮。
- ◎ 执行 DIMSPACE 命令。

【练习 11-18】折弯标注中的尺寸线。

(1) 打开【法兰盘.dwg】图形文件。

(2) 执行 DIMSPACE 命令，然后选择图形左侧的线性标注，如图 11-93 所示。

(3) 选择下一个与选择标注相邻的线性标注，如图 11-94 所示。

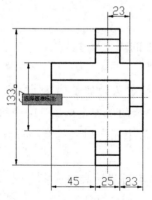
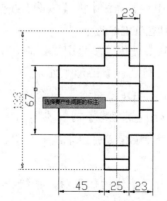

图 11-93 选择线性标注   图 11-94 选择另一个标注

(4) 在弹出的列表选项中选择【自动(A)】选项，如图 11-95 所示。系统即可自动调整两个标注之间的间距，如图 11-96 所示。

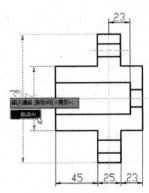

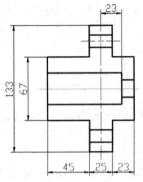

图 11-95　选择【自动(A)】选项　　　　　　图 11-96　调整标注间距

11.5　创建引线标注

在 AutoCAD 中，引线是由样条曲线或直线段连着箭头组成的对象，通常由一条水平线将文字和特征控制框连接到引线上。绘制图形时，通常可以使用引线功能标注图形特殊部分的尺寸或进行文字注释。

11.5.1　绘制多重引线

执行【多重引线】命令，可以创建连接注释与几何特征的引线，对图形进行标注。执行【多重引线】命令的常用方法有以下 3 种。

- ⊙　选择【标注】|【多重引线】命令。
- ⊙　单击【引线】面板中的【多重引线】按钮 ⌒ 。
- ⊙　执行 MLEADER 命令。

【练习 11-19】使用【多重引线】命令绘制螺钉图形的倒角尺寸。

(1) 打开【螺钉.dwg】图形文件。

(2) 执行 MLEADER 命令，当系统提示【指定引线箭头的位置或 [引线基线优先(L)/内容优先(C)/选项(O)] <选项>:】时，在图形中指定引线箭头的位置，如图 11-97 所示。

(3) 当系统提示【指定引线基线的位置: 】时，在图形中指定引线基线的位置，如图 11-98 所示。

(4) 在指定引线基线的位置后，系统将要求用户输入引线的文字内容，此时可以输入标注的文字，如图 11-99 所示。

(5) 在弹出的【文字编辑器】功能区中单击【关闭】按钮，完成多重引线的标注，效果如图 11-100 所示。

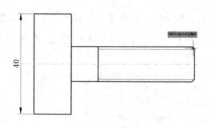

图 11-97　指定箭头位置

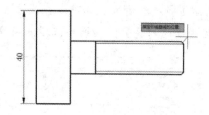

图 11-98　指定引线位置

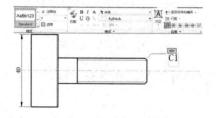

图 11-99　输入文字内容

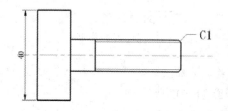

图 11-100　多重引线标注

 技巧 -

　　在机械制图中，在不方便进行倒角或圆角的尺寸标注时，通常可以使用引线标注方式标注对象的倒角或圆角，C 表示倒角标注的尺寸；R 表示圆角标注的尺寸。

⑪.5.2　绘制快速引线

　　使用 QLEADER(QL)命令可以快速创建引线和引线注释。执行 QLEADER(QL)命令后，可以通过输 S 并确定，打开【引线设置】对话框，以便用户设置适合绘图需要的引线点数和注释类型。

　　【练习 11-20】使用【快速引线】命令绘制圆头螺钉图形的倒角尺寸。

　　(1) 打开【圆头螺钉.dwg】图形文件，如图 11-101 所示。

　　(2) 执行【快速引线(QL)】命令，然后输入 S 并确定，如图 11-102 所示。

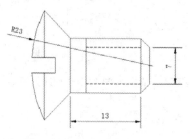

图 11-101　打开素材文件

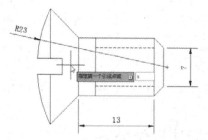

图 11-102　输入 S 并确定

　　(3) 在打开的【引线设置】对话框中设置注释类型为【多行文字】，如图 11-103 所示。

计算机基础与实训教材系列

(4) 选择【引线和箭头】选项卡，设置点数为 3，箭头样式为【实心闭合】，设置第一段的角度为【任意角度】，设置第二段的角度为【水平】，如图 11-104 所示。单击【确定】按钮。

图 11-103　设置注释类型

图 11-104　设置引线和箭头

(5) 当系统继续提示【指定第一个引线点或 [设置(S)]:】时，在图形中指定引线的第一个点，如图 11-105 所示。

(6) 当系统提示【指定下一点:】时，向右上方移动鼠标指定引线的下一个点，如图 11-106 所示。

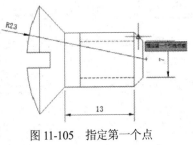

图 11-105　指定第一个点

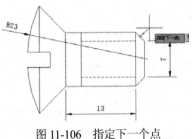

图 11-106　指定下一个点

(7) 当系统提示【指定下一点:】时，向右方移动鼠标指定引线的下一个点，如图 11-107 所示。

(8) 当系统提示【输入注释文字的第一行 <多行文字(M)>:】时，输入快速引线的文字内容 C2，如图 11-108 所示。

(9) 输入好文字内容后，连续按两次Enter键完成快速引线的绘制，效果如图 11-109 所示。

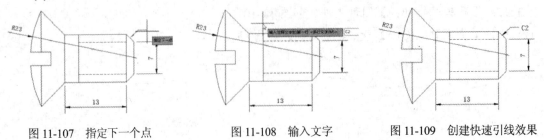

图 11-107　指定下一个点　　　　　图 11-108　输入文字　　　　　图 11-109　创建快速引线效果

⑪.5.3　标注形位公差

在产品生产过程中，如果在加工零件时所产生的形状误差和位置误差过大，将会影响机

器的质量。因此对要求较高的零件，必须根据实际需要，在图纸上标注出相应表面的形状误差和相应表面之间的位置误差的允许范围，即标出表面形状和位置公差，简称形位公差。AutoCAD 使用特征控制框向图形中添加形位公差，如图 11-110 所示。

图 11-110　形位公差说明

AutoCAD 向用户提供了 14 种常用的形位公差符号，如表 11-1 所示。当然，用户也可以自定义工程符号，常用的方法是通过定义块来定义基准符号或粗糙度符号。

表 11-1　形位公差符号

符号	特征	类型	符号	特征	类型	符号	特征	类型
⊕	位置	位置	//	平行度	方向	⌯	圆柱度	形状
◎	同轴(同心)度	位置	⊥	垂直度	方向	▱	平面度	形状
⨦	对称度	位置	∠	倾斜度	方向	○	圆度	形状
⌒	面轮廓度	轮廓	↗	圆跳动	跳动	—	直线度	形状
⌒	线轮廓度	轮廓	⌗	全跳动	跳动			

【练习 11-21】创建公差为 0.02 的直径公差。

(1) 执行 QLEADER 命令，然后输入 S 并确定，打开【引线设置】对话框，在其中选中【公差】单选按钮，然后单击【确定】按钮，如图 11-111 所示。

(2) 根据命令提示绘制如图 11-112 所示的引线。

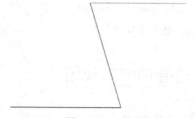

图 11-111　【引线设置】对话框　　　　　图 11-112　绘制引线

(3) 打开【形位公差】对话框，单击【符号】参数栏下的黑框，如图 11-113 所示。

(4) 在打开的【特征符号】对话框中选择符号 ⊕，如图 11-114 所示。

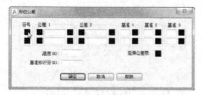

图 11-113　单击黑框　　　　　图 11-114　选择符号

(5) 单击【公差 1】参数栏中的第一个小黑框，里面将自动出现直径符号，如图 11-115

所示。

(6) 在【公差 1】参数栏中的白色文本框里输入公差值 0.02，如图 11-116 所示。

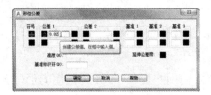

图 11-115　添加直径符号　　　　　　图 11-116　输入公差值

(7) 单击【公差 1】参数栏中的第二个小黑框，打开【附加符号】对话框，从中选择附加符号，如图 11-117 所示。

(8) 单击【确定】按钮，完成形位公差标注，效果如图 11-118 所示。

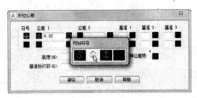

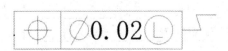

图 11-117　选择附加符号　　　　　　图 11-118　形位公差标注效果

11.6　上机实战

本小节练习标注导向块二视图和建筑平面图，巩固所学的尺寸标注知识，如线性标注、半径标注、基线标注和连续标注等。

11.6.1　标注导向块二视图

本例将结合前面所学的标注内容，在如图 11-119 所示导向块二视图中标注图形的尺寸，完成后的效果如图 11-120 所示。首先设置好标注样式，然后使用线性标注、半径标注和基线标注对图形进行标注。

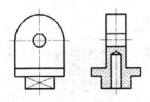

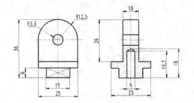

图 11-119　导向块二视图　　　　　　图 11-120　标注导向块二视图

标注本例图形尺寸的具体操作步骤如下。

(1) 打开【导向块二视图.dwg】图形文件。

(2) 选择【格式】|【标注样式】命令，打开【标注样式管理器】对话框，单击【新建】按钮，如图 11-121 所示。

(3) 在打开的【创建新标注样式】对话框中输入新样式名"机械"，然后单击【继续】按钮，如图 11-122 所示。

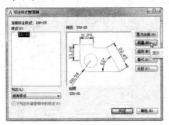

图 11-121　单击【新建】按钮　　　　图 11-122　输入新样式名

(4) 在打开的【新建标注样式：机械】对话框中选择【线】选项卡，设置【基线间距】选项为 4，设置【超出尺寸线】和【起点偏移量】为 1，如图 11-123 所示。

(5) 选择【符号和箭头】选项卡，将【箭头大小】设置为 2，在【圆心标记】栏中选中【无(N)】单选按钮，如图 11-124 所示。

图 11-123　设置尺寸界线　　　　图 11-124　设置箭头大小

(6) 选择【文字】选项卡，将【文字高度】设置为 2.5，在【文字对齐】栏中选中【与尺寸线对齐】单选按钮，然后单击【确定】按钮，如图 11-125 所示。

(7) 返回【标注样式管理器】对话框，然后单击【新建】按钮。

(8) 打开【创建新标注样式】对话框，在【用于】下拉列表中选择【半径标注】选项，然后单击【继续】按钮，如图 11-126 所示。

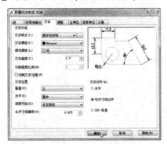

图 11-125　设置标注文字　　　　图 11-126　创建半径子样式

(9) 在打开的【新建标注样式：机械：半径】对话框中选择【文字】选项卡，然后在【文字对齐】选项组中选中【ISO 标准】单选按钮，如图 11-127 所示。

(10) 单击【确定】按钮，返回【标注样式管理器】对话框。再单击【关闭】按钮，关闭【标注样式管理器】对话框，如图 11-128 所示。

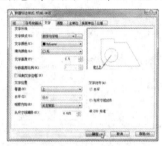
图 11-127　设置文字对齐方式

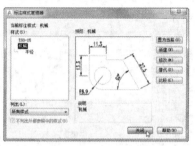
图 11-128　关闭对话框

(11) 执行【线性标注(DLI)】命令，捕捉图形左下角的直线端点，指定第一条尺寸界线的原点，如图 11-129 所示。

(12) 向上移动光标捕捉线段的交点，指定第二条尺寸界线的原点，如图 11-130 所示。

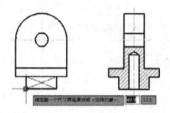
图 11-129　指定第一条尺寸界线原点

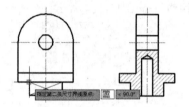
图 11-130　指定第二条尺寸界线原点

(13) 将光标向左移动，并在绘图区单击指定尺寸线位置，如图 11-131 所示，完成的线性标注如图 11-132 所示。

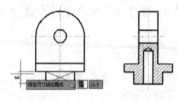
图 11-131　指定尺寸线位置

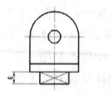
图 11-132　线性标注效果

(14) 选择【标注】|【基线】命令，在绘图区中捕捉垂直辅助线与圆弧的交点，指定第二条尺寸线位置，如图 11-133 所示。按空格键进行确定，完成的基线标注如图 11-134 所示。

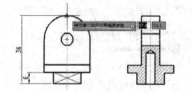
图 11-133　指定第二第尺寸界线原点

图 11-134　基线标注效果

(15) 使用【线性】和【基线】标注命令，对图形进行尺寸标注，效果如图 11-135 所示。

(16) 选择【标注】|【半径】命令，选择左侧图形中的小圆作为标注对象，然后指定尺寸线的位置，如图 11-136 所示。

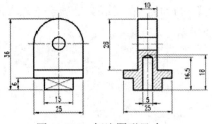
图 11-135　标注图形尺寸

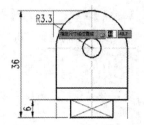
图 11-136　指定尺寸线位置

(17) 按空格键重复执行【半径】命令，选择左侧图形中的圆弧作为标注对象，然后指定尺寸线的位置，完成本例图形的标注。效果如图 11-120 所示。

11.6.2　标注建筑平面图尺寸

本例将结合前面所学的标注内容，在如图 11-137 所示建筑平面图中标注图形尺寸，完成后的效果如图 11-138 所示。先设置好标注样式，再使用线性标注和连续标注对图形进行标注。

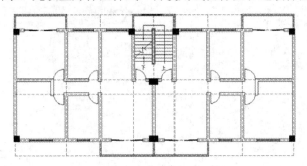
图 11-137　建筑平面图

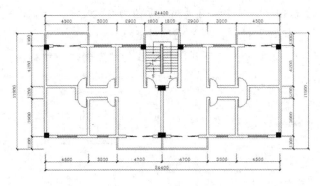
图 11-138　标注建筑平面图

标注本例图形尺寸的具体操作步骤如下。

(1) 打开【建筑平面图.dwg】图形文件。

(2) 执行【标注样式(D)】命令，打开【标注样式管理器】对话框，单击【新建】按钮，打开【创建新标注样式】对话框，在新样式名后输入【建筑平面】，如图 11-139 所示。

(3) 单击【继续】按钮，打开【新建标注样式】对话框，在【线】选项卡中设置超出尺寸线的值为 100，起点偏移量的值为 200，如图 11-140 所示。

图 11-139　创建新标注样式　　　　　　图 11-140　设置线参数

(4) 选择【符号和箭头】选项卡，设置箭头样式为【建筑标记】，设置箭头大小为 200，如图 11-141 所示。

(5) 选择【文字】选项卡，设置文字的高度为 300、文字的垂直对齐方式为【上】、【从尺寸线偏移】值为 100、文字对齐方式为【与尺寸线对齐】，如图 11-142 所示。

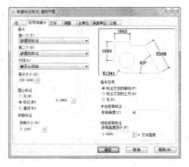
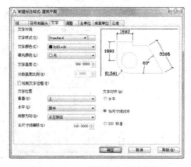

图 11-141　设置箭头参数　　　　　　图 11-142　设置文字参数

(6) 选择【主单位】选项卡，从中设置【精度】值为 0，然后单击【确定】按钮，如图 11-143 所示。返回【标注样式管理器】对话框并关闭该对话框。

(7) 执行【线性标注(DLI)】命令，通过捕捉轴线的端点创建尺寸标注，如图 11-144 所示。

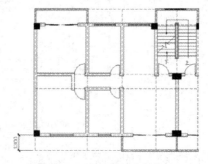

图 11-143　设置精度　　　　　　图 11-144　进行线性标注

(8) 执行【连续标注(DCO)】命令，对图形进行连续标注，效果如图 11-145 所示。

(9) 执行【线性标注(DLI)】命令，在图形左方创建第二道尺寸标注，如图 11-146 所示。

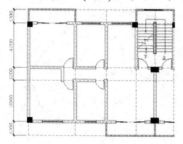 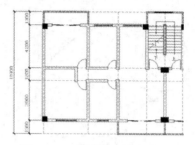

图 11-145　进行连续标注效果　　　　图 11-146　创建第二道尺寸标注

(10) 使用【线性标注(DLI)】和【连续标注(DCO)】命令，标注图形的其他尺寸，关闭【轴线】图层，完成本例图形的标注。效果如图 11-138 所示。

11.7　思考与练习

11.7.1　填空题

1. 一般情况下，尺寸标注由尺寸界线、_____、_____、_____和圆心标记组成。
2. _____是线性标注的一种形式，尺寸线始终与标注对象保持平行。
3. _____用于标注在同一方向上连续的线型或角度尺寸。
4. _____命令用于调整线性标注或角度标注之间的间距。

11.7.2　选择题

1. 执行标注样式的命令是(　　)。
   A. A　　　　　　B. B　　　　　　C. C　　　　　　D. D
2. 执行线性标注的命令是(　　)。
   A. DRA　　　　　B. DLI　　　　　C. DDI　　　　　D. DAM
3. 执行半径标注的命令是(　　)。
   A. DRM　　　　　B. DLI　　　　　C. DRA　　　　　D. DIA
4. 执行快速引线的命令是(　　)。
   A. Q　　　　　　B. QL　　　　　C. ML　　　　　D. M

11.7.3　操作题

1. 打开【连杆.dwg】图形文件，如图 11-147 所示。使用【标注样式】命令对尺寸标注的样式进行设置，然后使用【线性标注】、【基线标注】、【连续标注】以及【半径标注】等命令对连杆图形进行标注，最终效果如图 11-148 所示。

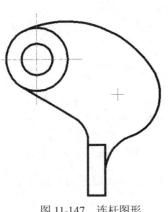

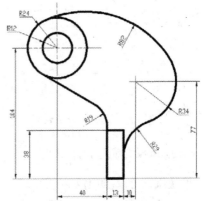

图 11-147 连杆图形

图 11-148 标注连杆图形

2. 打开【建筑立面图.dwg】图形文件，如图 11-149 所示。使用【标注样式】命令对尺寸标注的样式进行设置，然后使用【线性标注】和【连续标注】命令对建筑立面图进行标注，最终效果如图 11-150 所示。

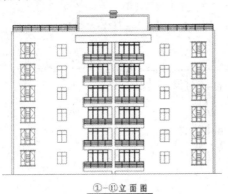

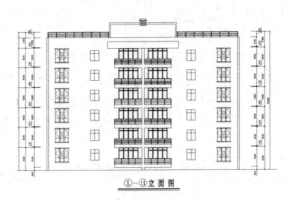

图 11-149 建筑立面图素材

图 11-150 标注建筑立面图

第12章

三维建模基础

学习目标

使用 AutoCAD 提供的三维绘图和编辑功能，可以创建各种类型的三维模型，从而直观地表现出物体的实际形状。在 AutoCAD 中，可以使用不同视角和显示图形的设置工具，轻松地在不同的用户坐标系和正交坐标系之间切换，从而更方便地绘制和编辑三维实体。

本章重点

- 控制三维视图
- 设置视觉样式
- 绘制三维基本体
- 将二维图形创建为三维实体
- 布尔运算实体

12.1 三维概述

通常而言，三维是人为规定的互相交错的 3 个方向。使用这个三维坐标，看起来可以把整个世界任意一点的位置确定下来。三维坐标轴包括 X 轴、Y 轴和 Z 轴。其中，X 表示左右空间，Y 表示上下空间，Z 表示前后空间。这样就形成了人的视觉立体感。

所谓的三维空间，是指人们所处的空间，可以理解为有前后、上下、左右。而物理上的三维一般是指空间的长、宽、高。三维是由二维组成的，二维即只存在两个方向的交错，将一个二维和一个一维叠合在一起就得到了三维。三维具有立体性，但通常说的前后、左右、上下都只是相对于观察的视点来说，没有绝对的前后、左右、上下。

12.2　三维投影

要在一张图纸上正确地表达出一个位于三维空间的实体形状，就必须学会正确地应用图形表示方法。图形的表示方法通常使用正投影视图的方式。

正投影视图是将物体的正面与投影面平行，投影线垂直于物体的正面所投影在投影面上形成的图形。正投影视图通常包括第一视角法和第三视角法两种表达方式。

12.2.1　第一视角法

在我国第一视角投影应用比较多，通常使用第一视角投影的国家还有德国、法国等欧洲国家。GB 和 ISO 标准一般都使用第一视角法。在 ISO 国际标准中第一角投影方法规定用图 12-1 所示的图形符号来表示。

在图形空间中，3 个互相垂直的平面将空间分为 8 个分角，分别称为第Ⅰ角、第Ⅱ角、第Ⅲ角等，如图 12-2 所示。第一视角画法是将模型置于第Ⅰ角内，使模型处于观察者与投影面之间(即【保持观察点】→【物】→【面】的位置关系)而得到正投影的方法。

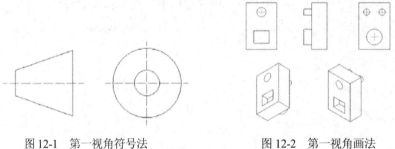

图 12-1　第一视角符号法　　　　　图 12-2　第一视角画法

12.2.2　第三视角法

第三视角法常称为美国方法或 A 法。第三视角投影法是假想将物体置于透明的玻璃盒之中，玻璃盒的每一侧面作为投影面，按照【观察点】|【投影面】|【物体】的相对位置关系，作正投影所得图形的方法。在 ISO 国际标准中第三视角投影法规定用图 12-3 所示的图形符号表示。

第三视角画法是将模型置于第Ⅲ角内，使投影面处于观察者与模型之间(即【保持观察点】|【面】|【物】的位置关系)而得到正投影的方法，如图 12-4 所示。从示意图中可以看出，这种画法是把投影面假想成透明来处理。顶视图是从模型的上方往下看所得的视图，把所得的视图画在模型上方的投影面上；前视图是从模型的前方往后看所得的视图，把所得的视图画在模型前方的投影面上。

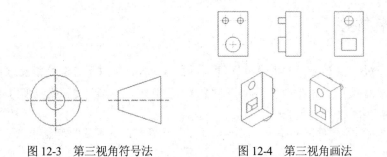

图 12-3　第三视角符号法　　　　　图 12-4　第三视角画法

12.3　控制三维视图

在 AutoCAD 中模型空间是三维的，但在 AutoCAD 传统工作空间中只能在屏幕上看到二维图像或三维空间的局部沿一定方向在平面上的投影。为了能够在三维空间中进行建模，用户可以选择进入 AutoCAD 提供的三维视图。

12.3.1　切换三维视图

在默认状态下，三维绘图命令绘制的三维图形都是俯视的平面图，用户可以根据系统提供的俯视、仰视、前视、后视、左视和右视 6 个正交视图和西南、西北、东南、东北 4 个等轴测视图分别从不同方位进行观察。

用户还可以使用如下两种常用方法切换场景中的视图。

- 执行【视图】|【三维视图】命令，然后在子菜单中根据需要选择应的视图命令，如图 12-5 所示。
- 切换到【三维建模】工作空间，单击【常用】|【视图】面板中的【三维导航】下拉按钮，然后在弹出的下拉列表中选择相应的视图选项，如图 12-6 所示。

图 12-5　选择视图命令　　　　　图 12-6　选择视图选项

 提示

由于【三维建模】工作空间更适合三维绘图的操作，因此本章和第 13 章将以【三维建模】工作空间为主进行讲解。

⑫.3.2　管理视图

输入 VIEW(V)命令并确定，打开【视图管理器】对话框，可以保存和恢复命名模型空间视图、布局视图和预设视图，如图 12-7 所示。在【查看】列表框中展开【预设视图】选项，可以设置当前使用的视图，如图 12-8 所示。

图 12-7　【视图管理器】对话框

图 12-8　设置使用的当前视图

【视图管理器】对话框中主要选项的含义如下。

- 当前：显示当前视图及其【查看】和【剪裁】特性。
- 模型视图：显示命名视图和相机视图列表，并列出选定视图的【常规】、【查看】和【剪裁】特性。
- 布局视图：在定义视图的布局上显示视口列表，并列出选定视图的【常规】和【查看】特性。
- 预设视图：显示正交视图和等轴测视图列表，并列出选定视图的【常规】特性。
- 置为当前：恢复选定的视图。
- 新建：显示【新建视图/快照特性】对话框或【新建视图】对话框。
- 更新图层：更新与选定的视图一起保存的图层信息，使其与当前模型空间和布局视口中的图层可见性匹配。
- 编辑边界：显示选定的视图，绘图区域的其他部分以较浅的颜色显示，从而显示命名视图的边界。
- 删除：删除选定的视图。

⑫.3.3　动态观察三维视图

除了可以通过切换系统提供的三维视图来观察模型外，还可以使用动态的方式观察模型。其中，包括受约束的动态观察、自由动态观察和连续动态观察这 3 种模式。

1．受约束的动态观察

受约束的动态观察是指沿 XY 平面或 Z 轴约束的三维动态观察。执行受约束的动态观察的命令有以下几种常用方法。

- 选择【视图】|【动态观察】|【受约束的动态观察】命令。
- 在命令行中输入 3DORBIT 命令并确定。

执行上述任意命令后，绘图区会出现⊘图标，如图 12-9 所示。这时用户进行拖动，即可动态地观察对象，效果如图 12-10 所示。观察完毕后，按 Esc 键或 Enter 键即可退出操作。

图 12-9 进行拖动

图 12-10 旋转视图效果

2. 自由动态观察

自由动态观察是指不参照平面，在任意方向上进行动态观察。当用户沿 XY 平面和 Z 轴进行动态观察时，视点是不受约束的。执行自由动态观察的命令有以下几种常用方法。

- 选择【视图】|【动态观察】|【自由动态观察】命令。
- 在命令行中输入 3DFORBIT 命令并确定。

执行上述任意命令后，绘图区会显示一个导航球，它被小圆分成 4 个区域，如图 12-11 所示。用户拖动这个导航球可以旋转视图，如图 12-12 所示。观察完毕后，按 Esc 键或 Enter 键即可退出操作。

图 12-11 按住并拖动鼠标

图 12-12 自由动态观察

3. 连续动态观察

连续动态观察可以让系统自动进行连续动态观察。执行连续动态观察的命令有以下几种常用方法。

- 选择【视图】|【动态观察】|【连续动态观察】命令。
- 在命令行中输入 3DCORBIT 命令并确定。

执行上述任意命令后，绘图区中出现⊗图标，用户在连续动态观察移动的方向上进行拖动，使对象沿正在拖动的方向开始移动，然后释放鼠标，对象在指定的方向上继续沿它们的轨迹运动。其运动的速度由光标移动的速度决定。观察完毕后，按 Esc 键或 Enter 键即可退出操作。

⑫.3.4　设置视图视点

选择【视图】|【三维视图】|【视点】命令，将显示定义观察方向的指南针和三轴架，拖动即可以调整视图的视点，如图 12-13 所示。调整视点后对应的模型效果如图 12-14 所示。

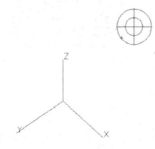

图 12-13　显示指南针和三轴架

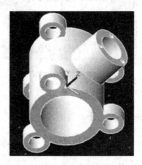

图 12-14　调整视点后的效果

执行【视点】命令后，系统将提示【指定视点或 [旋转(R)] <显示指南针和三轴架>:】。其中，各选项的含义如下。

- ⊙　视点：创建一个矢量，该矢量定义通过其查看图形的方向。定义的视图好像是观察者在该点向原点(0,0,0)方向观察。
- ⊙　旋转：使用两个角度指定新的观察方向。
- ⊙　显示指南针和三轴架：显示坐标球和三轴架，用来定义视口中的观察方向。

提示
指南针是球体的二维表示。圆心是北极 (0,0,n)，内环是赤道 (n,n,0)，整个外环是南极 (0,0,-n)。移动十字光标时，三轴架根据坐标球指示的观察方向旋转。要选择观察方向，可以将定点设备移动到球体上的某个位置并单击即可。

⑫.4　设置视觉样式

在等轴测视图中绘制三维模型时，默认状态下是以线框方式进行显示的，为了获得直观的视觉效果，可以更改视觉样式来改善显示效果。

12.4.1 选择视觉样式

执行【视图】|【视觉样式】命令，在子菜单中可以根据需要选择相应的视图样式。在视觉样式菜单中各种视觉样式的含义如下。

- 二维线框：显示用直线和曲线表示边界的对象，光栅和 OLE 对象、线型和线宽都是可见的，如图 12-15 所示。
- 线框：显示用直线和曲线表示边界对象的三维线框。线框效果与二维线框相似，只是在线框效果中将显示一个已着色的三维坐标。如果二维背景和三维背景颜色不同，线框与二维线框的背景颜色也不同，如图 12-16 所示。

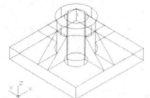

图 12-15 二维线框效果   图 12-16 线框效果

- 消隐：显示用三维线框表示的对象并隐藏表示后向面的直线，如图 12-17 所示。
- 真实：着色多边形平面间的对象，并使对象的边平滑化，将显示对象的材质，如图 12-18 所示。

图 12-17 消隐效果   图 12-18 真实效果

- 概念：着色多边形平面间的对象，并使对象的边平滑化。着色使用冷色和暖色之间的过渡。效果缺乏真实感，但是可以更方便地查看模型的细节，如图 12-19 所示。
- 着色：使用平滑着色显示对象，如图 12-20 所示。
- 带边缘着色：使用平滑着色和可见边显示对象，如图 12-21 所示。

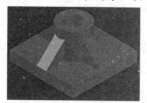

图 12-19 概念效果   图 12-20 着色效果   图 12-21 带边缘着色效果

- 灰度：使用平滑着色和单色灰度显示对象，如图 12-22 所示。
- 勾画：使用线延伸和抖动边修改器显示手绘效果的对象，如图 12-23 所示。

● X 射线：以局部透明度显示对象，如图 12-24 所示。

图 12-22　灰度效果

图 12-23　勾画效果

图 12-24　X 射线效果

12.4.2　视觉样式管理器

选择【视图】|【视觉样式】|【视觉样式管理器】命令，打开【视觉样式管理器】选项板，在此可以创建和修改视觉样式，并将视觉样式应用于视口。

【练习 12-1】创建新的视觉样式。

(1) 选择【视图】|【视觉样式】|【视觉样式管理器】命令，将打开【视觉样式管理器】选项板，如图 12-25 所示。

(2) 单击选项板中的【创建新的视觉样式】按钮，可以打开【创建新的视觉样式】对话框，用于创建新的视觉样式，如图 12-26 所示。

(3) 在【名称】文本框中输入视觉样式名称，单击【确定】按钮。

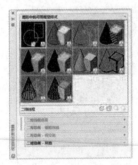

图 12-25　【视觉样式管理器】选项板

图 12-26　创建新的视觉样式

12.5　绘制三维基本体

通过 AutoCAD 提供的建模命令，可以直接绘制的基本体包括多段体、长方体、球体、圆柱体、圆锥体、圆环体、棱锥体和楔体。

12.5.1　绘制多段体

使用【多段体】命令可以绘制三维墙状实体。用户可以使用创建多段线所使用的方法来创建多段体。执行【多段体】命令有以下 3 种常用方法。

- 选择【绘图】|【建模】|【多段体】命令。
- 单击【建模】面板中的【长方体】下拉按钮，在下拉列表中单击【多段体】按钮 。
- 执行 POLYSOLID 命令。

执行 POLYSOLID 命令后，系统将提示【指定起点或 [对象(O)/高度(H)/宽度(W)/对正(J)]:】，其中各项含义如下。

- 对象：选择该项后，可以将指定的二维图形拉伸为三维实体。
- 高度：该选项用于设置多段体的高度。
- 宽度：该选项用于设置多段体的宽度。
- 对正：该选项用于设置绘制多段线的对正方式，包括左对正、居中、右对正这 3 种。

【练习 12-2】绘制三维墙体模型。

(1) 输入 POLYSOLID 并确定，当系统提示【指定起点或 [对象(O)/高度(H)/宽度(W)/对正(J)]:】时，输入 h 并确定，选择【高度】选项，如图 12-27 所示。然后输入多段体的高度为 2800，如图 12-28 所示。

图 12-27　输入 h 并确定

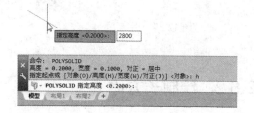

图 12-28　指定宽度

(2) 当系统再次提示【指定起点或 [对象(O)/高度(H)/宽度(W)/对正(J)]:】时，输入 w 并确定，选择【宽度】选项，如图 12-29 所示，然后输入多段体的宽度为 240，如图 12-30 所示。

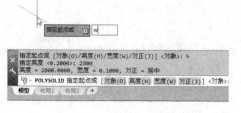

图 12-29　输入 w 并确定

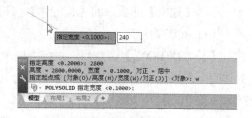

图 12-30　指定宽度

(3) 根据系统提示指定多段体的起点，然后进行拖动指定多段体的下一个点，并输入该段多段体的长度并确定，如图 12-31 所示。

(4) 继续拖动指定多段体的下一个点，并输入该段多段体的长度并确定，如图 12-32 所示。

(5) 继续拖动指定多段体的下一个点，并输入多段体的长度并确定，如图 12-33 所示，然后按下空格键进行确定，完成多段体的绘制，效果如图 12-34 所示。

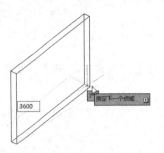

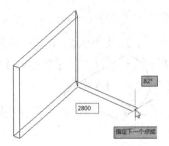

图 12-31　指定第一段长度　　　　　图 12-32　指定下一段长度

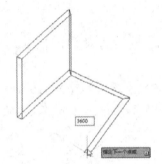

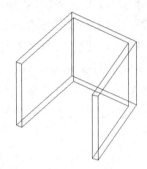

图 12-33　指定下一段长度　　　　　图 12-34　创建多段体

12.5.2　绘制长方体

使用【长方体】命令可以创建三维长方体或立方体。执行【长方体】命令有以下 3 种常用方法。

- 选择【绘图】|【建模】|【长方体】命令。
- 单击【建模】面板中的【长方体】按钮□。
- 执行 BOX 命令。

执行【长方体(BOX)】命令后，系统将提示【指定长方体的角点或[中心(C)]<0,0,0>:】。确定长方体底面角点位置或底面中心，默认值为<0,0,0>，输入后命令行将提示【指定其他角点或[立方体(C)/长度(L)]】。其中各项的含义如下。

- 中心(C)：选择该选项后，单击可以指定立方体中心的位置。
- 立方体(C)：选择该选项可以创建立方体。
- 长度(L)：使用该项创建长方体，创建时先输入长方体底面 X 方向的长度，然后继续输入长方体 Y 方向的宽度，最后输入长方体的高度值。

【练习 12-3】绘制长度为 1000、宽度为 800、高度为 500 的长方体。

(1) 执行【绘制】|【建模】|【长方体】命令，系统提示【指定长方体的角点或[中心点(CE)]:】时，单击指定长方体的起始角点坐标。

(2) 当系统提示【指定角点或[立方体(C)/长度(L)]:】时，输入 L 并确定，选择【长度(L)】

选项。

(3) 当系统提示【指定长度】时，进行拖动指定绘制长方体的长度方向，然后输入长方体的长度值并确定，如图 12-35 所示。

(4) 继续拖动指定长方体的宽度方向，然后输入宽度值并确定，如图 12-36 所示。

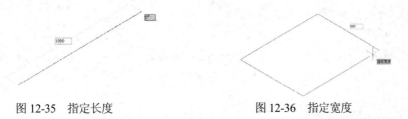

图 12-35   指定长度   图 12-36   指定宽度

(5) 当系统提示【指定高度】时，进行拖动指定长方体的高度方向，然后输入高度值并确定，如图 12-37 所示，即可完成长方体的创建，效果如图 12-38 所示。

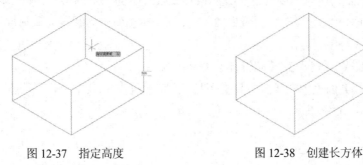

图 12-37   指定高度   图 12-38   创建长方体

12.5.3   绘制球体

使用【球体】命令可创建如图 12-39 所示的三维实心球体，该实体是通过半径或直径及球心来定义的。执行【球体】命令有以下 3 种常用方法。

- 选择【绘图】|【建模】|【球体】命令。
- 单击【建模】面板中的【长方体】下拉按钮，在下拉列表中单击【球体】按钮◯。
- 执行 SPHERE 命令。

12.5.4   绘制圆柱体

使用【圆柱体】命令可以生成无锥度的圆柱体或椭圆柱体，如图 12-40 和图 12-41 所示。该实体与圆或椭圆被执行拉伸操作的结果类似。圆柱体是在三维空间中由圆的高度创建与拉伸圆或椭圆相似的实体原型。执行【圆柱体】命令有以下 3 种常用方法。

- 选择【绘图】|【建模】|【圆柱体】命令。
- 单击【建模】面板中的【长方体】下拉按钮，在下拉列表中单击【圆柱体】按钮🗄。

● 执行 CYLINDER 命令。

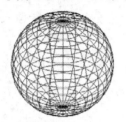

图 12-39　球体

图 12-40　圆柱体

图 12-41　椭圆柱体

12.5.5　绘制圆锥体

使用CONE(圆锥体)命令可以创建实心圆锥体或圆台体的三维图形，该命令以圆或椭圆为底，垂直向上对称地变细直至一点，如图 12-42 和图 12-43 所示为圆锥体和圆台体。执行【圆锥体】命令有以下 3 种常用方法。

● 选择【绘图】|【建模】|【圆锥体】命令。
● 单击【建模】面板中的【长方体】下拉按钮，在下拉列表中单击【圆锥体】按钮 △ 。
● 执行 CONE 命令。

图 12-42　圆锥体

图 12-43　圆台体

提示
创建圆锥体时，如果设置圆锥体的顶面半径为大于零的值，那么创建的对象将是一个圆台体。

12.5.6　绘制圆环体

使用【圆环体】命令可以创建圆环体对象，如图 12-44 所示。如果圆管半径和圆环体半径都是正值，且圆管半径大于圆环体半径，结果就像一个两极凹陷的球体；如果圆环体半径为负值，圆管半径为正值，且大于圆环体半径的绝对值，则结果就像一个两极尖锐突出的球体，如图 12-45 所示。执行【圆环体】命令有以下 3 种常用方法。

● 选择【绘图】|【建模】|【圆环体】命令。

- 单击【建模】面板中的【长方体】下拉按钮，在下拉列表中单击【圆环体】按钮 。
- 执行 TORUS(TOR)命令。

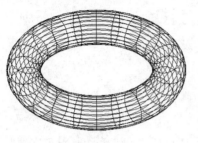

图 12-44 圆环体   图 12-45 异形圆环

12.5.7 绘制棱锥体

执行【棱锥体】命令，可以创建倾斜至一个点的棱锥体，如图 12-46 所示。在绘制模型的过程中，如果重新指定模型顶面半径为大于零的值，可以绘制出棱台体，如图 12-47 所示。执行【棱锥体】命令有以下 3 种常用方法。

- 选择【绘图】|【建模】|【棱锥体】命令。
- 单击【建模】面板中的【长方体】下拉按钮，在下拉列表中单击【棱锥体】按钮 △。
- 执行 PYRAMID 命令。

12.5.8 绘制楔体

执行【楔体】命令，可以创建倾斜面在 X 轴方向的三维实体，如图 12-48 所示。执行【楔体】命令有以下 3 种常用方法。

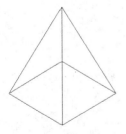
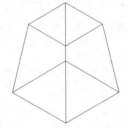
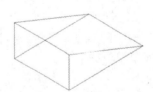

图 12-46 棱锥体   图 12-47 棱台体   图 12-48 楔体

- 选择【绘图】|【建模】|【楔体】命令。
- 单击【建模】面板中的【长方体】下拉按钮，在下拉列表中单击【楔体】按钮 ◁。
- 执行 WEDGE 命令。

12.6　将二维图形创建为三维实体

在 AutoCAD 中，除了可以使用系统提供的实体命令直接绘制三维模型外，也可以通过对二维图形进行旋转、拉伸和放样等操作绘制三维模型。

12.6.1　绘制拉伸实体

使用【拉伸】命令可以沿指定路径拉伸对象或按指定高度值和倾斜角度拉伸对象，从而将二维图形拉伸为三维实体。

执行【拉伸】命令有以下 3 种常用方法。

- ◉　选择【绘图】|【建模】|【拉伸】命令。
- ◉　单击【建模】面板中的【拉伸】按钮🔳。
- ◉　执行 EXTRUDE(EXT)命令。

使用【拉伸】命令创建三维实体的过程中，命令提示中主要选项的含义如下。

- ◉　指定拉伸高度：默认情况下，将沿对象的法线方向拉伸平面对象。如果输入正值，将沿对象所在坐标系的 Z 轴正方向拉伸对象。如果输入负值，将沿 Z 轴负方向拉伸对象。
- ◉　方向(D)：通过指定的两点指定拉伸的长度和方向。
- ◉　路径(P)：选择基于指定曲线对象的拉伸路径。路径将移动到轮廓的质心。然后沿选定路径拉伸选定对象的轮廓以创建实体或曲面。
- ◉　倾斜角：使拉伸后的顶部与底部形成一定的角度。

　提示 --

　　三维实体表面以线框的形式来表示，线框密度由系统变量 ISOLINES 控制。系统变量 ISOLINES 的数值范围为 4~2047 之间，数值越大，线框越密。

【练习 12-4】绘制一个异形封闭二维图形，然后将其拉伸为实体。

(1) 使用【样条曲线(SPL)】命令绘制一个异形封闭二维图形，如图 12-49 所示。

(2) 执行 ISOLINES 命令，设置线框密度为 24。

(3) 选择【视图】|【三维视图】|【西南等轴测】命令，将视图转换为西南等轴测视图，图形效果如图 12-50 所示。

　　　　图 12-49　绘制二维图形　　　　　　　图 12-50　转换为西南等轴测视图

(4) 选择【绘图】|【建模】|【拉伸】命令，选择绘制的图形，系统提示【指定拉伸的高度

或 [方向(D)/路径(P)/倾斜角(T)]: 】时，输入拉伸对象的高度值，如图 12-51 所示。

(5) 按空格键进行确定，即可完成拉伸二维图形的操作，效果如图 12-52 所示。

图 12-51　指定高度

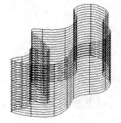
图 12-52　拉伸效果

12.6.2　绘制旋转实体

使用【旋转】命令可以通过绕轴旋转开放或闭合的平面曲线来创建新的实体或曲面，并且可以同时旋转多个对象。

执行【旋转】命令有以下 3 种常用方法。

- ◉ 选择【绘图】|【建模】|【旋转】命令。
- ◉ 单击【建模】面板中的【拉伸】下拉按钮，在下拉列表中单击【旋转】按钮 。
- ◉ 执行 REVOLVE(REV)命令并确定。

【练习 12-5】绘制两个二维图形，然后将其旋转为实体。

(1) 使用【直线】和【多段线(PL)】命令绘制如图 12-53 所示的直线和封闭图形。

(2) 选择【绘图】|【建模】|【旋转】命令，选择封闭图形作为旋转对象，如图 12-54 所示。

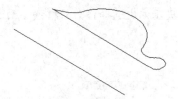
图 12-53　绘制图形

图 12-54　选择旋转对象

(3) 系统提示【指定轴起点或根据以下选项之一定义轴 [对象(O)/X/Y/Z]: 】时，指定旋转轴的起点，如图 12-55 所示。

(4) 系统提示【指定轴端点: 】时，指定旋转轴的端点，如图 12-56 所示。

图 12-55　指定旋转轴的起点

图 12-56　指定旋转轴的端点

(5) 系统提示【指定旋转角度或 [起点角度(ST)]: 】时，指定旋转的角度为 360，如图 12-57 所示。完成对二维图形的旋转，效果如图 12-58 所示。

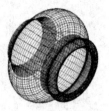

图 12-57　指定旋转的角度　　　　　　　　图 12-58　旋转实体的效果

12.6.3　绘制放样实体

使用【放样】命令可以通过对包含两条或两条以上横截面曲线的一组曲线进行放样来创建三维实体或曲面。其中横截面决定了放样生成实体或曲面的形状，它可以是开放的线或直线，也可以是闭合的图形，如圆、椭圆、多边形和矩形等。

执行【放样】命令有以下 3 种常用方法。

- 选择【绘图】|【建模】|【放样】命令。
- 单击【建模】面板中的【拉伸】下拉按钮，在下拉列表中单击【放样】按钮。
- 执行 LOFT 命令。

【练习 12-6】使用【放样】命令对二维图形进行放样。

(1) 使用【样条曲线(SPL)】命令绘制一条曲线，使用【圆(C)】命令绘制 3 个圆，如图 12-59 所示。

(2) 选择【绘图】|【建模】|【放样】命令，根据提示依次选择作为放样横截面的 3 个圆，如图 12-60 所示。

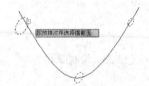

图 12-59　绘制二维图形　　　　　　　　　图 12-60　选择图形

(3) 在弹出的菜单列表中选择【路径(P)】选项，如图 12-61 所示，然后选择曲线作为路径对象，即可完成二维图形的放样操作，效果如图 12-62 所示。

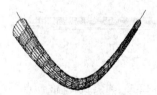

图 12-61　选择选项　　　　　　　　　　　图 12-62　放样效果

12.6.4 绘制扫掠实体

使用【扫掠】命令可以通过沿指定路径延伸轮廓形状(被扫掠的对象)来创建实体或曲面。沿路径扫掠轮廓时，轮廓将被移动并与路径垂直对齐。开放轮廓可创建曲面，而闭合曲线可创建实体或曲面。

执行【扫掠】命令有以下 3 种常用方法。

⊙ 选择【绘图】|【建模】|【扫掠】命令。

⊙ 单击【建模】面板中的【拉伸】下拉按钮，在下拉列表中单击【扫掠】按钮 ⊚。

⊙ 执行 SWEEP 命令。

【练习 12-7】使用【扫掠】命令对二维图形进行扫掠。

(1) 使用【矩形(REC)】命令和【样条曲线(SPL)】命令绘制如图 12-63 所示的二维图形。

(2) 执行 SWEEP 命令，然后选择矩形作为扫掠对象，如图 12-64 所示。

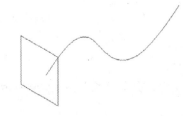
图 12-63 绘制二维图形

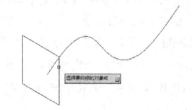
图 12-64 选择扫掠对象

(3) 根据系统提示输入 t 并确定，启用【扭曲(T)】选项，如图 12-65 所示。然后输入扭曲的角度(如 30)并确定，如图 12-66 所示。

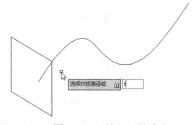
图 12-65 输入 t 并确定

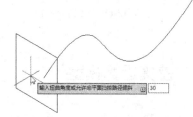
图 12-66 输入扭曲的角度

(4) 选择样条曲线作为扫掠的路径对象，如图 12-67 所示，即可完成扫掠的操作，效果如图 12-68 所示。

图 12-67 选择扫掠路径

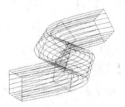
图 12-68 扫掠效果

12.7 布尔运算实体

对实体对象进行布尔运算，可以将多个实体合并在一起(即并集运算)，或是从某个实体中减去另一个实体(即差集运算)，还可以只保留相交的实体(即交集运算)。

12.7.1 并集运算模型

执行【并集】命令，可以将选定的两个或以上的实体合并成为一个新的整体。并集实体也就是两个或多个现有实体的全部体积合并起来形成的。

执行【并集】命令的常用方法有以下 3 种。

- ◉ 选择【修改】|【实体编辑】|【并集】命令。
- ◉ 单击【实体编辑】面板中的【并集】按钮 ⟲。
- ◉ 执行 UNION(UNI)命令。

【练习 12-8】使用【并集】命令合并两个长方体。

(1) 绘制两个长方体作为并集对象，如图 12-69 所示。

(2) 执行 UNION 命令，选择绘制的两个长方体并确定，并集效果如图 12-70 所示。

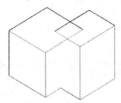
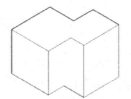

图 12-69 绘制长方体　　　　　　　图 12-70 并集长方体

12.7.2 差集运算模型

执行【差集】命令，可以将选定的组合实体相减得到一个差集整体。在绘图机械模型中，常用【差集】命令对实体进行开槽、钻孔等处理。

执行【差集】命令的常用方法有以下 3 种。

- ◉ 选择【修改】|【实体编辑】|【差集】命令。
- ◉ 单击【实体编辑】面板中的【差集】按钮 ⟲。
- ◉ 执行 SUBTRACT(SU)命令。

【练习 12-9】使用【差集】命令对长方体进行差集运算。

(1) 绘制两个相交的长方体，如图 12-71 所示。

(2) 执行 SUBTRACT 命令，然后选择大长方体作为被减对象，如图 12-72 所示。

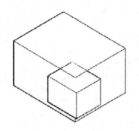

图 12-71 绘制长方体

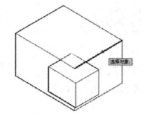

图 12-72 选择被减对象

(3) 选择小长方体作为要减去的对象，如图 12-73 所示，然后进行确定，完成差集运算。效果如图 12-74 所示。

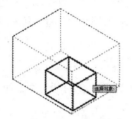

图 12-73 选择要减去的对象

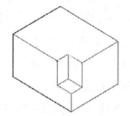

图 12-74 减去对象结果

12.7.3 交集运算模型

执行【交集】命令，可以从两个或多个实体的交集中创建组合实体或面域，并删除交集外面的区域。

执行【交集】命令的常用方法有以下 3 种。

- 选择【修改】|【实体编辑】|【交集】命令。
- 单击【实体编辑】面板中的【交集】按钮 。
- 执行 INTERSECT(IN)命令。

【练习 12-10】使用【交集】命令对长方体和球体进行交集运算。

(1) 绘制一个长方体和一个球体，如图 12-75 所示。

(2) 执行 INTERSECT 命令，选择长方体和球体并确定，即可完成两个模型的交集运算，效果如图 12-76 所示。

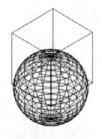

图 12-75 绘制模型

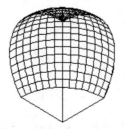

图 12-76 交集运算

计算机基础与实训教材系列

⑫.8 上机实战

本小节练习制作连接件模型和支座模型，巩固所学的三维绘图与编辑知识，如创建基本体、拉伸实体、并集运算和差集运算等。

⑫.8.1 创建连接件模型

本例将结合前面所学的三维绘图内容，绘制连接件机械模型，完成后的效果如图 12-77 所示。首先绘制模型的二维轮廓，然后使用【拉伸】命令将二维图形拉伸为三维模型，再使用【差集】命令对拉伸模型和圆柱体进行差集运算。

绘制本例模型图的具体操作步骤如下。

(1) 执行【矩形(REC)】命令，绘制一个长度为 60、宽度为 65 的矩形，如图 12-78 所示。

(2) 执行【分解(X)】命令，选择矩形并确定将其分解。

(3) 执行【偏移(O)】命令，将左方线段向右偏移 15，将下方线段向上偏移 15，效果如图 12-79 所示。

图 12-77 绘制连接件　　　　图 12-78 绘制矩形　　　　图 12-79 偏移线段

(4) 执行【修剪(TR)】命令，然后对图形进行修剪，效果如图 12-80 所示。

(5) 执行【编辑多段线(PEDIT)】命令，将图形中的所有线段转换为一条多段线，如图 12-81 所示。

 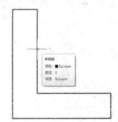

图 12-80 修剪图形　　　　图 12-81 编辑多段线

(6) 执行【绘图】|【建模】|【拉伸】命令，选择多段线并确定，然后设置拉伸的高度为 55，

切换到西南等轴测视图中，效果如图 12-82 所示。

(7) 将视图切换到俯视图中，执行【多段线(PL)】命令，在如图 12-83 所示的端点处指定多段线的起点。

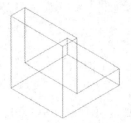

图 12-82 拉伸模型

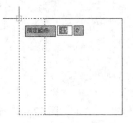

图 12-83 指定起点

(8) 依次指定多段线的各个点，绘制一个封闭的多段线，其效果和尺寸如图 12-84 所示。

(9) 执行【绘图】|【建模】|【拉伸】命令，选择刚绘制的多段线并确定，设置拉伸的高度为 -65，再切换到西南等轴测视图中，效果如图 12-85 所示。

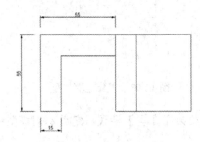

图 12-84 绘制多段线

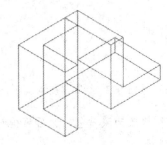

图 12-85 拉伸模型

(10) 执行【并集(UNI)】命令，选择创建的两个模型并确定，将两个模型合并在一起，效果如图 12-86 所示。

(11) 执行【直线(L)】命令，通过捕捉线段的端点，在图形左方绘制一条对角线，如图 12-87 所示。

(12) 选择【绘图】|【建模】|【圆柱体】命令，在对角线的中点处指定圆柱体的底面中心点，如图 12-88 所示。然后绘制一个高度为 90 的圆柱体，效果如图 12-89 所示。

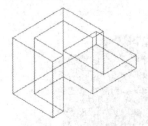

图 12-86 并集模型

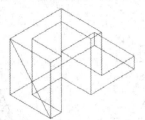

图 12-87 绘制对角线

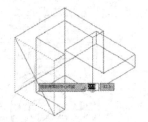

图 12-88 指定底面中心点

(13) 执行【差集(SU)】命令，选择并集后的模型作为源对象，然后选择圆柱体作为要减去的对象，然后删除对角线，效果如图 12-90 所示。

(14) 执行【直线(L)】命令，在图形右侧绘制一条对角线，效果如图 12-91 所示。

(15) 选择【绘图】|【建模】|【圆柱体】命令，在对角线的中点处指定圆柱体的底面中心点，然后绘制一个高度为 30 的圆柱体，效果如图 12-92 所示。

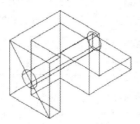
图 12-89　绘制圆柱体

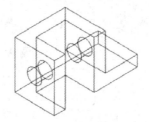
图 12-90　差集运算模型

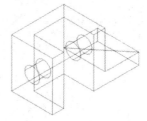
图 12-91　绘制对角线

(16) 执行【差集(SU)】命令，将圆柱体从模型中减去，然后删除对角线，效果如图 12-93 所示。

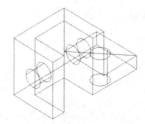
图 12-92　绘制圆柱体

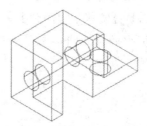
图 12-93　差集运算模型

(17) 将模型修改为淡黄色，然后将视觉样式更改为【真实】样式，完成本例模型的绘制。效果如图 12-77 所示。

12.8.2　绘制支座模型

打开【支座零件图.dwg】文件，如图 12-94 所示，结合前面所学的三维绘图内容，绘制支座模型，完成后的效果如图 12-95 所示。在绘制本例的过程中，首先打开支座零件图并对图形进行编辑，再根据零件图尺寸和效果创建模型图。

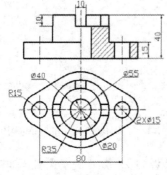
图 12-94　支座零件图

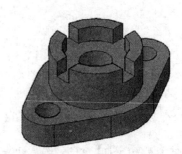
图 12-95　支座模型图

绘制本例模型图的具体操作步骤如下。

(1) 打开【支座零件图.dwg】图形文件，删除标注对象，如图 12-96 所示。

(2) 选择【视图】|【三维视图】|【西南等轴测】命令，将视图切换到西南等轴测中，效果如图 12-97 所示。

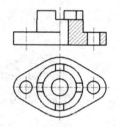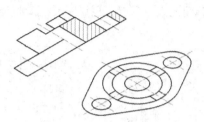

图 12-96　删除图形标注　　　　图 12-97　西南等轴测视图

(3) 执行【删除(E)】命令，将辅助线和剖视图删除，如图 12-98 所示。

(4) 执行【复制(CO)】命令，对编辑后的图形复制一次，如图 12-99 所示。

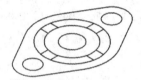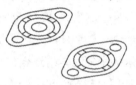

图 12-98　删除多余图形　　　　图 12-99　复制图形

(5) 执行【删除(E)】命令，参照如图 12-100 所示的效果，将上方多余图形删除。

(6) 执行【修剪(TR)】命令，对下方图形进行修剪，并删除多余图形，修改后的效果如图 12-101 所示。

(7) 选择【绘图】|【面域】命令，将上方外轮廓图形和下方图形转换为面域对象。

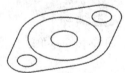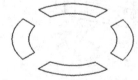

图 12-100　删除多余图形　　　　图 12-101　修剪并删除图形

(8) 选择【绘图】|【建模】|【拉伸】命令，选择上方外轮廓和两边的小圆并确定，设置拉伸的高度为 15，如图 12-102 所示。拉伸后的效果如图 12-103 所示。

(9) 重复执行【拉伸】命令，对上方图形中的另外两个圆进行拉伸，设置拉伸高度为 30，效果如图 12-104 所示。

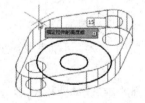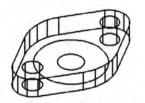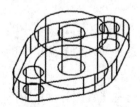

图 12-102　设置拉伸高度　　　图 12-103　拉伸图形　　　图 12-104　拉伸两个圆

(10) 继续执行【拉伸】命令，对下方图形中的面域对象进行拉伸，设置拉伸高度为 40，效果如图 12-105 所示。

(11) 执行【移动(M)】命令，选择拉伸后的面域实体，然后捕捉实体下方的圆心，指定移动基点，如图 12-106 所示。

(12) 将鼠标向左上方移动，捕捉左上方拉伸实体的底面圆心，指定移动的第二点，如图 12-107 所示。

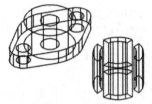 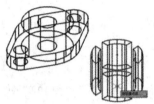 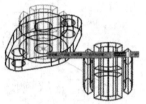

图 12-105　拉伸面域图形　　　　图 12-106　指定移动基点　　　　图 12-107　指定移动第二点

(13) 选择【修改】|【实体编辑】|【并集】命令，将拉伸高度为 15 的外轮廓实体、拉伸高度为 30 的大圆实体和拉伸高度为 40 的面域实体进行并集运算，效果如图 12-108 所示。

(14) 选择【修改】|【实体编辑】|【差集】命令，将拉伸高度为 15 的两个小圆实体和拉伸高度为 30 的小圆实体从并集运算的组合体中减去。

(15) 选择【视图】|【视觉样式】|【概念】命令，得到如图 12-109 所示的效果，完成本例模型的绘制。

图 12-108　并集运算实体　　　　　　　图 12-109　实例效果

12.9　思考与练习

12.9.1　填空题

1. 选择【视图】菜单中的_____命令，在其子菜单中可以选择切换视图的子命令。

2. 选择【视图】菜单中的_____命令，在其子菜单中选择需要的命令，可以更改模型的显示效果。

3. 选择【绘图】菜单中的_____命令，在其子菜单中可以选择绘制基本模型的命令。

12.9.2　选择题

1. 执行【长方体】的命令是(　　)。

    A. BOX　　　　　　　B. POLYSOLID　　　C. CONE　　　　　　D. TORUS

2. 执行拉伸实体的命令是(　　)。

    A. LOFT　　　　　　B. EX　　　　　　　C. EXT　　　　　　D. REV

3. 执行【差集】的命令是(　　)。

    A. IN　　　　　　　B. CU　　　　　　　C. SU　　　　　　D. UNI

12.9.3　操作题

1. 本例将绘制端盖模型，效果如图 12-110 所示。首先使用【圆】命令绘制端盖零件轮廓图形，然后使用【拉伸】将其拉伸为实体，再使用【差集】命令对其进行布尔运算。

2. 本例将绘制轴底座模型，效果如图 12-111 所示。首先使用【长方体】和【圆柱体】命令绘制底座主体，再使用【差集】命令创建底座孔洞，然后使用【长方体】和【差集】命令制作顶部切口。

图 12-110　绘制端盖模型

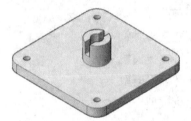

图 12-111　绘制轴底座模型

计算机基础与实训教材系列

第13章

三维高级建模

上一章学习了三维建模的基础知识，本章将继续学习三维建模的高级应用，包括创建网格对象，三维操作模型、实体编辑模型和渲染模型等内容。

本章重点

- 创建网格对象
- 三维操作模型
- 实体编辑模型
- 渲染模型

13.1 创建网格对象

在 AutoCAD 中，通过创建网格对象可以绘制更为复杂的三维模型，可以创建的网格对象包括旋转网格、平移网格、直纹网格和边界网格对象。

13.1.1 设置网格密度

在网格对象中，可以使用系统变量 SURFTAB1 和 SURFTAB2 分别控制旋转网格在 M、N 方向的网格密度，其中旋转轴定义为 M 方向，旋转轨迹定义为 N 方向。SURFTAB1 和 SURFTAB2 的预设值为 6，网格密度越大，生成的网格面越光滑。

【练习 13-1】设置网格 1 和网格 2 的密度。

(1) 执行 SURFTAB1 命令，然后根据系统提示输入 SURFTAB1 的新值，再按 Enter 键进行确定，如图 13-1 所示。

(2) 执行 SURFTAB2 命令，然后根据系统提示输入 SURFTAB2 的新值，再按 Enter 键进行确定，如图 13-2 所示。

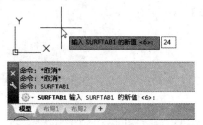

图 13-1　输入 SURFTAB1 的新值

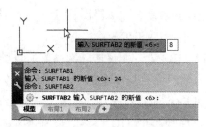

图 13-2　输入 SURFTAB2 的新值

(3) 设置 SURFTAB1 值为 24，设置 SURFTAB2 值为 8，创建的边界网格的效果如图 13-3 所示。

(4) 如果设置 SURFTAB1 值为 6，设置 SURFTAB2 值为 6，创建的边界网格的效果将如图 13-4 所示。

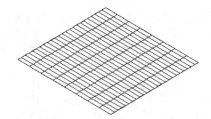

图 13-3　边界网格的效果 1

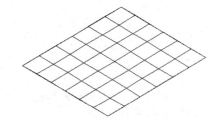

图 13-4　边界网格的效果 2

 提示

　　要指定网格的密度，应先设置 SURFTAB1 和 SURFTAB2 的值，再绘制网格对象。使用修改 SURFTAB1 和 SURFTAB2 值的方法，只能改变后面绘制的网格对象的密度，而不能改变之前绘制的网格对象的密度。

13.1.2　旋转网格

　　旋转网格是通过将路径曲线或轮廓(直线、圆、圆弧、椭圆、椭圆弧、闭合多段线、多边形、闭合样条曲线或圆环)绕指定的轴旋转构造一个近似于旋转网格的多边形网格。

　　在创建三维形体时，可以使用【旋转网格】命令将形体截面的外轮廓线围绕某一指定轴旋转一定的角度生成一个网格。被旋转的轮廓线可以是圆、圆弧、直线、二维多段线、三维多段线，但旋转轴只能是直线、二维多段线和三维多段线。旋转轴选取的是多段线，那实际轴线为多段线两端点的连线。

　　执行【旋转网格】命令有以下 3 种常用方法。

- 切换到【三维建模】工作空间，在功能区选择【网格】选项卡，单击【图元】面板中的【旋转网格】按钮。

- 执行【绘图】|【建模】|【网格】|【旋转网格】命令。

- 执行 REVSURF 命令。

【练习 13-2】使用【旋转网格】命令绘制瓶子图形。

(1) 在左视图中使用【多段线(PL)】命令和【直线(L)】命令绘制如图 13-5 所示的封闭图形，该图形是由一条多段线和一条垂直直线组成的图形。

(2) 执行 SURFTAB1 命令，将网格密度值 1 设置为 24，然后执行 SURFTAB2 命令，将网格密度值 2 设置为 24。

(3) 切换到西南等轴测视图中，执行【绘图】|【建模】|【网格】|【旋转网格】命令，选择多段线作为要旋转的对象，如图 13-6 所示。

(4) 系统提示【选择定义旋转轴的对象:】时，选择垂直直线作为旋转轴，如图 13-7 所示。

(5) 保持默认起点角度和包含角并确定，完成旋转网格的创建，效果如图 13-8 所示。

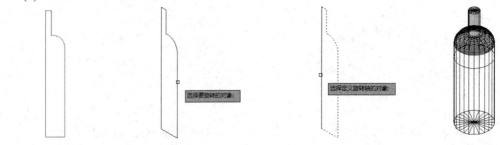

图 13-5　绘制图形　　图 13-6　选择旋转对象　　图 13-7　选择旋转轴　　图 13-8　创建旋转网格

13.1.3　平移网格

使用【平移网格】命令可以创建以一条路径轨迹线沿着指定方向拉伸而成的网格，创建平移网格时，指定的方向将沿指定的轨迹曲线移动。创建平移网格时，拉伸向量线必须是直线、二维多段线或三维多段线，路径轨迹线可以是直线、圆弧、圆、二维多段线或三维多段线。拉伸向量线选取多段线则拉伸方向为两端点连线，且拉伸面的拉伸长度即为向量线长度。

执行【平移网格】命令有以下 3 种常用方法。

- 单击【网格】|【图元】面板中的【平移网格】按钮。

- 执行【绘图】|【建模】|【网格】|【平移网格】命令。

- 执行 TABSURF 命令。

【练习 13-3】使用【平移网格】命令绘制波浪平面。

(1) 使用【样条曲线(SPL)】命令和【直线(L)】命令绘制一个样条曲线和一条直线，效果如图 13-9 所示。

(2) 执行 TABSURF 命令，选择样条曲线作为轮廓曲线的对象，如图 13-10 所示。

图 13-9　创建图形　　　　　　　　　　图 13-10　选择轮廓曲线

(3) 系统提示【选择用作方向矢量的对象:】时，选择直线作为方向矢量的对象，如图 13-11 所示。创建的平移网格效果如图 13-12 所示。

图 13-11　选择方向矢量　　　　　　　　　图 13-12　平移效果

13.1.4　直纹网格

使用【直纹网格】命令可以在两条曲线之间构造一个表示直纹网格的多边形网格，在创建直纹网格的过程中，所选择的对象用于定义直纹网格的边。

在创建直纹网格对象时，选择的对象可以是点、直线、样条曲线、圆、圆弧或多段线。如果有一个边界是闭合的，那么另一个边界必须也是闭合的。可以将一个点作为开放或闭合曲线的另一个边界，但是只能有一个边界曲线可以是一个点。

执行【直纹网格】命令有以下 3 种常用方法。

⊙　单击【网格】|【图元】面板中的【直纹网格】按钮 。
⊙　执行【绘图】|【建模】|【网格】|【直纹网格】命令。
⊙　执行 RULESURF 命令。

【练习 13-4】使用【直纹网格】命令绘制倾斜的圆台体。

(1) 切换到西南等轴测视图中，使用【圆(C)】命令绘制两个大小不同且不在同一位置的圆，如图 13-13 所示。

(2) 执行 RULESURF 命令，系统提示【选择第一条定义曲线:】时，选择上方的圆作为第一条定义曲线，如图 13-14 所示。

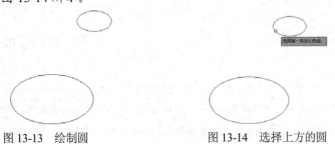

图 13-13　绘制圆　　　　　　　　　图 13-14　选择上方的圆

(3) 系统提示【选择第二条定义曲线:】时,选择下方的圆作为第二条定义曲线,如图 13-15 所示。创建的直纹网格效果如图 13-16 所示。

图 13-15　选择下方的圆　　　　图 13-16　创建直纹网格

(13).1.5　边界网格

使用【边界网格】命令可以创建一个三维多边形网格,此多边形网格近似于一个由 4 条邻接边定义的曲面片网格。

执行【边界网格】命令有以下 3 种常用方法。

- ⦿　单击【网格】|【图元】面板中的【边界网格】按钮 ⟡ 。
- ⦿　执行【绘图】|【建模】|【网格】|【边界网格】命令。
- ⦿　执行 EDGESURF 命令。

【练习 13-5】使用【边界网格】命令绘制边界网格对象。

(1) 切换到西南等轴测视图中,使用【样条曲线(SPL)】命令绘制 4 条首尾相连的样条曲线组成封闭图形,如图 13-17 所示。

(2) 执行 EDGESURF 命令,依次选择图形中的 4 条样条曲线,即可创建网格边界的对象,如图 13-18 所示。

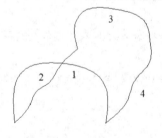

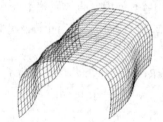

图 13-17　绘制图形　　　　　　图 13-18　边界网格

 提示

创建边界网格时,选择定义的网格片必须是 4 条邻接边。相邻接边可以是直线、圆弧、样条曲线或开放的二维或三维多段线。这些边必须在端点处相交以形成一个拓扑形式的矩形的闭合路径。

⑬.2 三维操作模型

在创建三维模型的操作中，可以对实体进行三维操作，如对模型进行三维移动、三维旋转、三维镜像和三维阵列等，从而快速创建更多更复杂的模型。

⑬.2.1 三维移动模型

执行【三维移动】命令，可以将实体按指定方向和距离在三维空间中进行移动，从而改变对象的位置。

执行【三维移动】命令有以下 3 种常用方法。

- 选择【修改】|【三维操作】|【三维移动】命令。
- 在功能区中选择【常用】选项卡，单击【修改】面板中的【三维移动】按钮⊕。
- 执行 3DMOVE 命令。

【练习 13-6】使用【三维移动】命令将圆锥体移动到圆柱体顶面。

(1) 创建一个圆柱体和一个圆锥体作为操作对象。

(2) 执行 3DMOVE 命令，选择圆锥体作为要移动的实体对象并确定，如图 13-19 所示。

(3) 当系统提示【指定基点:】时，在圆锥体底面中心点处指定移动的基点，如图 13-20 所示。

(4) 当系统提示【指定第二个点或 <使用第一个点作为位移>:】时，向上移动鼠标捕捉圆柱体顶面中心点，指定移动的第二个点，如图 13-21 所示。移动实体后的效果如图 13-22 所示。

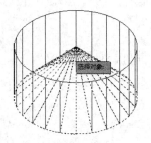

图 13-19 选择对象

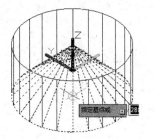

图 13-20 指定基点

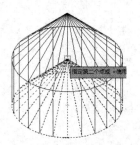

图 13-21 指定第二个点

图 13-22 移动效果

13.2.2 三维旋转模型

使用【三维旋转】命令可以将实体绕指定轴在三维空间中进行一定方向的旋转，以改变实体对象的方向。

执行【三维旋转】命令有以下 3 种常用方法。

- ◉ 选择【修改】|【三维操作】|【三维旋转】命令。
- ◉ 单击【修改】面板中的【三维旋转】按钮 ⊕。
- ◉ 执行 3DROTATE 命令。

【练习 13-7】使用【三维旋转】命令将长方体沿 X 轴旋转 15°。

(1) 创建一个长方体作为三维旋转对象。

(2) 执行 3DROTATE 命令，选择创建的长方体作为要旋转的实体对象并确定。

(3) 当系统提示【指定基点:】时，指定旋转的基点位置，如图 13-23 所示。

(4) 当系统提示【拾取旋转轴:】时，选择其中一个轴作为旋转的轴，如选择 X 轴，如图 13-24 所示。

(5) 当系统提示【指定角的起点或键入角度:】时，输入旋转的角度，如图 13-25 所示。然后进行确定，旋转后的效果如图 13-26 所示。

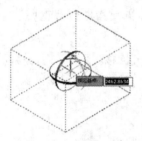

图 13-23　选择基点

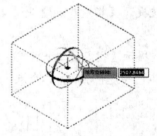

图 13-24　选择旋转轴

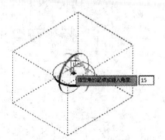

图 13-25　指定旋转角度

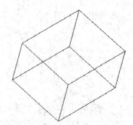

图 13-26　旋转效果

13.2.3 三维镜像模型

使用【三维镜像】命令可以将三维实体按指定的三维平面作对称性复制。执行【三维镜像】

命令有以下 3 种常用方法。

◉　单击【修改】面板中的【三维镜像】按钮 %。

◉　选择【修改】|【三维操作】|【三维镜像】命令。

◉　执行 MIRROR3D 命令。

【练习 13-8】使用【三维镜像】命令对多段体模型进行镜像复制。

(1) 创建一个多段体作为镜像复制对象。

(2) 执行 MIRROR3D 命令，选择创建的多段体并确定。

(3) 系统提示【指定镜像平面 (三点) 的第一个点或 MIRROR 3D[对象(O)/最近的(L)/Z 轴(Z)/视图(V)/XY 平面(XY)/YZ 平面(YZ)/ZX 平面(ZX)/三点(3)]<三点>:】时，指定镜像平面的第一个点，如图 13-27 所示。

(4) 系统提示【在镜像平面上指定第二点:】时，指定镜像平面的第二个点，如图13-28所示。

(5) 系统提示【在镜像平面上指定第三点:】时，指定镜像平面的第三个点，如图13-29所示。

(6) 保持默认选项【否(N)】并确定，完成镜像复制操作，效果如图 13-30 所示。

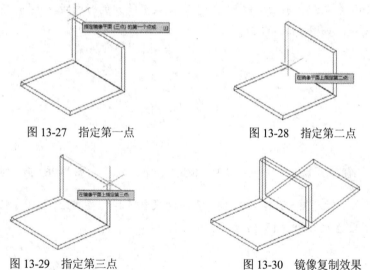

图 13-27　指定第一点　　　　　　　图 13-28　指定第二点

图 13-29　指定第三点　　　　　　　图 13-30　镜像复制效果

13.2.4　三维阵列模型

【三维阵列】命令与二维图形中的阵列比较相似，可以进行矩形阵列，也可以进行环形阵列。但在三维阵列命令中，进行阵列复制操作时多了层数的设置。在进行环形阵列操作时，其阵列中心并非由一个阵列中心点控制，而是由阵列中心的旋转轴而确定的。

执行【三维阵列】命令有以下两种常用方法。

◉　选择【修改】|【三维操作】|【三维阵列】命令。

○ 执行 3DARRAY 命令。

【练习 13-9】使用【三维阵列】命令矩形阵列长方体。

(1) 创建一个边长为 10 的立方体作为三维阵列对象。

(2) 执行 3DARRAY 命令，选择立方体作为要阵列的实体对象并确定。

(3) 在弹出的菜单中选择【矩形(R)】选项，如图 13-31 所示，当系统提示【输入行数(---)<当前>:】时，输入阵列的行数并确定，如图 13-32 所示。

(4) 当系统提示【输入列数(---)<当前>:】时，设置阵列的列数，如图 13-33 所示。然后设置阵列的层数，如图 13-34 所示。

图 13-31 选择阵列类型

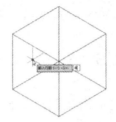

图 13-32 设置阵列行数

图 13-33 设置阵列列数

(5) 当系统提示【指定行间距(---)<当前>:】时，设置阵列的行间距，如图 13-35 所示。然后设置阵列的列间距，如图 13-36 所示。

图 13-34 设置阵列层数

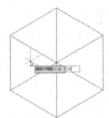

图 13-35 指定行间距

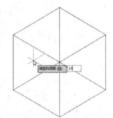

图 13-36 指定列间距

(6) 当系统提示【指定层间距(---)<当前>:】时，设置阵列的层间距，如图 13-37 所示。然后进行确定，阵列后的效果如图 13-38 所示。

图 13-37 指定层间距

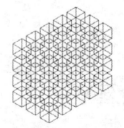

图 13-38 矩形阵列效果

【练习 13-10】使用【三维阵列】命令环形阵列球体。

(1) 创建一个圆和一个球体作为环形阵列对象。

(2) 执行 3DARRAY 命令，选择球体作为要阵列的对象，在弹出的菜单中选择【环形(P)】选项，如图 13-39 所示。

(3) 当系统提示【输入阵列中的项目数目:】时，设置阵列的数目，如图 13-40 所示。

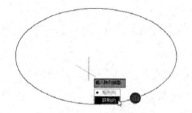
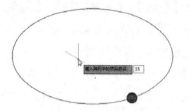

图 13-39　选择阵列类型　　　　　　　　　图 13-40　设置阵列数目

(4) 当系统提示【指定要填充的角度 (+=逆时针, -=顺时针) <360>:】时，设置阵列填充的角度，如图 13-41 所示。然后设置阵列中心点，如图 13-42 所示。

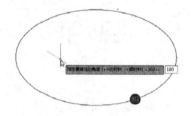
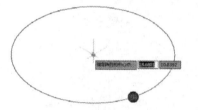

图 13-41　设置阵列填充角度　　　　　　　图 13-42　设置阵列中心点

(5) 当系统提示【指定旋转轴上的第二点:】时，输入第二点的相对坐标，以确定第二点与第一点在垂直线上，如图 13-43 所示。然后进行确定，阵列效果如图 13-44 所示。

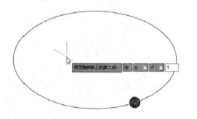

图 13-43　指定第二点　　　　　　　　　　图 13-44　环形阵列效果

13.3　实体编辑模型

在创建三维模型的操作中，对三维实体进行编辑，可以创建出更复杂的模型。例如，可以对模型边进行圆角边和倒角边处理，也可以对模型进行分解。

13.3.1　圆角边模型

使用【圆角边】命令可以为实体对象的边制作圆角，在创建圆角边的操作中，可以选择多条边。圆角的大小可以通过输入圆角半径值或单击并拖动圆角夹点来确定。

执行【倒角边】命令的常用方法有以下 3 种。

- 选择【修改】|【实体编辑】|【圆角边】命令。
- 在功能区中选择【实体】选项卡，单击【实体编辑】面板中的【圆角边】按钮 。
- 执行 FILLETEDGE 命令。

【练习 13-11】对长方体的边进行圆角，设置圆角的半径为 15。

(1) 绘制一个长度为 80、宽度为 80、高度为 60 的长方体。

(2) 执行 FILLETEDGE 命令，选择长方体的一条边作为圆角边对象，如图 13-45 所示。

(3) 在弹出的菜单列表中选择【半径(R)】选项，如图 13-46 所示。

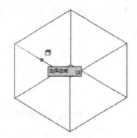
图 13-45　选择圆角边对象

图 13-46　选择【半径(R)】选项

(4) 设置圆角半径的值为 15，如图 13-47 所示。然后按下空格键确定圆角边操作，效果如图 13-48 所示。

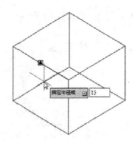
图 13-47　设置圆角半径

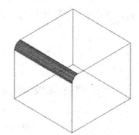
图 13-48　圆角边效果

13.3.2　倒角边模型

使用【倒角边】命令可以为三维实体边和曲面边建立倒角。在创建倒角边的操作中，可以同时选择属于相同面的多条边。在设置倒角边的距离时，可以通过输入倒角距离值，或单击并拖动倒角夹点来确定。

执行【倒角边】命令的常用方法有以下 3 种。

- 选择【修改】|【实体编辑】|【倒角边】命令。
- 在功能区中选择【实体】选项卡，单击【实体编辑】面板中的【圆角边】下拉按钮，在弹出的下拉列表中单击【倒角边】按钮 。
- 执行 CHAMFEREDGE 命令。

计算机基础与实训教材系列

执行 CHAMFEREDGE 命令，系统将提示【选择一条边或 [环(L)/距离(D)]:】，其中各选项的含义如下。

- 选择一条边：选择要建立倒角的一条实体边或曲面边。
- 环：对一个面上的所有边建立倒角。对于任何边，有两种可能的循环。选择循环边后，系统将提示用户接受当前选择，或选择下一个循环。
- 距离：选择该项，可以设定倒角边的距离 1 和距离 2 的值。其默认值为 1。

【练习 13-12】对长方体的边进行倒角，设置倒角的距离 1 为 15、距离 2 为 20。

(1) 绘制一个长度为 80、宽度为 80、高度为 60 的长方体。

(2) 选择【修改】|【实体编辑】|【倒角边】命令，然后选择长方体的一个边作为倒角边对象，如图 13-49 所示。

(3) 在系统提示【选择一条边或 [环(L)/距离(D)]:】时，输入 d 并确定，以选择【距离(D)】选项，如图 13-50 所示。

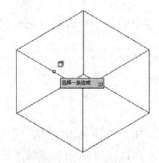
图 13-49　选择倒角边对象

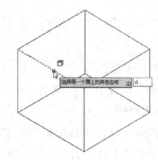
图 13-50　输入 d 并确定

(4) 根据系统提示输入【距离 1】的值为 15 并确定，如图 13-51 所示。

(5) 根据系统提示输入【距离 2】的值为 20 并确定，如图 13-52 所示。

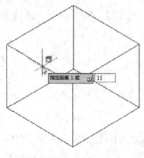
图 13-51　设置距离 1

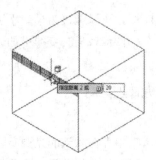
图 13-52　设置距离 2

(6) 当系统提示【选择同一个面上的其他边或 [环(L)/距离(D)]】时，如图 13-53 所示。连续两次按下空格键进行确定，完成倒角边的操作，效果如图 13-54 所示。

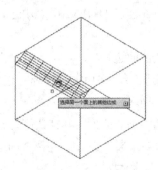

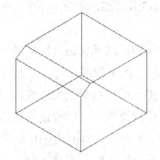

图 13-53　系统提示　　　　　　　　　图 13-54　倒角边效果

⑬.3.3　分解模型

创建的每一个实体都是一个整体，若要对创建的实体中的某一部分进行编辑操作，可以先将实体进行分解后再进行编辑。

执行分解实体的命令有以下两种常用方法。

⊙　选择【修改】|【分解】命令。

⊙　执行 EXPLODE(X)命令。

执行上述任意命令后，实体中的平面被转化为面域，曲面被转化为主体。用户还可以继续使用该命令，将面域和主体分解为组成它们的基本元素，如直线、圆和圆弧等图形。

⑬.4　渲染模型

在 AutoCAD 中，可以通过为模型添加灯光和材质，并对其进行渲染，得到更形象的三维实体模型，渲染后的图像效果会变得更加逼真。

⑬.4.1　添加模型灯光

由于 AutoCAD 中存在默认的光源，因此在添加光源之前仍然可以看到物体，用户可以根据需要添加光源，同时可以将默认光源关闭。在 AutoCAD 中，可以添加的光源包括点光源、聚光灯、平行光和阳光等类型。

选择【视图】|【渲染】|【光源】命令，在弹出的子菜单中选择其中的命令，然后根据系统提示创建相应的光源。

【练习 13-13】为圆柱体模型添加点光源。

(1) 选择【绘图】|【建模】|【圆柱体】命令，绘制一个底面半径为 800、高度为 1200 的圆柱体，再将视觉样式修改为【真实】样式，如图 13-55 所示。

(2) 选择【视图】|【渲染】|【光源】|【新建点光源】命令，在打开的对话框中单击【关闭默认灯光(建议)】选项，如图 13-56 所示。

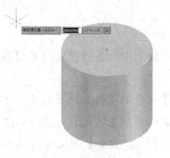

图 13-55 创建圆柱体

图 13-56 关闭默认灯光

(3) 根据系统提示指定创建光源的位置，如图 13-57 所示。

(4) 在弹出的菜单列表中选择【强度因子(I)】选项，如图 13-58 所示。

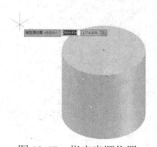

图 13-57 指定光源位置

图 13-58 选择选项

(5) 根据系统提示输入光源的强度为 2，如图 13-59 所示。然后按下空格键进行确定，并退出命令。添加光源后的效果如图 13-60 所示。

图 13-59 设置光源强度

图 13-60 添加光源后的效果

13.4.2 编辑模型材质

在 AutoCAD 中，用户不仅可以为模型添加光源，还可以为模型添加材质，使模型显得更加逼真。为模型添加材质是指为其指定三维模型的材料，如瓷砖、织物、玻璃和布纹等，在添加模型材质后，还可以对材质进行编辑。

1. 添加材质

选择【视图】|【渲染】|【材质浏览器】命令，或者执行 MATBROWSEROPEN(MAT)命令，在打开的【材质浏览器】选项板中可以选择需要的材质。

【练习 13-14】为球体模型添加【实心玻璃】材质。

(1) 创建一个球体模型，然后将视图切换到西南等轴测中，再将视觉样式修改为【真实】样式，效果如图 13-61 所示。

(2) 执行【材质浏览器(MAT)】命令，在打开的【材质浏览器】选项板左下方单击【在文档中创建新材质】按钮，在弹出的列表中选择【实心玻璃】选项，如图 13-62 所示。

(3) 选中球体模型，然后在材质列表中右击需要的材质，在弹出的菜单中选择【指定给当前选择】命令，如图 13-63 所示，即可将指定的材质赋予选择的球体。效果如图 13-64 所示。

图 13-61 创建球体

图 13-62 选择【实心玻璃】选项

图 13-63 为对象指定材质

图 13-64 指定材质后的效果

2. 编辑材质

选择【视图】|【渲染】|【材质编辑器】命令，或者执行 MATEDITOROPEN 命令，在打开的【材质编辑器】选项板中可以编辑材质的属性。材质编辑器的配置将随选定材质类型的不同而有所变化。

【练习 13-15】编辑陶瓷材质的类型和参数。

(1) 选择【视图】|【渲染】|【材质编辑器】命令，打开【材质编辑器】选项板，单击面板下方的【创建或复制材质】下拉按钮，可以在弹出的菜单列表中选择编辑的材质类型【陶瓷】，如图 13-65 所示。

(2) 在【陶瓷】选项栏中单击【类型】下拉按钮，在弹出的下拉列表中可以设置陶瓷的类型，如图 13-66 所示。

图 13-65　选择材质类型

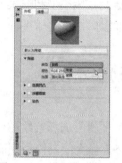

图 13-66　设置陶瓷的类型

(3) 继续在其他的参数选项中进行设置，修改材质的效果。

13.4.3　进行模型渲染

选择【视图】|【渲染】|【渲染】命令，或者执行RENDER命令，将打开渲染窗口，在此可以创建三维实体或曲面模型的真实照片级图像或真实着色图像。

【练习 13-16】渲染飞轮模型并保存渲染图像。

(1) 打开【飞轮模型.dwg】素材图形文件。

(2) 执行 RENDER 命令，打开渲染窗口，即可对绘图区中的飞轮模型进行渲染，效果如图 13-67 所示。

(3) 在渲染窗口单击【将渲染的图像保存到文件】按钮，在打开的【渲染输出文件】对话框中可以设置渲染图像的保存路径、名称和类型，如图 13-68 所示。单击【保存】按钮即可对渲染图像进行保存。

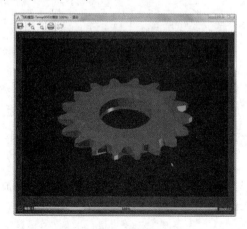

图 13-67　渲染窗口

图 13-68　保存渲染图像

⑬.5　上机实战

本小节练习绘制底座模型和渲染支座模型，巩固所学的三维绘图与编辑知识，如通过创建网格对象绘制三维实体、对实体进行三维操作和渲染实体对象等。

⑬.5.1　绘制底座模型

本例将结合前面所学的三维绘图内容，绘制底座模型，完成后的效果如图 13-69 所示。首先使用【边界网格】命令绘制模型底面的座体，然后使用【直纹网络】命令绘制模型顶面，再使用【圆锥体】绘制圆管侧面，最后对模型进行布尔运算。

图 13-69　绘制底座

绘制本例模型的具体操作步骤如下。

(1) 执行【图层(LA)】命令，在打开的【图层特性管理器】对话框中创建圆面、侧面、底面和顶面 4 个图层，将 0 图层设置为当前层，如图 13-70 所示。

(2) 执行 SURFTAB1 命令，将网格密度值 1 设置为 24，然后执行 SURFTAB2 命令，将网格密度值 2 设置为 24。

(3) 将当前视图切换为西南等轴测视图。执行【矩形(REC)】命令，绘制一个长度为 100 的正方形，效果如图 13-71 所示。

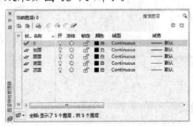

图 13-70　创建图层

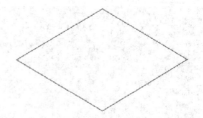

图 13-71　绘制正方形效果

(4) 执行【直线(L)】命令，以矩形的下方端点作为起点，然后指定下一点坐标为(@0,0,15)，如图 13-72 所示。绘制一条长度为 15 的线段，效果如图 13-73 所示。

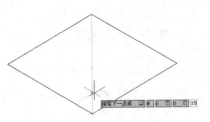

图 13-72　指定下一点坐标

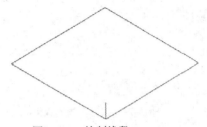

图 13-73　绘制线段

提示
> 在三维视图中绘制线段，在指定线段端点的坐标时，应该指定该点 X、Y、Z 的 3 个坐标值。

(5) 将【侧面】图层设置为当前层，执行【平移网格(TABSURF)】命令，选择矩形作为轮廓曲线对象，选择线段作为方向矢量对象，效果如图 13-74 所示。

(6) 将【侧面】图层隐藏起来，然后将【底面】图层设置为当前层。

(7) 执行【直线(L)】命令，通过捕捉矩形对角上的两个顶点绘制一条对角线，如图 13-75 所示。

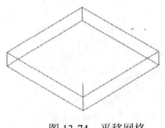

图 13-74　平移网格

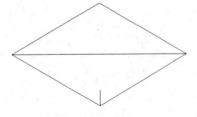

图 13-75　绘制对角线

(8) 执行【圆(C)】命令，以对角线的中点为圆心，绘制一个半径为 30 的圆，效果如图 13-76 所示。

(9) 执行【修剪(TR)】命令，分别对所绘制的圆和对角线进行修剪，效果如图 13-77 所示。

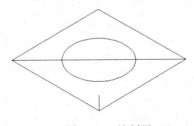

图 13-76　绘制圆

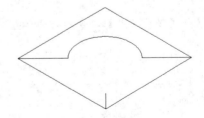

图 13-77　修剪图形

(10) 执行【多段线(PL)】命令，通过矩形上方的三个顶点绘制一条多线段，使其与对角线、圆成为封闭的图形，效果如图 13-78 所示。

(11) 执行【边界网格(EDGESURF)】命令，分别以多段线、修剪后的圆和对角线作为边界，创建底座的底面模型，效果如图 13-79 所示。

图 13-78　绘制多线段效果

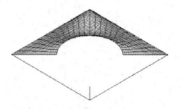

图 13-79　创建边界对象效果

(12) 执行【镜像(MI)】命令，指定矩形两对角点作为镜像轴，如图 13-80 所示。对刚创建的边界网格进行镜像复制，效果如图 13-81 所示。

(13) 执行【移动(M)】命令，选择两个边界网格，指定基点后，设置第二个点的坐标为 0,0,-15，如图 13-82 所示。将模型向下移动 15，效果如图 13-83 所示。

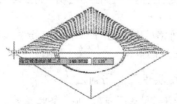

图 13-80　指定镜像轴

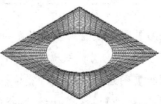

图 13-81　镜像复制图形效果

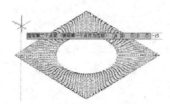

图 13-82　输入移动距离

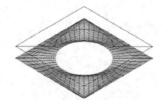

图 13-83　移动网格效果

(14) 隐藏【底面】图层，将【顶面】图层设置为当前层。

(15) 执行【直线(L)】命令，通过捕捉矩形的对角顶点绘制一条对角线。

(16) 执行【圆(C)】命令，以直线的中点为圆心，绘制一个半径为 45 的圆。效果如图 13-84 所示。

(17) 执行【修剪(TR)】命令，对圆和直线进行修剪。效果如图 13-85 所示。

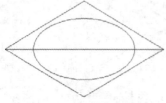

图 13-84　绘制图形效果

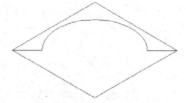

图 13-85　修剪图形效果

(18) 使用前面相同的方法，创建如图 13-86 所示的边界网格。

(19) 执行【镜像(MI)】命令，对边界网格进行镜像复制，将网格对象放入【底面】图层中。效果如图 13-87 所示。

(20) 执行【圆(C)】命令，以绘图区中圆弧的圆心作为圆心，绘制半径分别为 30 和 45 的同心圆。效果如图 13-88 所示。

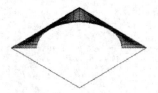

图 13-86 创建边界网格

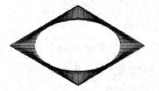

图 13-87 镜像复制图形效果

(21) 执行【移动(M)】命令，将绘制的同心圆向上移动 80。

(22) 执行【直纹网格(RULESURF)】命令，选择移动的同心圆并确定，将其创建为圆管顶面模型。效果如图 13-89 所示。

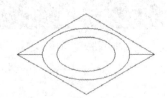

图 13-88 绘制同心圆

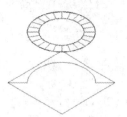

图 13-89 创建直纹网格

(23) 执行【圆锥体(CONE)】命令，以圆弧的圆心为圆锥底面中心点，如图 13-90 所示。设置圆锥顶面半径和底面半径均为 30、高度为 80，创建圆柱面模型，如图 13-91 所示。

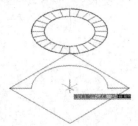

图 13-90 指定底面中心点

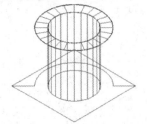

图 13-91 创建的圆柱面

(24) 使用同样的方法创建一个半径为 45 的外圆柱面模型。效果如图 13-92 所示。

(25) 打开所有被关闭的图层，将相应图层中的对象显示出来。效果如图 13-93 所示。

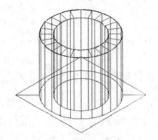

图 13-92 创建大圆柱面

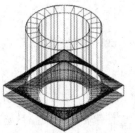

图 13-93 显示所有图层

计算机 基础与实训教材系列

(26) 将模型修改为灰色，然后将视觉样式更改为【着色】样式，完成本例模型的绘制。

(13).5.2　渲染支座模型

本例将打开【支座模型.dwg】图形文件，如图 13-94 所示。结合前面所学的三维知识，对支座模型进行渲染，完成后的效果如图 13-95 所示。首先为模型添加灯光，然后编辑模型材质，最后对模型进行渲染。

图 13-94　支座模型

图 13-95　渲染效果

渲染本例模型的具体操作步骤如下。

(1) 打开【支座模型.dwg】图形文件，然后切换到俯视图中。

(2) 选择【视图】|【渲染】|【光源】|【新建聚光灯】命令，根据系统提示关闭默认灯光，并在如图 13-96 所示的位置创建 1 个聚光灯，设置光源的强度为 350。

(3) 切换到左视图中，拖动聚光灯右上方的投射点，对聚光灯进行调节，效果如图 13-97 所示。

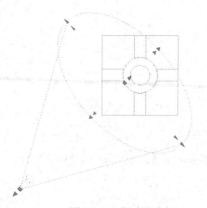

图 13-96　新建聚光灯

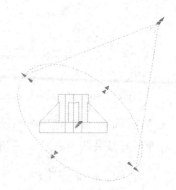

图 13-97　调节聚光灯

(4) 选择【视图】|【渲染】|【光源】|【新建点光源】命令，在模型的上方创建 1 个点光源，设置点光源的强度为 300，如图 13-98 所示。

(5) 切换到西南等轴测视图中，然后选择【视图】|【渲染】|【材质浏览器】命令，在打开的【材质浏览器】选项板左下方单击【在文档中创建新材质】按钮，在弹出的列表中选择【金属】选项，如图 13-99 所示。

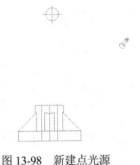

图 13-98 新建点光源

图 13-99 选择【金属】选项

(6) 选择材质类型后，将自动打开【材质编辑器】选项板，在【金属】选项组中设置金属类型为【不锈钢】、饰面为【半抛光】，如图 13-100 所示。

(7) 在绘图区选中支座模型，然后在【材质浏览器】选项板中右击设置好的金属材质，在弹出的菜单中选择【指定给当前选择】命令，如图 13-101 所示。

图 13-100 对材质进行编辑

图 13-101 为对象指定材质

(8) 执行 RENDER 命令，打开渲染窗口，即可对绘图区中的支座模型进行渲染，效果如图 13-102 所示。

(9) 在渲染窗口中单击【将渲染的图像保存到文件】按钮 ，在打开的【渲染输出文件】对话框中可以设置渲染图像的保存路径、名称和类型，如图 13-103 所示。单击【保存】按钮，即可对渲染图像进行保存。

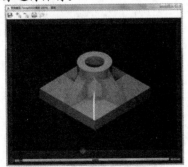

图 13-102 渲染模型窗口

图 13-103 保存渲染图像

13.6 思考与练习

13.6.1 填空题

1. 执行【三维移动】命令，可以将实体按指定_____在三维空间中进行移动，从而改变对象的位置。

2. 使用【三维旋转】命令可以将实体绕指定_____在三维空间中进行一定方向的旋转，以改变实体对象的方向。

3. 使用【倒角边】命令可以为三维实体边和曲面边建立_____。

4. 使用【圆角边】命令可以为实体对象的边制作圆角，圆角的大小可以通过输入_____或单击并拖动圆角夹点来确定。

13.6.2 选择题

1. 设置网格密度的命令是( )。
   A. SURFTAB   B. ISOLINES   C. CONE   D. TORUS

2. 执行渲染的命令是( )。
   A. LOFT   B. EX   C. RENDER   D. REV

13.6.3 操作题

1. 本例将装配千斤顶模型，效果如图 13-104 所示。打开【千斤顶零件模型.dwg】图形文件，然后使用三维操作命令对模型进行装配。

2. 本例将渲染法兰盘模型，效果如图 13-105 所示。打开【法兰盘模型.dwg】图形文件，然后为模型添加光源和材质，再进行渲染。

图 13-104　装配千斤顶

图 13-105　渲染法兰盘

第 14 章

图形打印与输出

学习目标

　　在 AutoCAD 中绘制好需要的图形后，可以通过打印机将图形打印到图纸上，也可以将图形输出为其他格式的文件，以便使用其他软件对其进行编辑。在打印图形时，用户需要注意打印图纸与图形比例之间的关系，做到将图形完全而真实地打印到图纸上。

本章重点

　⊙　打印图形
　⊙　输出图形

14.1　打印图形

　　在打印图形时，首先需要选择相应的打印机或绘图仪等打印设备，然后设置打印参数，在设置完这些内容后，可以进行打印预览，查看打印出来的效果，如果预览效果满意，即可将图形打印出来。

　　执行【打印】命令，主要有以下几种方式。

　⊙　选择【文件】|【打印】命令。
　⊙　在【快速访问】工具栏中单击【打印】按钮 🖨 。
　⊙　执行 PRINT 或 PLOT 命令。

14.1.1　选择打印设备

　　执行【打印(PLOT)】命令，打开【打印-模型】对话框。在【打印机／绘图仪】选项栏的【名称】下拉列表中，AutoCAD 系统列出了已安装的打印机或 AutoCAD 内部打印机的设备名称。用户可以在该下拉列表框中选择需要的打印输出设备，如图 14-1 所示。

14.1.2 设置打印尺寸

在【图纸尺寸】的下拉列表中可以选择不同的打印图纸，用户可以根据个人的需要设置图纸的打印尺寸，如图 14-2 所示。

图 14-1　选择打印设备　　　　图 14-2　设置打印尺寸

14.1.3 设置打印比例

通常情况下，最终的工程图不可能按照 1:1 的比例绘出，图形输出到图纸上必须遵循一定的比例。所以，正确地设置图层打印比例，能使图形更加美观。设置合适的打印比例，可在出图时使图形更完整地显示出来。因此，在打印图形文件时，需要在【打印-模型】对话框中的【打印比例】区域中设置打印出图的比例，如图 14-3 所示。

14.1.4 设置打印范围

设置好打印参数后，在【打印范围】下拉列表中选择以何种方式选择打印图形的范围，如图 14-4 所示。如果选择【窗口】选项，单击列表框右方的【窗口】按钮，即可在绘图区指定打印的窗口范围，确定打印范围后将回到【打印-模型】对话框，单击【确定】按钮即可开始打印图形。

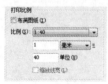　　　　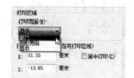

图 14-3　设置打印比例　　　　图 14-4　选择打印范围的方式

14.2 输出图形

在 AutoCAD 中可以将图形文件输出为其他格式的文件，以便在其他软件中进行编辑处理。

例如，在 Photoshop 中进行编辑，可以将图形输出为.bmp 格式的文件；在 CorelDRAW 中进行编辑，可以将图形输出为.wmf 格式的文件。

执行【输出】命令有以下两种常用方法。

◉　选择【文件】|【输出】命令。

◉　输入 EXPORT 命令并确定。

执行【输出】命令，将打开如图 14-5 所示的【输出数据】对话框。在【保存于】下拉列表框中选择保存路径，在【文件名】下拉列表框中输入文件名，在【文件类型】下拉列表框中选择要输出的文件格式，如图 14-6 所示。单击【保存】按钮即可将图形进行输出。

图 14-5　【输出数据】对话框　　　　　　图 14-6　选择要输出的格式

在 AutoCAD 中，将图形输出的文件格式主要有以下几种。

◉　.dwf：输出为 Autodesk Web 图形格式，便于在网上发布。

◉　.wmf：输出为 Windows 图元文件格式。

◉　.sat：输出为 ACIS 文件。

◉　.stl：输出为实体对象立体画文件。

◉　.eps：输出为封装的 PostScript 文件。

◉　.dxx：输出为 DXX 属性的抽取文件。

◉　.bmp：输出为位图文件，几乎可供所有的图像处理软件使用。

◉　.dwg：输出为可供其他 AutoCAD 版本使用的图块文件。

◉　.dgn：可以将图形输出为 MicroStation V8 DGN 格式的文件。

提示

设置输出文件的参数后，返回绘图区中一定要选择想输出的图形后再按 Enter 键，否则输出的文件中将没有任何内容；如果先选择要输出的图形，再打开【输出数据】对话框，则返回绘图区后可以直接按 Enter 键确定。

14.3　上机实战

本小节练习对建筑平面图进行打印以及将柱塞泵模型图输出为 BMP 格式的图形文件，巩固本章所学的图形打印与输出的知识。

⑭.3.1 打印建筑平面图

本例将打印如图 14-7 所示的建筑平面图，通过该例的练习，可以掌握对图形打印参数的设置及打印图形的方法。

打印本例图形的具体操作步骤如下。

(1) 打开【建筑平面图.dwg】图形文件。

(2) 选择【文件】|【打印】命令，打开【打印-模型】对话框，选择打印设备，并对图纸尺寸、打印比例和方向进行设置，如图 14-8 所示。

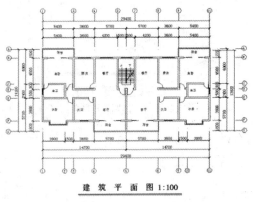

图 14-7　建筑平面图

图 14-8　设置打印参数

(3) 在【打印范围】下拉列表框中选择【窗口】选项，然后使用窗口选择打印的图形，如图 14-9 所示。

(4) 返回【打印-模型】对话框中单击【预览】按钮，预览打印效果，然后在预览窗口中单击【打印】按钮，开始对图形进行打印，如图 14-10 所示。

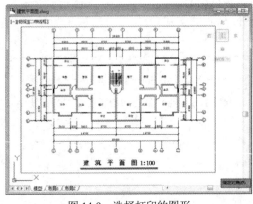

图 14-9　选择打印的图形

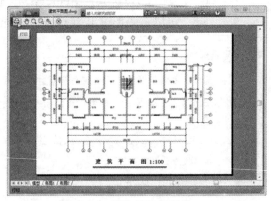

图 14-10　预览并打印图形

14.3.2 输出图形为 BMP 格式

本例将如图 14-11 所示的柱塞泵模型图输出为 BMP 格式的图形文件。通过本例的练习，可以掌握将 AutoCAD 图形文件输出为其他格式文件的操作方法。

标注本例图形尺寸的具体操作步骤如下。

(1) 打开【柱塞泵.dwg】图形文件。

(2) 选择【文件】|【输出】命令，打开【输出数据】对话框，设置保存位置及文件名，然后选择输出文件的格式为 BMP，如图 14-12 所示。

图 14-11 柱塞泵模型图

(3) 单击【保存】按钮，返回绘图区选择要输出的柱塞泵模型图形并确定，如图 14-13 所示，即可将其输出为 BMP 格式的图形文件。

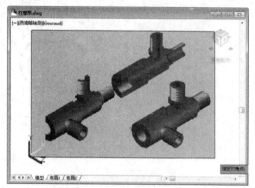

图 14-12 设置输出参数　　　　图 14-13 选择输出图形

14.4 思考与练习

14.4.1 填空题

1. 在【打印-模型】对话框中，用户可以在_____选项组的【名称】下拉列表中选择需要的打印和输出设备。

2. 在【打印-模型】对话框中的_____下拉列表中可以选择不同的打印图纸，用户可以根据自身的需要设置图纸的打印尺寸。

3. 要在 Photoshop 中进行编辑，可以将图形输出为_____格式的文件；要在 CorelDRAW 中进行编辑，可以将图形输出为_____格式的文件。

14.4.2 选择题

1. 执行打印的命令是( )。
  A. PLOT   B.P   C. EXPORT   D. OPEN
2. 执行输出的命令是( )。
  A. EXPORT   B. PLOT   C. DDI   D. PRINT

14.4.3 操作题

1. 打开【齿轮零件图.dwg】图形文件，如图 14-14 所示。使用【输出】命令将图形输出为 wmf 格式的文件。

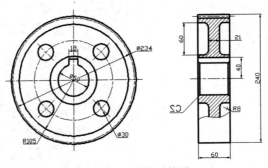

图 14-14 齿轮零件图

2. 打开【建筑剖面图.dwg】图形文件，如图 14-15 所示。使用【打印】命令对图形进行打印，设置打印纸张为 A4、打印方向为【纵向】。

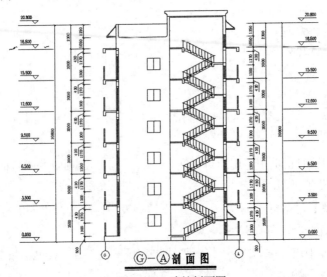

图 14-15 建筑剖面图

综合案例解析

学习目标

虽然前面已经学习了 AutoCAD 的基础操作、图形绘制和编辑，以及图形标注和图形打印等知识，但是对于初学者而言，其对于 AutoCAD 的实际案例还比较陌生。本章将通过典型的综合案例来讲解本书所学知识的具体应用，帮助初学者掌握 AutoCAD 在实际工作中的应用，并达到举一反三的效果，为以后的工作打下良好的基础。

本章重点

- ◉ 绘制室内设计图
- ◉ 绘制机械零件图

15.1 室内设计制图

1. 实例效果

本例将介绍室内设计制图的方法，打开【办公室设计图.dwg】文件，查看本例的最终效果，如图 15-1 所示。室内平面设计图是室内设计中最重要的内容，用于确定房间功能分区、确定室内设施和电器的布置及方位摆放，以及墙体改造后的效果等。在整套图纸中，室内平面设计图起着承前启后的作用。

2. 操作思路

在绘制本例的过程中，先设置绘图环境，然后依次绘制轴线、建筑结构、楼梯和平面布局，再进行图形标注。绘制本例图形的关键步骤如下。

(1) 设置单位、对象捕捉、线宽和全局比例因子等。

(2) 执行【图层】命令，绘制需要的图层。

(3) 使用【构造线】和【偏移】命令绘制轴线。

(4) 使用【多线】命令绘制墙线。

(5) 使用【矩形】和【圆弧】命令绘制平开门。

(6) 使用【直线】和【矩形阵列】命令创建楼梯图形。

(7) 使用【线性】和【连续】标注命令对图形进行标注。

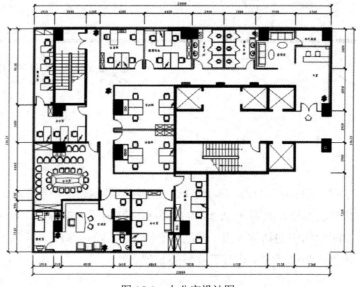

图 15-1　办公室设计图

3. 操作过程

根据对本例图形的绘制分析，可以将其分为 6 个主要部分进行绘制，内容依次为轴线、墙体、门、楼梯、室内布局和标注。具体操作如下。

15.1.1　设置绘图环境

(1) 启动 AutoCAD 应用程序，单击【快速访问】工具栏中的【新建】按钮，新建一个【acadiso.dwg】空白图形文件，然后将其保存为【办公室.dwg】图形文件。

(2) 选择【格式】|【单位】命令，打开【图形单位】对话框，从中设置插入图形的单位为【英寸】，如图 15-2 所示。

(3) 执行【设定(SE)】命令，打开【草图设置】对话框，参照如图 15-3 所示设置对象捕捉选项，完成后单击【确定】按钮。

> **提示**
>
> 这里设置的单位是针对在后面插入块对象的单位，而不是针对当前绘图的单位。

(4) 选择【格式】|【线宽】命令，在打开的【线宽设置】对话框中取消选中【显示线宽】

复选框，如图 15-4 所示。

图 15-2　设置插入单位

图 15-3　设置对象捕捉

图 15-4　取消选中【显示线宽】复选框

(5) 选择【格式】|【线型】命令，在打开的【线型管理器】对话框中设置全局比例因子为 80，如图 15-5 所示。

(6) 选择【格式】|【图层】命令，在打开的图层特性管理器中单击【新建图层】按钮，创建一个新的图层，并将其命名为【轴线】，如图 15-6 所示。

(7) 单击该图层的颜色图标，在打开的【选择颜色】对话框中设置图层的颜色为红色，如图 15-7 所示。

图 15-5　设置全局比例因子

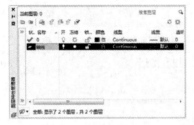

图 15-6　新建图层

图 15-7　设置图层颜色

(8) 单击该图层的线型图标，打开【选择线型】对话框，然后单击【加载】按钮，如图 15-8 所示。

(9) 在打开的【加载或重载线型】对话框中选择 ACAD_IS008W100 选项，如图 15-9 所示。

图 15-8　【选择线型】对话框

图 15-9　加载线型

(10) 单击【确定】按钮返回【选择线型】对话框，选择加载的 ACAD_IS008W100 线型，如图 15-10 所示。

(11) 单击【确定】按钮，完成【轴线】图层的设置，如图 15-11 所示。

图 15-10　选择线型

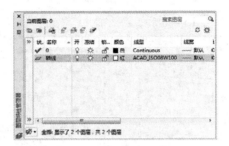

图 15-11　创建的轴线图层

(12) 新建一个图层，将其命名为【墙线】，然后修改其颜色为白色、线型为 Continuous、线宽为 0.35 毫米，如图 15-12 所示。

(13) 使用同样的方法创建楼梯、文字和标注图层，并设置各图层的颜色、线型和线宽。然后将【轴线】图层设置为当前层，如图 15-13 所示。

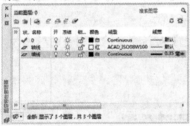

图 15-12　创建【墙线】图层

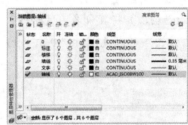

图 15-13　创建其他图层

15.1.2　绘制建筑墙体

(1) 执行【直线(L)】命令，绘制一条长为 290000 的水平线段和一条长为 21000 的垂直线段，如图 15-14 所示。

(2) 参照如图 15-15 所示的尺寸和效果，执行【偏移(O)】命令，对轴线进行偏移。

图 15-14　绘制轴线

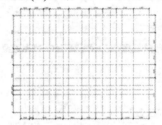

图 15-15　偏移轴线

(3) 锁定【轴线】图层，然后将【墙线】图层设置为当前层。

(4) 执行【多线(ML)】命令，设置比例为 180，对正方式为【无】，通过捕捉轴线的端点绘制墙体线，如图 15-16 所示。

(5) 关闭【轴线】图层，隐藏其中的轴线图形，然后使用 X(分解)命令将多线分解。

(6) 使用【直线(L)】和【修剪(TR)】命令，创建各个门洞，两开门的门洞为 1500、普通门的门洞为 800、卫生间门的门洞为 700，如图 15-17 所示。

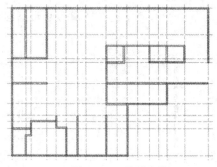

图 15-16　绘制多线

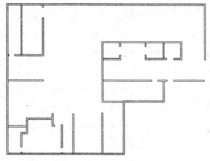

图 15-17　绘制门洞

(7) 执行【图案填充(H)】命令，设置填充图案为 SOLID。参照如图 15-18 所示的效果对墙体进行填充。

(8) 执行【偏移(O)】命令，设置偏移距离为 60，将上、下和左方的多线向内偏移，绘制出玻璃外墙图形，如图 15-19 所示。

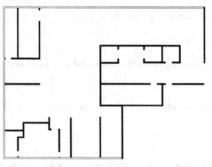

图 15-18　选择【T 形打开】选项

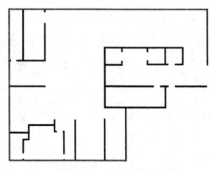

图 15-19　向内偏移多线

(9) 继续使用【多线(ML)】、【修剪(TR)】、【偏移(O)】和【图案填充(H)】命令绘制其他房间的实体墙和玻璃墙，效果如图 15-20 所示。

(10) 使用【矩形(REC)】和【图案填充(H)】命令在左上方的楼梯间绘制一个柱体，效果如图 15-21 所示。

图 15-20　绘制其他房间

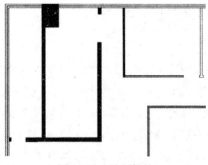

图 15-21　绘制柱体

(11) 参照如图 15-22 所示的效果，继续使用【矩形(REC)】和【图案填充(H)】命令绘制其他位置的柱体。

(12) 使用【矩形(REC)】和【圆(C)】命令在上方的第三个房间绘制一个矩形和两个圆作为排气管道，圆的半径为 80，效果如图 15-23 所示。

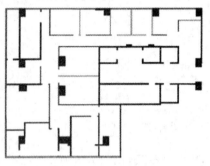

图 15-22　绘制其他柱体

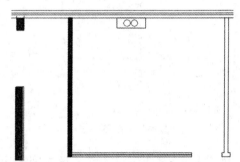

图 15-23　绘制排气管道

(13) 参照如图 15-24 所示的效果，继续使用【矩形(REC)】和【圆(C)】命令在其他位置绘制排气管道。

(14) 参照如图 15-25 所示的效果，使用【矩形(REC)】和【图案填充(H)】命令在电梯间上方绘制消防箱图形，填充图案为 ANSI31，图案比例为 500。

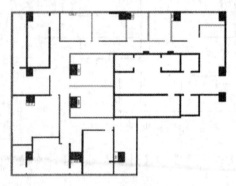

图 15-24　绘制其他排气管道

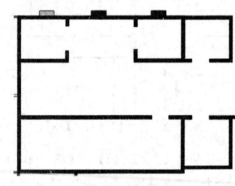

图 15-25　绘制消防箱

15.1.3　创建平开门

(1) 执行【多线(ML)】命令，在右方大堂下方绘制一条比例为 40 的多线。然后使用【直线(L)】和【修剪(TR)】命令对多线进行修剪。绘制宽度为 1500 的门洞，效果如图 15-26 所示。

(2) 执行【矩形(REC)】命令，绘制一个长度为 40、宽度为 750 的矩形，然后使用【圆弧(A)】命令绘制一段圆弧作为平开门，效果如图 15-27 所示。

(3) 执行【镜像(MI)】命令，将平开门向右镜像复制一次，效果如图 15-28 所示。

(4) 使用【直线(L)】命令绘制一个进入标识，效果如图 15-29 所示。

图 15-26 绘制和修剪多线

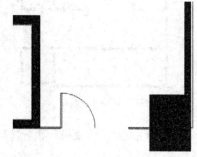

图 15-27 绘制平开门

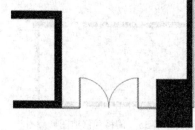

图 15-28 镜像复制平开门

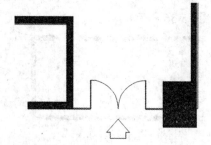

图 15-29 绘制进入标识

(5) 参照与前面相同的方法，使用【矩形(REC)】和【圆弧(A)】命令绘制其他的平开门，效果如图 15-30 所示。

(6) 参照如图 15-31 所示的效果和尺寸，绘制卫生间中的结构布局，其门宽为 550。

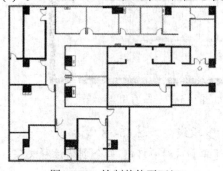

图 15-30 绘制其他平开门

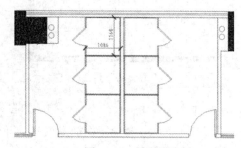

图 15-31 绘制卫生间

15.1.4 绘制楼梯

(1) 执行【直线(L)】命令，在右下方的楼梯间绘制一条直线，如图 15-32 所示。

(2) 执行【阵列(AR)】命令，对绘制的直线进行矩形阵列，阵列的间距是-300，阵列的数目为 12，如图 15-33 所示。

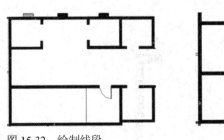

图 15-32　绘制线段　　　　　　　　　　图 15-33　阵列线段

(3) 参照如图 15-34 所示的效果，执行【矩形(REC)】命令，绘制一个长度为 3450、宽度为 266 的矩形。

(4) 执行【偏移(O)】命令，将矩形向内偏移 40，然后使用【修剪(TR)】命令对线段进行修剪。效果如图 15-35 所示。

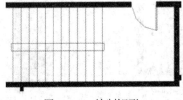
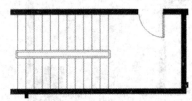

图 15-34　绘制矩形　　　　　　　　　　图 15-35　偏移并修剪图形

(5) 执行【直线(L)】命令，在梯步处绘制一条折断线，效果如图 15-36 所示。

(6) 执行【修剪(TR)】命令，对线段进行修剪，然后将折断线左方的线段删除。效果如图 15-37 所示。

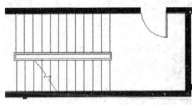
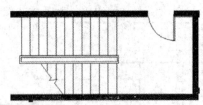

图 15-36　绘制折断线　　　　　　　　　图 15-37　修剪和删除线段

(7) 执行【多段线(PL)】命令，绘制一条带箭头的多段线，如图 15-38 所示。

(8) 绘制另一条标识楼梯走向的多段线，并使用【单行文字(DT)】命令创建注释文字，文字的高度为 150，效果如图 15-39 所示。

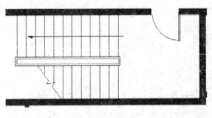
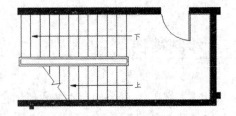

图 15-38　绘制多段线　　　　　　　　　图 15-39　标识楼梯走向

(9) 使用与前面相同的方法，在图形左上方楼梯间绘制如图 15-40 所示的楼梯图形。

(10) 使用【直线(L)】命令在各个电梯内绘制两条对角线，如图 15-41 所示。

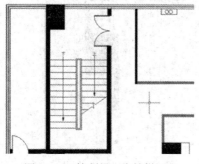

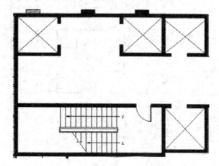

图 15-40 绘制另一个楼梯图形　　　　图 15-41 绘制电梯对角线

15.1.5 创建室内布局

(1) 打开【办公室素材.dwg】素材图形，将其中的素材图形复制到当前图形中，并对部分图形进行复制和旋转，效果如图 15-42 所示。

(2) 执行【单行文字(DT)】命令，在各个区域创建文字，标识各房间的功能，文字的高度为 200，如图 15-43 所示。

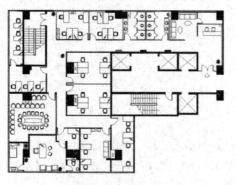

图 15-42 复制素材图形　　　　图 15-43 创建注释文字

(3) 使用【矩形(REC)】和【直线(L)】命令在各个房间中绘制矩形和对角线作为立柜图形。效果如图 15-44 所示。

(4) 使用【矩形(REC)】和【直线(L)】命令在值班室右上方绘制矩形和直线作为衣柜图形，如图 15-45 所示。

15.1.6 标注图形

(1) 打开【轴线】图层，并设置【标注】图层为当前层。

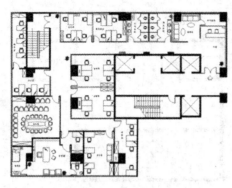

图 15-44　绘制室内立柜

图 15-45　绘制衣柜

(2) 执行【标注样式(D)】命令，打开【标注样式管理器】对话框，单击【新建】按钮，新建一个名为【室内建筑】的标注样式，然后单击【继续】按钮，如图 15-46 所示。

(3) 打开【新建标注样式】对话框，选择【箭头和符号】选项卡，设置箭头为【建筑标记】，如图 15-47 所示。

图 15-46　新建标注样式

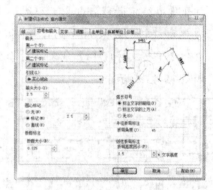

图 15-47　设置箭头效果

(4) 选择【调整】选项卡，设置【使用全局比例】的值为 100，如图 15-48 所示。

(5) 选择【主单位】选项卡，设置【精度】值为 0，如图 15-49 所示。然后单击【确定】按钮，并关闭【标注样式管理器】对话框。

图 15-48　设置全局比例

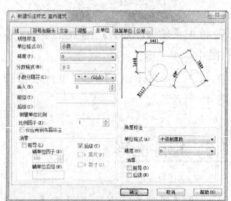

图 15-49　设置单位精度

(6) 使用【线性(Dli)】标注命令在左上方创建一个线性标注，然后使用【连续(Dco)】标注命令在线性标注基础上进行连续标注，效果如图 15-50 所示。

(7) 使用【线性(Dli)】和【连续(Dco)】标注命令在图形各个方向进行尺寸标注，效果如图 15-51 所示。然后关闭【轴线】图层，完成本例的制作。

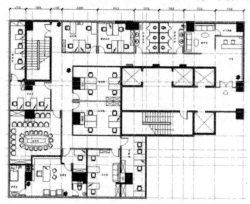

图 15-50　进行线性和连续标注

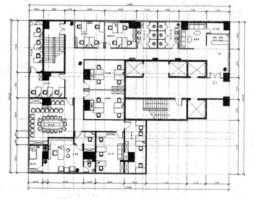

图 15-51　标注图形中的尺寸

15.2　机械设计制图

1. 实例效果

本实例将学习绘制机械零件图的方法，掌握机械三视图和局部剖切面的绘制。打开【机械设计制图.dwg】文件，查看本实例的最终效果，如图 15-52 所示。

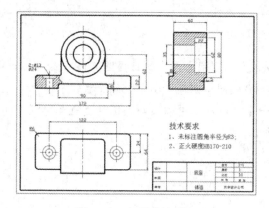

图 15-52　机械设计制图

2. 操作思路

在绘制本例的过程中，首先绘制机械零件的主视图，再绘制底视图和剖视图，最后标注图形。绘制本例图形的关键步骤如下。

(1) 使用【直线】命令绘制中心线。

(2) 使用【直线】、【圆】、【倒角】等命令绘制主视图。

(3) 使用【直线】、【偏移】、【修剪】和【镜像】命令绘制底视图。

(4) 使用【半径】和【线性】命令对图形进行标注。

(5) 使用【文字】命令书写技术要求。

3. 操作过程

根据对本例图形的绘制分析，可以将其分为 4 个主要部分进行绘制，操作过程依次为绘制机械零件主视图、绘制底视图、绘制剖视图和绘制标注图形，具体操作如下。

⑮.2.1 绘制机械主视图

(1) 打开【机械制图图框.dwg】素材图形文件，如图 15-53 所示。

(2) 将【中心线】图层设置为当前图层。执行【直线(L)】命令，在图框内绘制两条长度适当且相互垂直的线段作为绘图中心线，如图 15-54 所示。

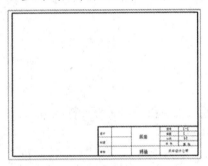
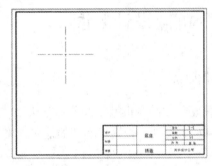

图 15-53　打开图框　　　　　　　　　　图 15-54　绘制中心线

(3) 将【轮廓线】图层设置为当前图层，执行【圆(C)】命令，以两条线段的交点为圆心，分别绘制半径为 17.5、31、40 的同心圆，如图 15-55 所示。

(4) 执行【直线(L)】命令，以水平中心线与大圆的交点为起点，向下绘制两条长度为 60 的直线，效果如图 15-56 所示。

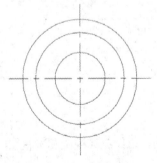
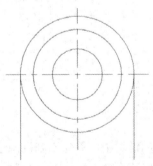

图 15-55　绘制同心圆　　　　　　　　　　图 15-56　绘制直线

(5) 执行【偏移(O)】命令，将左右两条垂直线分别向两侧偏移 46，效果如图 15-57 所示。

(6) 执行【直线(L)】命令，通过捕捉直线下方的端点，绘制一条水平直线，然后将水平直线向上偏移 22，如图 15-58 所示。

(7) 执行【修剪(TR)】命令，对图形中的直线进行修剪，效果如图 15-59 所示。

(8) 执行【偏移(O)】命令，将下方水平线向上偏移 8，将两端的垂直线向内偏移 41，效果如图 15-60 所示。

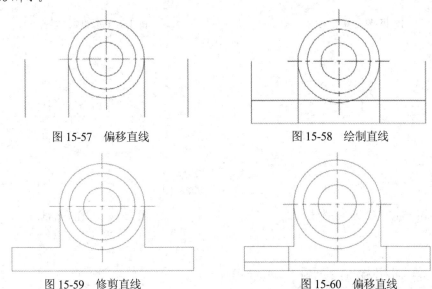

图 15-57　偏移直线　　　　　　　　　　　图 15-58　绘制直线

图 15-59　修剪直线　　　　　　　　　　　图 15-60　偏移直线

(9) 执行【修剪(TR)】命令，对图形下方的直线进行修剪，效果如图 15-61 所示。

(10) 执行【偏移(O)】命令，将左下方水平线向上偏移 17，将左下方垂直线向右依次偏移 13、5.5、13、5.5，效果如图 15-62 所示。

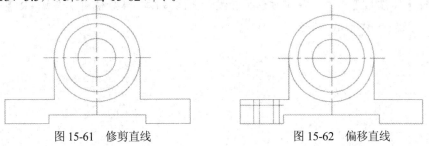

图 15-61　修剪直线　　　　　　　　　　　图 15-62　偏移直线

(11) 执行【修剪(TR)】命令，对左下方的直线进行修剪，效果如图 15-63 所示。

(12) 执行【圆角(F)】命令，设置圆角半径为 3，对图形中的部分直线夹角进行倒圆，效果如图 15-64 所示。

(13) 执行【直线(L)】命令，在图形左下方绘制一条中心线。然后执行【样条曲线(SPL)】命令，在图形左下方绘制一条样条曲线，绘制局部剖面图，如图 15-65 所示。

(14) 执行【图案填充(H)】命令，对局部剖面图进行图案填充，填充图案为 ANSI31，效果如图 15-66 所示，完成主视图的绘制。

计算机 基础与实训教材系列

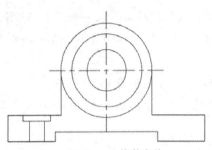

图 15-63　修剪直线

图 15-64　倒圆处理

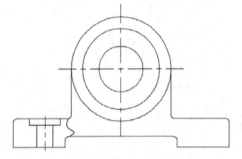

图 15-65　绘制样条曲线

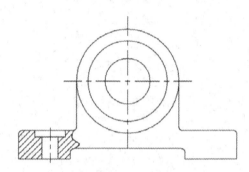

图 15-66　填充局部剖面

15.2.2　绘制机械底视图

(1) 执行【直线(L)】命令，通过捕捉主视图的直线端点，向下绘制多条垂直线段，然后在下方绘制一条水平直线，如图 15-67 所示。

(2) 执行【偏移(O)】命令，将下方水平直线向上偏移 64，然后使用【修剪(TR)】命令对线段进行修剪，效果如图 15-68 所示。

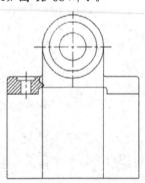

图 15-67　绘制垂直线和水平线

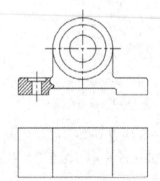

图 15-68　偏移并修剪线段

(3) 执行【偏移(O)】命令，将下方的水平线向上偏移 30，然后将得到的线段放在【中心线】图层中，效果如图 15-69 所示。

(4) 按 F11 键开启【对象捕捉追踪】功能，然后执行【直线(L)】命令，通过捕捉主视图中的中心线端点，绘制两条垂直中心线，并适当调整水平中心线的长度，效果如图 15-70 所示。

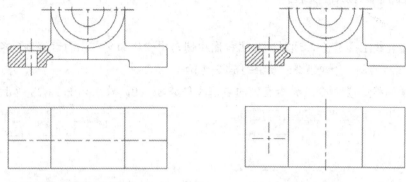

图 15-69　偏移线段　　　　　　　　　图 15-70　绘制中心线

(5) 执行【圆(C)】命令，然后以中心线的交点为圆心，绘制两个半径分别为 6.5 和 12 的同心圆，效果如图 15-71 所示。

(6) 执行【镜像(MI)】命令，以图形中间的中心线为对称轴，对左边的中心线和同心圆进行镜像复制，效果如图 15-72 所示。

 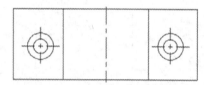

图 15-71　绘制同心圆　　　　　　　　图 15-72　镜像复制图形

(7) 执行【偏移(O)】命令，将上方的水平线向下依次偏移 10 和 59，效果如图 15-73 所示。

(8) 执行【延伸(EX)】命令，以下方水平线为边界，将中间的两条垂直线向下延伸，效果如图 15-74 所示。

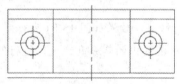 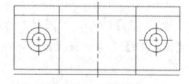

图 15-73　偏移线段　　　　　　　　　图 15-74　延伸线段

(9) 执行【修剪(TR)】命令，对图形中的线段进行修剪，效果如图 15-75 所示。

(10) 执行【圆角(F)】命令，设置圆角半径为 6，对图形中的部分直线夹角进行倒圆，完成底视图的绘制，效果如图 15-76 所示。

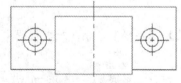 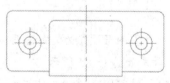

图 15-75　修剪线段　　　　　　　　　图 15-76　绘制效果

15.2.3　绘制机械剖视图

(1) 执行【直线(L)】命令，通过捕捉主视图中圆与中心线的交点，向右绘制多条水平线和一条中心线，然后绘制一条垂直线，如图 15-77 所示。

(2) 执行【偏移(O)】命令，将垂直线向右依次偏移 8、60，效果如图 15-78 所示。

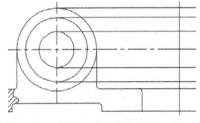
图 15-77　绘制线段

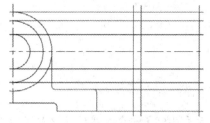
图 15-78　偏移线段

(3) 执行【修剪(TR)】命令，对图形中的线段进行修剪，效果如图 15-79 所示。

(4) 执行【偏移(O)】命令，将右方垂直线向左依次偏移 5、17，效果如图 15-80 所示。

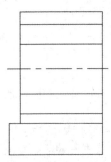
图 15-79　修剪图形

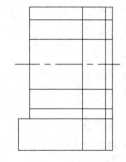
图 15-80　偏移线段

(5) 执行【修剪(TR)】命令，对图形中的线段进行修剪，效果如图 15-81 所示。

(6) 执行【圆角(F)】命令，设置圆角半径为 3，对图形中的部分直线夹角进行倒圆，效果如图 15-82 所示。

(7) 执行【图案填充(H)】命令，对图形进行图案填充，填充图案 ANSI31，效果如图 15-83 所示，完成剖视图的绘制。

15.2.4　标注零件图

(1) 将【标注】图层设置为当前图层。选择【标注】|【半径】命令，对底视图中的圆角进行半径标注，效果如图 15-84 所示。

(2) 使用【线性(DLI)】命令，在三视图中进行线性标注，效果如图 15-85 所示。

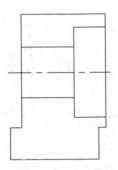

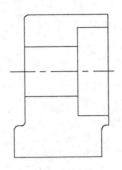

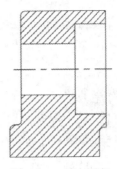

图 15-81　修剪图形　　　　图 15-82　倒圆处理　　　　图 15-83　填充图案

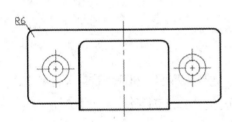

图 15-84　标注圆角半径

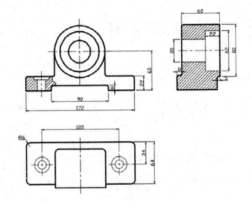

图 15-85　标注图形尺寸

(3) 执行【快速引线(QLE)】命令，在主视图左下方绘制一条引线，如图 15-86 所示。

(4) 执行【单行文字(DT)】命令，在引线上下方书写图形的直径，如图 15-87 所示。

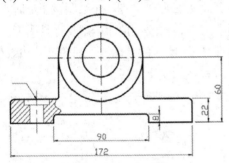

图 15-86　绘制一条引线

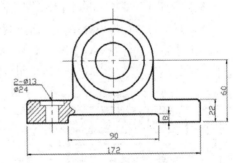

图 15-87　书写图形的直径

(5) 执行【文字(T)】命令，书写技术要求文字，在【文字编辑器】功能区中设置标题文字的大小为 12、正文文字的大小为 9.6，如图 15-88 所示，

(6) 关闭【文字编辑器】功能区，完成本例的绘制，效果如图 15-89 所示。

 提示

机械零件主要分为轴套、盘盖、叉架和箱体这 4 类零件。本例的底坐属于箱体类机械零件。

图 15-88 设置文字

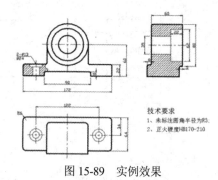

图 15-89 实例效果

⑮.3 思考与练习

⑮.3.1 填空题

1. 进行室内设计时，应考虑室内色彩、_____、人体工程学、材质安排等关键要素。
2. 机械零件主要分为_____、_____、_____和_____这 4 类零件。

⑮.3.2 操作题

1. 请参照如图 15-90 所示的室内顶面图形效果，绘制办公室顶面图。在绘制该图形时，可以打开本章前面绘制的室内设计图，然后对其结构进行修改，再绘制顶面造型及灯具图形。

2. 请打开【壳体零件图.dwg】图形文件，参照如图 15-91 所示的壳体零件图的尺寸和效果，绘制壳体主视图、左视图和俯视图，并对图形进行尺寸标注和文字注释。

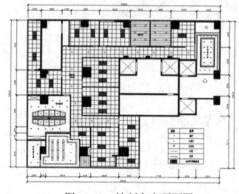

图 15-90 绘制室内顶面图

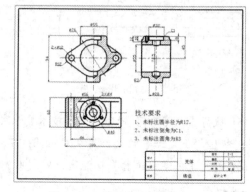

图 15-91 绘制壳体零件图

附录一 AutoCAD 快捷键

获取帮助	F1
实现作图窗口和文本窗口的切换	F2
控制是否实现对象自动捕捉	F3
三维对象捕捉开/关	F4
等轴测平面切换	F5
控制状态行上坐标的显示方式	F6
栅格显示模式控制	F7
正交模式控制	F8
栅格捕捉模式控制	F9
极轴模式控制	F10
对象追踪模式控制	F11
动态输入控制	F12
打开【特性】选项板	Ctrl+1
打开【设计中心】选项板	Ctrl+2
将选择的对象复制到剪切板上	Ctrl+C
将剪切板上的内容粘贴到指定的位置	Ctrl+V
重复执行上一步命令	Ctrl+J
超级链接	Ctrl+K
新建图形文件	Ctrl+N
打开【选项】对话框	Ctrl+M
打开图像文件	Ctrl+O
打开【打印】对话框	Ctrl+P
保存文件	Ctrl+S
剪切所选择的内容	Ctrl+X
重做	Ctrl+Y
取消前一步的操作	Ctrl+Z

附录二　AutoCAD 常用简化命令

直线	L	拉长	LEN
构造线	XL	打断	BR
射线	RAY	分解	X
矩形	REC	并集	UN
圆	C	差集	SU
圆弧	A	交集	IN
多线	ML	对象捕捉模式设置	SE
多段线	PL	图层	LA
正多边形	POL	恢复上一次操作	U
样条曲线	SPL	缩放视图	Z
椭圆	EL	移动视图	P
点	PO	重生成视图	RE
定数等分点	DIV	拼写检查	SP
定距等分点	ME	测量两点间的距离	DI
定义块	B	标注样式	D
插入	I	线性标注	DLI
图案填充	H	对齐标注	DAL
多行文字	T	半径标注	DRA
单行文字	DT	直径标注	DDI
移动	M	对齐标注	DAL
复制	CO	角度标注	DAN
偏移	O	弧长标注	DAR
阵列	AR	折弯标注	DJO
旋转	RO	快速标注	QDIM
缩放比例	SC	基线标注	DBA
删除	E	连续标注	DCO
圆角	F	角度标注	DAN
倒角	CHA	圆心标记	DCE
修剪	TR	拉伸实体	EXT
延伸	EX	旋转实体	REV
拉伸	S	放样实体	LOFT